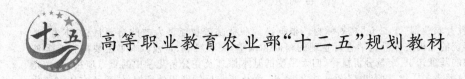

高等职业教育农业部"十二五"规划教材

无机及分析化学

第 2 版

张荷丽　舒友琴　主编

U0219437

中国农业大学出版社

·北京·

内容简介

本书是高等职业教育农业部"十二五"规划教材。根据高等职业院校技能型人才的培养目标,本着"必需、够用"为原则,将传统的无机及分析化学进行合理的精简和调整,突出难点、重点。本书主要内容有溶液的基本知识、物质结构的基础知识、定量分析概论、四大平衡的基本原理及在分析化学中的重点应用、吸光光度法的基本知识。教材形式多样化,内容循序渐进、重点突出,强化了与后续课程的衔接,体现了农林院校化学教材的特色。本书可作为农、林、牧、医、生物、食品等高职高专院校相关专业的理论教材,也可供成人教育相关专业使用。

图书在版编目(CIP)数据

无机及分析化学/张荷丽,舒友琴主编.—2版.—北京:中国农业大学出版社,2014.12
(2018.7 重印)

ISBN 978-7-5655-1074-8

Ⅰ.①无… Ⅱ.①张…②舒… Ⅲ.①无机化学-高等职业教育-教材②分析化学-高等职业教育-教材 Ⅳ.①O61②O65

中国版本图书馆 CIP 数据核字(2014)第 302349 号

书　名	无机及分析化学　第 2 版		
作　者	张荷丽　舒友琴　主编		
策划编辑	姚慧敏　伍　斌	责任编辑	田树君
封面设计	郑　川	责任校对	王晓凤
出版发行	中国农业大学出版社		
社　址	北京市海淀区圆明园西路 2 号	邮政编码	100193
电　话	发行部 010-62818525,8625	读者服务部	010-62732336
	编辑部 010-62732617,2618	出 版 部	010-62733440
网　址	http://www.cau.edu.cn/caup		
经　销	新华书店	e-mail	cbsszs @ cau.edu.cn
印　刷	北京时代华都印刷有限公司		
版　次	2014 年 12 月第 2 版　　2018 年 7 月第 2 次印刷		
规　格	787×1 092　　16 开本　　15 印张　　368 千字		
定　价	32.00 元		

图书如有质量问题本社发行部负责调换

◆◆◆◆◆◆编写人员

主　编　张荷丽　舒友琴

副主编　胡　平　王　峰

参　编　李爱勤　张用伟

前　言

本书是根据教育部"十二五"教育中、长期发展规划纲要的精神,结合高职高专培养技术应用型人才的目标,本着"满足需要、力争配套、突出特色、提高质量"的原则,以农林专科教育的教学大纲和各专业培养目标为基础而编写的。本书在编写过程中以基本概念为基础,针对各专业的培养目标,突出生产和实践应用。为了专业的需要及学生终生教育的发展,使学生能较好地掌握无机化学及分析化学基本原理、基本技能,从而培养学生分析解决问题的能力。

全书分 11 章,包括溶液与胶体、电解质溶液、沉淀溶解平衡、氧化还原反应、物质结构基础知识、配位化合物、定量分析概论、酸碱滴定法、配位滴定法、氧化还原滴定法和沉淀滴定法、吸光光度法。教材内容循序渐进、重点突出,强化了与后续课程的衔接,体现了农林院校化学教材的特色。本书淡化理论推导,突出专业应用,强化实际应用。每章都提出了对应的知识目标和能力目标,使学生的学习有的放矢;并合理地设有知识窗、练一练、想一想等小栏目,善于启发,富于趣味,利于引导。每章后附有小结,思考题和练习题题型多样化,便于教学使用。本书可作为农、林、牧、医、生物、食品等高职高专院校相关专业的理论教材,也可作为成人教育相关专业的教材。

全书由河南牧业经济学院张荷丽(第二、第五章、附录)、舒友琴(绪论、第六、第九章)任主编,河南牧业经济学院胡平(第七、第十一章)、河南教育学院王峰(第一、第八章)任副主编,参加编写的有:河南牧业经济学院李爱勤(第四章)、河南化工职业学院张用伟(第三、第十章)。全书由张荷丽校稿,张荷丽统稿。

本书的出版得到了中国农业大学出版社的大力支持和帮助,并且得到了相关专业教师的大力协助,在此一并致谢。

恳切欢迎读者就书中存在的不妥之处提出批评和建议,编者对此表示诚挚的谢意。

编　者
2014 年 5 月

目 录

绪　论

第一节　化学的研究对象

　　物质的表现形式千差万别,有星球那么大的球体,也有微小至肉眼看不到的微生物,还有空气、水、矿物质和各种动植物等,这些物质都在不断地发生变化。天体在演变,岩石在风化,生物在不断地新陈代谢,它们都是自然科学研究的对象。

　　化学是自然科学的一个分支,是研究物质的组成、结构、性质及其变化规律的科学。由于学科发展的需要,化学逐渐形成四大分支。无机化学的研究对象是元素及其化合物(除碳氢化合物及其衍生物外),它是化学最早发展起来的一门分支学科;分析化学的研究对象是物质的化学组成,它是研究物质化学组分的鉴定、测定方法、测定过程及有关原理的一门科学;有机化学的研究对象是碳氢化合物及其衍生物;而物理化学是根据物理现象和化学现象之间的互相关联和互相转化来研究物质的变化规律的一门科学。

　　从古代开始人们就有了与化学相关的生产实践。例如制陶、金属冶炼、火药的应用等等。目前,国际上最关心的几个重大问题,例如环境保护、能源的开发利用、功能材料的研究、生命现象奥秘的探索等都与化学紧密相关。

第二节　无机化学的发展和研究内容

　　化学工作者的早期研究对象为矿物等无机物,因此,无机化学是化学科学中发展最早的一个分支学科,在无机化学形成一门独立的化学分支学科以前,可以讲化学发展史也就是无机化学发展史。

　　人类自古就有金属冶炼、制陶等无机化学的实践活动,从医药方面来说,在中古时期我国就能制造精致的医药器具。例如,铜滤药器、铜药勺、银灌药器等。在《本草纲目》中记载的无机药物就有 266 种,值得注意的是出现了一些较为复杂的人造无机药物。例如,轻粉、黄矾等。

在生产实践与科学研究中人们不断发现新的元素,到 19 世纪中叶已发现了 63 种元素,测定了几十种元素的原子量,并积累了相当丰富的有关元素物理性质和化学性质的资料。人们在不断地思索,地球上究竟有多少种元素? 各种元素之间是否存在着一定的内在联系? 终于在 19 世纪后半期俄国化学家门捷列夫(Mendeleev)发现了元素周期律,并按照周期律预言了 15 种未知元素,这些元素后来均被陆续发现。因此,周期律的建立奠定了现代无机化学的基础,使无机化学从此摆脱了对无数个别的零散事实作无规律的罗列。特别是尖端科学技术的发展(如原子能工业、宇航、激光等)及量子力学理论和先进的光学、电学、磁学等测试技术应用于无机化学研究,建立起了现代的化学键理论,确定了原子、分子的微观结构,使物质的微观结构与其宏观性质联系起来。

当前无机化学的发展趋势:无机化学与材料科学和生命科学的交叉及学科间的相互渗透,形成了许多跨学科的研究领域,如生物无机化学、有机金属化学、无机固体化学。

无机化学的鼓励研究领域:新型无机化合物的合成、反应、结构与性能;新型无机材料的分子设计及合成;信息光电材料;新型功能配合物、超分子化学和配位聚合物化学;无机生物效应化学基础、无机仿生及金属结合生物大分子化合物基础研究和放射化学基础研究等。

第三节 分析化学的发展和研究内容

无机化学的发展离不开分析化学。战国末期,由于冶炼、陶瓷等技术的发展,以及对炼丹术的研究,在实践中积累了丰富的识别原料和鉴别产品的经验。利用"丹砂烧之成水银"以鉴定硫汞矿石;"硝石烧之有紫焰",南北朝炼丹师(医药家)陶弘景在区别芒硝(Na_2SO_4)和硝石(KNO_3)时就知道用火焰的颜色进行试验以鉴别这两种外形相似的物质。

分析化学的三个发展阶段

阶段一:第一次变革。16 世纪,天平的出现,使分析化学具有了科学的内涵;20 世纪初,依据溶液中四大反应平衡理论,形成了分析化学的理论基础,分析化学由一门操作技术变成一门科学。20 世纪 40 年代前,化学分析占主导地位,仪器分析种类少且精度低。

阶段二:20 世纪 40 年代后,仪器分析的大发展时期。仪器分析使分析速度加快,促进了化学工业发展;化学分析与仪器分析并重,仪器分析自动化程度低;仪器分析的发展引发了分析化学的第二次变革。一系列重大科学发现,为仪器分析的建立和发展奠定基础。Bloch F 和 Purcell E M 建立了核磁共振测定方法,获 1952 年诺贝尔物理奖;Martin A J P 和 Synge R L M 建立了气相色谱分析法,获 1952 年诺贝尔化学奖;Heyrovsky J 建立极谱分析法,获 1959 年诺贝尔化学奖。

阶段三:20 世纪 80 年代初至今,以计算机应用为标志的分析化学第三次变革。计算机控制的分析数据采集与处理,实现了分析过程的连续、快速、实时、智能,促进化学计量学的建立;

化学计量学,利用数学、统计学的方法设计选择最佳分析条件,获得最大程度的化学信息;化学信息学,化学信息处理、查询、挖掘、优化等;以计算机为基础的新仪器的出现,如傅里叶变换红外分析仪、色-质联用仪等。

◆◆◆　第四节　无机及分析化学研究的内容　◆◆◆

　　无机及分析化学是根据高等院校专业人才培养目标的需要,将无机化学和分析化学的基本理论、基本知识融为一体而形成的一门课程。无机化学部分,主要以四大平衡(电离平衡、沉淀溶解平衡、配位离解平衡和氧化还原平衡)为主线,讲述有关的化学基本理论和基本知识,并根据专业需要,增设了原子结构与分子结构的相关内容;分析化学部分,主要以容量分析为重点,阐述有关的基本理论、基本知识和基本技能,同时介绍吸光光度法。

　　与本课程有关的后续课程,如有机化学、仪器分析、环境化学、生物化学、土壤学、植物生理学、植物化学、食品化学、病理学、药理学、食品、饲料分析等,以及饲料加工学、营养学、食品理化检验、畜产品加工学等专业课的学习都需要无机及分析化学知识。生理学中生物体的代谢平衡(如酸碱平衡和盐水平衡等)都是以化学平衡理论为基础的;畜产品加工主要研究畜产品的成分、性质以及在加工过程的变化等,这些研究都需要丰富的化学知识。因此,无机及分析化学是高等农业院校的一门重要基础课程。

◆◆◆　第五节　无机及分析化学的学习目的和方法　◆◆◆

　　本课程的教学目的是:通过学习使学生掌握与生物科学有关的化学基本理论、基本知识和基本技能;掌握以滴定分析方法为主的测定物质含量的方法;了解这些理论、知识和技能在专业中的一些具体应用。同时,由于化学是一门实验学科,故化学实验在基础化学的教学中占有重要地位,通过实验不仅可以巩固、加深和扩大所学的理论知识,更重要的是培养和训练学生的实验操作技能。培养学生的自学能力,独立操作能力,分析问题和解决问题的能力,也是无机及分析化学的重要教学目的之一。

　　无机及分析化学提供大量的知识信息,表面看似纷繁杂乱,实际上,许多内容有一定的共性,并有一定的内在联系。在学习具体内容时,可以使用归纳总结的方法,把各个知识的"点"连贯起来变成知识体系。此外,对比的方法也是学习的有效途径之一。无机及分析化学中的一些内容,从问题的产生到处理问题的方法等,都有很多的相似之处,如无机化学中的四大平衡;分析化学中的四大滴定等。找出这些内容的共性与个性,不仅有助于理解和记忆,而且能使学习深入化、知识系统化。有效的学习环节包括课前认真预习;课堂专心听讲,做好课堂笔记;课下及时复习总结,独立完成作业;认真做好实验,完成实验报告;阅读参考书等。

化学是一门实践性学科,也是一门应用性学科。做好实验,是学好化学的重要环节之一,也是应用化学的基础。实验前认真预习;实验中认真观察、规范操作、客观准确地记录实验现象和数据等;实验后认真分析,归纳总结,写出实验报告。学习中,除掌握教师所讲授的知识外,更重要的是学会自我学习的方法,即自学能力的培养。自学能力是我们今后做好工作的重要素质之一,是一个人的终身财富。做好课前预习、充分利用图书馆和资料室等都是培养自学能力的重要途径。

第一章

溶液与胶体

✿ 知识目的

- 了解分散系的分类及主要特征。
- 掌握溶液浓度的常用表示方法及其换算。
- 掌握稀溶液的依数性及其应用。
- 了解胶体的基本特征和基本性质。
- 了解表面活性物质的定义及应用。

✿ 能力目标

- 能熟练运用不同方法表示溶液浓度及各浓度表示方法间的换算。
- 能熟练应用等物质的量规则进行有关计算。
- 能运用稀溶液的依数性解决实际问题。
- 能写出胶团的结构表达式,能应用不同的措施使溶胶聚沉。

　　在科学研究、工农业生产和日常生活中,研究溶液和胶体都具有重要意义。大多数化学反应都是在溶液中进行的,人和动物的血液、淋巴液、各种腺体分泌液等属于溶液范畴。胶体的存在也很普遍,土壤的形成、动植物的组织及各种生命现象都与胶体密切相关。

◆◆◆ 第一节　分　散　系 ◆◆◆

　　一种或几种物质分散在另一种物质中所形成的体系称为分散系。被分散的物质叫作分散质(或分散相),而容纳分散质的物质称为分散剂(或分散介质)。例如,黏土分散在水中成为泥浆,水滴分散在空气中成为云雾,奶油、蛋白质和乳糖分散在水中成为牛奶,这些都是分散系,其中,黏土、水滴、奶油、蛋白质、乳糖等是分散质;水、空气就是分散剂。

　　若按分散质粒子直径大小进行分类,常把分散系分为三类,见表1-1。

表 1-1　按分散质粒子直径大小分类的分散系

类型	粒子直径/nm	分散系名称	主要特征	
分子、离子分散系	<1	真溶液	最稳定,扩散快,能透过滤纸及半透膜,对光散射极弱	单相系统
胶体分散系	1~100	高分子溶液	很稳定,扩散慢,能透过滤纸及半透膜,对光散射极弱,黏度大	
		溶胶	稳定,扩散慢,能透过滤纸,不能透过半透膜,光散射强	多相系统
粗分散系	>100	乳状液悬浊液	不稳定,扩散慢,不能透过滤纸及半透膜,无光散射	

1. 分子与离子分散系

物质以分子或离子形式分散于分散剂中形成的稳定体系叫溶液。溶液有气态溶液、液态溶液、固态溶液,通常所说的溶液指液态溶液,由溶质和溶剂组成。起溶解作用的物质称为溶剂,被溶解的物质称为溶质。水是最常用的溶剂,如蔗糖溶液、食盐溶液。乙醇、汽油、冰醋酸等也可作为溶剂,所对应的溶液常称为非水溶液。由于溶质直径小,用电子显微镜也观察不到其存在。

2. 胶体分散系

胶体分散系包括溶胶和高分子化合物溶液两种类型,超显微镜能观察到其存在。一类是溶胶,分散质粒子是许多分子的聚集体,难溶于分散剂,例如氢氧化铁溶胶、硫化砷溶胶、碘化银溶胶、金溶胶等。溶胶中,分散质和分散剂的亲和力不强,不均匀,有界面,故溶胶是高度分散、不稳定的多相体系。由于亲和力不强,故又称为疏液溶胶(或憎液溶胶)。另一类是高分子化合物溶液,如淀粉溶液、纤维素溶液、蛋白质溶液等。高分子溶液中,分散质粒子是单个的高分子,与分散剂的亲和力强,故高分子溶液是高度分散、稳定的单相体系。高分子溶液在某些性质上与溶胶相似。由于高分子粒子与溶剂的亲和力强,故又称为亲液溶胶。

3. 粗分散系

分散质粒子直径大于 100 nm,用普通显微镜甚至肉眼就能分辨出,是一个多相体系。按分散质的聚集状态不同,粗分散系又可分为两类:一类是液体分散质分散在液体分散剂中,称为乳状液,如牛奶。另一类是固体分散质分散在液体分散剂中,称为悬浊液,如泥浆。由于粒子大,容易聚沉,分散质也容易从分散剂中分离出来,故粗分散系是极不稳定的多相体系。

　第二节　溶液浓度的表示方法　

溶液的浓度是指一定量溶液或溶剂中所含溶质的量,其表示方法可分为两大类,一类是用溶质和溶剂的相对量表示,另一类是用溶质和溶液的相对量表示。由于溶质、溶剂或溶液使用的单位不同,浓度的表示方法也不同。

一、物质的量及其单位

1. 物质的量 n

物质的量是以摩尔为计量单位来表示物质组成的物理量,用符号 n 表示。其单位名称为摩尔,用符号"mol"表示。摩尔是一物系的物质的量,该物系中所包含的基本单元数与 $0.012\ kg\ ^{12}C$ 的原子数目(6.023×10^{23} 个,阿伏伽德罗常数 N_A)相等。因此,某物质系统中所含的基本单元的数目为 N_A 时,则该物质的物质的量即为 1 mol。

基本单元可以是分子、原子、离子、电子及其他粒子,或是这些粒子的特定组合。基本单元要注明在量符号 n 后的括号内或 n 的右下角。基本单元要用元素符号或化学式表示,而不用中文名称。例如:

$n_{H_2}=1$ mol,表示以 H_2 为基本单元的物质的量是 1 mol,它含有 N_A 个 H_2;$n_{2H_2}=1$ mol,表示以 $2H_2$ 为基本单元的物质的量为 1 mol,它含有 N_A 个 $2H_2$;$n_{(N_2+3H_2)}=1$ mol,表示以(N_2+3H_2)为基本单元的物质的量是 1 mol,它含有 N_A 个(N_2+3H_2)。

基本单元的选择是任意的,它既可以是实际存在的,也可以根据需要而人为设定。物质的基本单元的确定,可以归纳为以下两种方法:

(1)由已知的化学(或离子)反应方程式来确定。例如:

$$3H_2+N_2=2NH_3$$

确定氢的基本单元为 $3H_2$,氮的基本单元为 N_2,氨的基本单元为 $2NH_3$,一般化学计算常采用这种方法。

(2)根据需要先选定某物质的基本单元形式,再以该物质的基本单元配平化学(或离子)反应方程式,确定其他物质的基本单元形式。滴定分析计算常采用此种方法。例如用碳酸钠基准试剂标定盐酸的浓度:

$$Na_2CO_3+2HCl=H_2CO_3+2NaCl$$

一般选用 HCl 作为盐酸的基本单元,其他物质的基本单元根据配平的化学方程式来确定:

$$\frac{1}{2}Na_2CO_3+HCl=\frac{1}{2}H_2CO_3+NaCl$$

所以碳酸钠的基本单元为 $\frac{1}{2}Na_2CO_3$。

当同一物质选用不同的基本单元表示物质的量时,其物质的量的数值不同,但相互间可以换算,如 $n_{H_2SO_4}=1$ mol,则 $n_{\frac{1}{2}H_2SO_4}=2n_{H_2SO_4}=2$ mol。

2. 摩尔质量

1 mol 物质所具有的质量称为该物质的摩尔质量。用符号 M_B 表示,即

$$M_B=\frac{m_B}{n_B}$$

式中，m_B 为物质 B 的质量；n_B 为物质 B 的物质的量；摩尔质量的 SI 单位为 kg·mol^{-1}，常用单位为 g·mol^{-1}。

例如，1 mol ^{12}C 的质量是 0.012 kg，则 ^{12}C 的摩尔质量 $M_C = 12$ g·mol^{-1}。任何分子、原子或离子的摩尔质量，当单位为 g·mol^{-1} 时，数值上等于其相对原子质量、相对分子质量或离子式量。

使用摩尔质量时必须注明基本单元，如 $M_{NaOH} = 40.00$ g·mol^{-1}。摩尔质量的基本单元应与物质的量的基本单元一致。

同一物质用不同基本单元表示的摩尔质量间可以相互换算。如 $M_{NaOH} = 40.00$ g·mol^{-1}，则 $M_{2NaOH} = 2M_{NaOH} = 80.00$ g·mol^{-1}。

二、溶液浓度的表示方法

1. 物质的量浓度

物质的量浓度是指单位体积溶液中所含溶质的物质的量。用符号 c_B 表示：

$$c_B = \frac{n_B}{V}$$

式中，n_B 为溶质 B 的物质的量，V 为溶液的体积，物质的量浓度 SI 单位为 mol·m^{-3}，常用单位为 mol·L^{-1}。

使用物质的量浓度时，应注明基本单元。同一物质用不同基本单元表示的物质的量浓度间可以相互换算。如 $c_{H_2SO_4} = 0.1$ mol·L^{-1}，则 $c_{\frac{1}{2}H_2SO_4} = 2c_{H_2SO_4} = 0.2$ mol·L^{-1}。

[例 1-1] 用分析天平称取 1.234 6 g $K_2Cr_2O_7$ 基准物质，溶解后转移至 100.0 mL 容量瓶中定容，试计算 $c_{K_2Cr_2O_7}$ 和 $c_{\frac{1}{6}K_2Cr_2O_7}$。

解：已知

$$m_{K_2Cr_2O_7} = 1.234\ 6\ g \qquad M_{K_2Cr_2O_7} = 294.18\ g·mol^{-1}$$

$$M_{\frac{1}{6}K_2Cr_2O_7} = \frac{1}{6} \times 294.18 = 49.03\ g·mol^{-1}$$

$$c_{K_2Cr_2O_7} = \frac{n_{K_2Cr_2O_7}}{V} = \frac{\dfrac{m_{K_2Cr_2O_7}}{M_{K_2Cr_2O_7}}}{V} = \frac{\dfrac{0.234\ 6}{294.18}}{100.0 \times 10^{-3}} = 0.042\ 00\ (mol·L^{-1})$$

$$c_{\frac{1}{6}K_2Cr_2O_7} = 6c_{K_2Cr_2O_7} = 6 \times 0.042\ 00 = 0.251\ 8\ (mol·L^{-1})$$

练一练

1. 53 g Na_2CO_3 固体溶于水中，配成 250 mL 溶液，求 $c_{Na_2CO_3}$ 和 $c_{\frac{1}{2}Na_2CO_3}$。

2. 配制 250 mL 2 mol·L^{-1} HCl 溶液，需要 12 mol·L^{-1} HCl 溶液多少毫升？

3. 配制 500 mL 0.1 mol·L^{-1} NaOH 的溶液，需称取 NaOH 多少克？

2. 质量摩尔浓度

质量摩尔浓度是指单位质量溶剂中所含的溶质的物质的量。用符号 b_B 表示：

$$b_B = \frac{n_B}{m_A}$$

式中，n_B 为溶质 B 的物质的量，m_A 为溶剂 A 的质量，质量摩尔浓度 SI 单位为 $mol \cdot kg^{-1}$。同样，使用质量摩尔浓度时，也应注明基本单元。

[例 1-2] 在 50.0 g 水中溶有 2.00 g 甲醇(CH_3OH)，求该溶液的质量摩尔浓度。

解：甲醇的摩尔质量 $M_{CH_3OH} = 32.0 \ g \cdot mol^{-1}$，则

$$b_{CH_3OH} = \frac{n_{CH_3OH}}{m_{H_2O}} = \frac{\frac{m_{CH_3OH}}{M_{CH_3OH}}}{m_{H_2O}} = \frac{\frac{2.00}{32.0}}{50.0} = 0.001\ 25 (mol \cdot g^{-1}) = 1.25 (mol \cdot kg^{-1})$$

由于物质的质量不受温度的影响，所以溶液的质量摩尔浓度是一个与温度无关的物理量。因此，它通常被用于稀溶液依数性的研究和一些精密的测定。

3. 物质的量分数

溶质 B 的物质的量与溶液总物质的量之比，称为溶质 B 的物质的量分数，用符号 x_B 表示，无量纲。

$$x_B = \frac{n_B}{n}$$

式中，n_B 为溶质 B 的物质的量；n 为溶液各组分物质的量的总和。

对于一个两组分的溶液体系来说，其溶质的物质的量分数 x_B 与溶剂的物质的量分数 x_A 分别为：

$$x_B = \frac{n_B}{n_A + n_B} \qquad x_A = \frac{n_A}{n_A + n_B}$$

可见，$x_A + x_B = 1$，若将这个关系推广到任何多组分体系中，则都存在 $\sum x_i = 1$。

4. 其他浓度表示方法

(1) 质量浓度　质量浓度是指单位体积溶液中所含的溶质 B 的质量。符号为 ρ_B。

$$\rho_B = \frac{m_B}{V}$$

式中，m_B 为溶质 B 的质量，V 为溶液的体积，质量浓度 ρ_B 常用单位为 $kg \cdot L^{-1}$ 或 $g \cdot L^{-1}$。

[例 1-3] 计算质量浓度为 $90 \ g \cdot L^{-1}$ 的稀盐酸的物质的量浓度是多少？

解：已知　　$\rho_{HCl} = 90 \ g \cdot L^{-1}$　　　$M_{HCl} = 36.5 \ g \cdot mol^{-1}$

则　　　　$c_{HCl} = \frac{n_{HCl}}{V} = \frac{m_{HCl}}{M_{HCl}V} = \frac{90}{36.5 \times 1.0} = 2.47 (mol \cdot L^{-1})$

(2) 质量分数　溶质 B 的质量分数是指单位质量溶液中所含溶质 B 的质量。符号为 w_B，无量纲，可用分数或百分数表示：

$$w_B = \frac{m_B}{m}$$

式中,m_B 为溶质 B 的质量,m 为溶液的质量。

例如,将 10 g 氯化钠溶于 90 g 水,则其质量分数:

$$w_{NaCl} = \frac{10}{10+90} = 0.1$$

也可表示为:$w_{NaCl} = 10\%$

[例 1-4] 已知浓硫酸的密度为 1.84 g·mL^{-1},质量分数为 96.0%,试计算 $c_{H_2SO_4}$ 以及 $c_{\frac{1}{2}H_2SO_4}$。

解:设此硫酸溶液的体积为 1 L,则

$$n_{H_2SO_4} = \frac{\rho V w_{H_2SO_4}}{M_{H_2SO_4}}$$

$$c_{H_2SO_4} = \frac{n_{H_2SO_4}}{V} = \frac{\frac{\rho V w_{H_2SO_4}}{M_{H_2SO_4}}}{V} = \frac{\rho w_{H_2SO_4}}{M_{H_2SO_4}} = \frac{1.84 \times 1\,000 \times 96.0\%}{98.0} = 18.0(mol \cdot L^{-1})$$

$$c_{\frac{1}{2}H_2SO_4} = 2c_{H_2SO_4} = 36.0 \; mol \cdot L^{-1}$$

[例 1-5] 求质量分数为 10% 的 NaCl 溶液中溶质和溶剂的物质的量分数各为多少?

解:依据题意,100 g 此溶液中含有 NaCl 10 g,水 90 g。即

$$m_{NaCl} = 10 \; g, m_{H_2O} = 90 \; g$$

故

$$n_{NaCl} = \frac{m_{NaCl}}{M_{NaCl}} = \frac{10}{58.5} = 0.17(mol)$$

$$n_{H_2O} = \frac{m_{H_2O}}{M_{H_2O}} = \frac{90}{18.0} = 5.0(mol)$$

所以

$$x_{H_2O} = \frac{n_{H_2O}}{n_{H_2O} + n_{NaCl}} = \frac{5.0}{5.0 + 0.17} = 0.97$$

$$x_{NaCl} = \frac{n_{NaCl}}{n_{H_2O} + n_{NaCl}} = \frac{0.17}{5.0 + 0.17} = 0.03$$

[例 1-6] 有一质量分数为 4.64% 的醋酸溶液,在 20℃时,溶液密度 $\rho = 1.005$ kg·L^{-1},求其物质的量浓度和质量摩尔浓度。

解:醋酸溶液的物质的量浓度为

$$c_{HAc} = \frac{n_{HAc}}{V} = \frac{m_{HAc}}{M_{HAc}V} = \frac{\rho V w_{HAc}}{M_{HAc}V} = \frac{1.005 \times 4.64}{60 \times 10^{-3}} = 0.777(mol \cdot L^{-1})$$

醋酸溶液的质量摩尔浓度为:

$$b_{HAc} = \frac{n_{HAc}}{m_{H_2O}} = \frac{m_{HAc}}{M_{HAc}m_{H_2O}} = \frac{\rho V w_{HAc}}{M_{HAc}} \cdot \frac{1}{V\rho(1-w_{HAc})}$$

$$= \frac{w_{HAc}}{M_{HAc}(1-w_{HAc})}$$

$$= \frac{4.64}{(1-4.64) \times 60 \times 10^{-3}}$$

$$= 0.811(mol \cdot kg^{-1})$$

练一练

60 g 乙醇(B)溶于 100 g 四氯化碳(A)中形成溶液,其密度 ρ 为 1.28×10^3 g·mL^{-1},试用物质的量浓度、质量分数、物质的量分数和质量摩尔浓度来表示该溶液的组成。

三、等物质的量规则

在化学反应中,各反应物都是按等物质的量进行反应,生成等物质的量的生成物。因此,对于任意反应:

$$aA + bB = dD + eE$$

各物质的基本单元分别为 aA、bB、dD、eE,则

$$n_{aA} = n_{bB} = n_{dD} = n_{eE}$$

即将化学(或离子)反应方程式中的每一项(包括计量系数在内的化学式或离子式)作为一个基本单元,则反应中各反应物和各生成物的物质的量相等,这个规律叫等物质的量规则。

化学反应中物质质量的计算,物质的纯度或产率的计算,分析化学中的有关计算等均可依据此规则进行。另外,配制和稀释溶液也遵循此规则。

[例 1-7] 含有未知浓度的硫酸 20.00 mL,与 $c_{2NaOH} = 0.1015$ mol·L^{-1} 的 NaOH 溶液 21.47 mL 恰好中和。求 $c_{H_2SO_4}$。

解:反应方程式为

$$H_2SO_4 + 2NaOH = Na_2SO_4 + 2H_2O$$

由等物质的量规则知
$$n_{H_2SO_4} = n_{2NaOH}$$

即
$$c_{2NaOH} V_{NaOH} = c_{H_2SO_4} V_{H_2SO_4}$$

故
$$c_{H_2SO_4} = \frac{c_{2NaOH} V_{NaOH}}{V_{H_2SO_4}} = \frac{0.1015\times21.47\times10^{-3}}{20.00\times10^{-3}}$$

$$= 0.1090 (mol·L^{-1})$$

 第三节 稀溶液的依数性

溶液的性质可分为两类,一类由溶质的本性决定,如溶液的颜色、密度、酸碱性、导电性等;另一类只与溶液中所含溶质的粒子数目有关,与溶质的本性无关,如溶液的蒸气压下降、沸点升高、凝固点下降和渗透压等。这类性质,对于难挥发非电解质的稀溶液来说,表现出一定的共性和规律性,因此称为稀溶液的依数性,又称稀溶液的通性。

一、溶液的蒸气压下降

1.纯溶剂的蒸气压

在一定温度下,将某一纯溶剂,如纯水,置于密闭容器中,水表面一部分动能较高的水分子从液面逸出,成为水蒸气,这个过程称为蒸发。同时,液面上方的一些水蒸气分子受到液面水分子吸引进入液相成为液态水,这个过程称为凝聚。当液体的蒸发速率与蒸气的凝聚速率相等时,液态水及其蒸气即液相和气相处于平衡状态。此时的蒸气称为饱和蒸气,饱和蒸气产生的压力称为该温度下的饱和蒸气压,简称蒸气压。在一定的温度下,每种液体都有恒定的蒸气压。液体的蒸发是一个吸热过程,所以液体的蒸气压随温度的升高而增大。

纯溶剂的蒸气压与溶剂的本性、温度有关,不同的溶剂,其蒸气压不同,在一定的温度下,每种液体都有恒定的蒸气压。液体的蒸气压随温度的升高而增大。

2.溶液的蒸气压下降

实验证明,在相同温度下,当把难挥发的非电解质(如蔗糖、甘油)溶入溶剂形成稀溶液后,稀溶液的蒸气压总是低于纯溶剂的蒸气压。这种现象称为溶液的蒸气压下降。

溶液蒸气压下降的原因是溶剂的部分表面被溶质所占据,阻碍了溶剂分子的蒸发,使单位时间内从液面逸出的溶剂分子数要比纯溶剂少。达到平衡时,溶液的蒸气压必然低于纯溶剂的蒸气压。溶液浓度越大,其蒸气压下降越多。

3.拉乌尔定律

1887 年法国物理学家拉乌尔(F. M. Raoult)根据实验结果总结出如下规律:在一定温度下,难挥发非电解质稀溶液的蒸气压下降与溶质的质量摩尔浓度成正比,而与溶质的本性无关。此规律称为拉乌尔定律,即

$$\Delta p = p_A^0 - p = K b_B$$

式中,p 为溶液的蒸气压,kPa;p_A^0 为溶剂的蒸气压,kPa;Δp 为溶液的蒸气压下降值;b_B 为溶质的质量摩尔浓度,$mol \cdot kg^{-1}$;K 为蒸气压下降常数。

知识窗

现代科学研究表明,植物的抗旱性与溶液的蒸气压下降有关。当植物所处的环境温度发生较大改变时,植物细胞中的有机体就会产生大量的可溶性碳水化合物以增加细胞溶液的浓度,由于细胞液浓度的增加,使细胞液的蒸气压下降,减少了细胞水分的蒸发,从而表现出一定的抗旱能力。

二、溶液的沸点升高

1.纯溶剂的沸点

当某一液体的蒸气压等于外界压力时,液体沸腾,此时液体的温度称为沸点。例如在外界

大气压为 101.325 kPa(1 大气压)时,纯水的沸点是 373.15 K(100℃)。溶液的沸点与外界大气压有关,外界压力降低,液体沸点将下降。

2. 溶液的沸点升高

若在水中加入难挥发的非电解质,由于溶液的蒸气压低于纯溶剂的蒸气压,这时溶液在 373.15 K 并不沸腾,为了促进更多的溶剂分子蒸发,就必须升高溶液的温度,当溶液的蒸气压达到外界压力(101.325 kPa)时,溶液才能沸腾。可见,溶液的沸点总是高于纯溶剂的沸点,此现象称为溶液的沸点升高。图 1-1 显示了水的蒸气压及溶有难挥发溶质的水溶液的蒸气压与温度的关系。

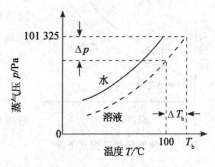

图 1-1 水溶液的沸点上升

知识窗

在外界压强一定时,纯溶剂的沸点是恒定的,但溶液的沸点随着沸腾的进行不断地变化。因为在沸腾过程中,随着溶剂不断蒸发,溶液的浓度逐渐增大,其蒸气压不断下降,沸点越来越高,直至达到饱和,溶液的沸点不再发生变化。

难挥发非电解质稀溶液的沸点升高值与溶液的质量摩尔浓度成正比,而与溶质的本性无关,即

$$\Delta T_b = T_b - T_b^0 = K_b b_B$$

式中,ΔT_b 为溶液沸点降低值;T_b 为溶液的沸点,K;T_b^0 为纯溶剂的沸点,K;b_B 为溶质的质量摩尔浓度,$mol \cdot kg^{-1}$;K_b 为溶剂的沸点升高常数,取决于溶剂的性质,$K \cdot kg \cdot mol^{-1}$。

常见溶剂的 K_b 见表 1-2。

表 1-2 常用溶剂的 K_b

溶剂	水	乙醇	丙酮	三氯甲烷	四氯化碳	苯	乙醚
T_b^0/K	373.15	351.48	329.3	334.35	351.65	353.29	307.55
$K_b/(K \cdot kg \cdot mol^{-1})$	0.52	1.20	1.72	3.85	4.88	2.53	2.16

三、溶液的凝固点下降

1. 纯溶剂的凝固点

一定外压下,当液体蒸气压与固体蒸气压相等,固、液两相平衡共存时的温度称为凝固点 T_f^0。例如,常压下,273.15 K(0℃)时水和冰的蒸气压相等(0.610 kPa),水和冰平衡共存,273.15 K(0℃)即为水的凝固点。

2. 溶液的凝固点下降

实验表明,溶液的凝固点总是低于纯溶剂的凝固点。这一现象称为溶液的凝固点下降。

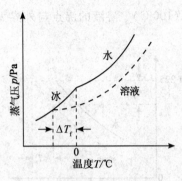

图1-2 稀溶液的凝固点下降

例如,在冰、水(273.15 K)共存体系中加入难挥发非电解质后,由于溶质只溶解在水中,使得溶液的蒸气压下降,而对冰没有影响。此时溶液的蒸气压小于冰的蒸气压,溶液和冰就不能共存,冰将不断融化。要使冰和溶液共存,就必须降低温度,这时冰和溶液的蒸气压同时下降,由于冰的蒸气压下降速率比溶液的蒸气压下降速率快,当温度降到某点T_f时,冰和溶液的蒸气压相等(图1-2),重新处于平衡状态。所以溶液的凝固点总是低于纯溶剂的凝固点。

难挥发非电解质稀溶液的凝固点下降与溶液的质量摩尔浓度成正比,而与溶质的本性无关,即

$$\Delta T_f = T_f^0 - T_f = K_f b_B$$

式中,ΔT_f为溶液的凝固点下降值;T_f为溶液的凝固点,K;T_f^0为纯溶剂的凝固点,K;b_B为溶质的质量摩尔浓度;K_f为溶剂的凝固点下降常数,只取决于溶剂的性质,$K \cdot kg \cdot mol^{-1}$。

K_f只与溶剂的性质有关,而与溶质的本性无关。几种常见溶剂K_f见表1-3。

表1-3　常用溶剂的 K_f

溶剂	水	乙酸	环己烷	三溴甲烷	四氯化碳	苯	萘
T_f^0/K	273.15	298.15	279.65	280.95	250.35	278.65	353.15
$K_f/(K \cdot kg \cdot mol^{-1})$	1.86	3.9	20.2	14.4	29.8	5.12	6.9

根据溶液的沸点升高与凝固点下降可测定溶质的摩尔质量。由于K_f较对应的K_b大,故凝固点测定的相对误差较小;且达到凝固点时,溶液中有晶体析出,现象明显;另外,凝固点的测定是在低温下进行的,所以被测试样的组成与结构不会被破坏。因此,凝固点下降法测定物质的摩尔质量较为常用。

[例1-8] 将10.0 g蔗糖($C_{12}H_{22}O_{11}$)溶于100.7 g水中,实验测得溶液的凝固点为272.61 K,求蔗糖的摩尔质量。

解:查表1-3,水的$K_f = 1.86 \text{ K} \cdot kg \cdot mol^{-1}$

$$\Delta T_f = T_f^0 - T_f = 273.15 - 272.61 = 0.54(K)$$

因为　　　　　　　$\Delta T_f = K_f b_B$

故　　　　　$b_B = \dfrac{\Delta T_f}{K_f}$　　　　$b_B = \dfrac{n_B}{m_A} = \dfrac{m_B}{M_B m_A}$

所以　　$M_{C_{12}H_{22}O_{11}} = \dfrac{n_B}{m_A} \cdot \dfrac{K_f}{\Delta T_f} = \dfrac{10.0 \times 10^{-3} \times 1.86}{100.7 \times 0.54} = 342(g \cdot mol^{-1})$

即蔗糖的摩尔质量为342 g·mol⁻¹。

溶液的凝固点下降有一定的实用意义。冰盐混合而成的冷冻剂,广泛应用于水产品、食品的保存和运输过程中。冬季建筑工人在砂浆中加入食盐或氯化钙,汽车驾驶员在散热器(水箱)中加入甘油、乙二醇等都是利用溶液的凝固点下降现象防止水结冰的应用实例。

四、溶液的渗透压

1. 渗透现象

在一个容器中间用一种半透膜(只允许溶剂分子通过而不允许溶质分子通过)将等体积的蔗糖溶液和纯水隔开(图 1-3a)。经过一段时间后,可以观察到蔗糖溶液的液面升高,而纯水的液面降低,说明纯水中一部分水分子通过半透膜进入了溶液(图 1-3b)。这种溶剂分子通过半透膜由纯溶剂向溶液扩散或由稀溶液向浓溶液扩散的现象称为渗透。

半透膜是一种只允许某些物质通过而不允许另一些物质通过的多孔性薄膜,如细胞膜、膀胱膜、肠膜、鸡蛋的壳膜、毛细管壁等生物膜以及人工制成的羊皮纸、玻璃纸等都是半透膜。

渗透现象产生的原因是溶液的蒸气压小于纯溶剂的蒸气压,所以纯水分子通过半透膜进入蔗糖溶液速率大于蔗糖溶液中水分子通过半透膜进入纯水的速率,蔗糖液面升高。如果用半透膜将两种浓度不同的溶液隔开,也会发生渗透现象。渗透方向总是由浓度小的溶液向浓度大的溶液渗透。渗透现象的产生必须具备两个条件:一是有半透膜存在,二是半透膜两侧溶液存在浓度差。

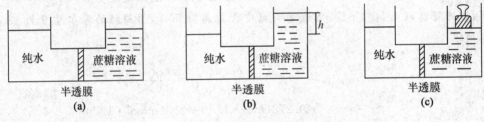

图 1-3 渗透和渗透压示意图

2. 渗透压

在上述渗透现象的实验装置中,随着渗透的不断发生,蔗糖溶液的液面逐渐升高,其静水压增大,静水压的增大降低了水分子进入蔗糖溶液的速率,同时又促进了蔗糖溶液的水分子向溶剂运动,当静水压增大到一定值时,单位时间内从两个相反方向通过半透膜的水分子数目相等时,渗透达到平衡,两侧液面不再发生变化。这种施加于溶液液面上,阻止渗透现象发生的额外压力,称为溶液的渗透压。如果用半透膜将两种不同浓度的溶液隔开,此时的渗透压是两种溶液渗透压之差。渗透压的符号为Π,单位 Pa 为或 kPa。

3. 渗透压与浓度和温度的关系

1886 年,荷兰物理学家范特霍夫(Van't Hoff)指出:稀溶液的渗透压与溶液的物质的量浓度及热力学温度成正比。

$$\Pi = c_B RT$$

式中,Π 为溶液的渗透压;c_B 为溶质的物质的量浓度(电解质近似为各离子的物质的量浓度总和);T 为热力学温度;R 为气体常数,数值为 $8.314\ \text{J} \cdot \text{mol}^{-1} \cdot \text{K}^{-1}$。

范特霍夫定律说明:一定温度下,渗透压的大小与溶液的浓度成正比,而与溶质的本性无关。利用范特霍夫定律可测定大分子(如人工合成的高聚物或天然产物、蛋白质等)溶质的摩尔质量。

[例1-9] 在298 K时,1.00 L溶液中,含有5.00 g蛋清蛋白,测得溶液的渗透压为3.06×10^2 Pa,求蛋清蛋白的摩尔质量。

解:
$$\Pi=c_BRT \qquad c_B=\frac{n_B}{V}=\frac{m_B}{M_BV},故$$

$$M_B=\frac{m_B}{\Pi V}RT=\frac{5.00}{3.06\times10^2\times1.00\times10^{-3}}\times8.314\times298$$
$$=40\ 483(g\cdot mol^{-1})$$

即所求蛋清蛋白的摩尔质量为40 483 g·mol⁻¹。

4.渗透浓度

为了计算和比较非电解质和电解质溶液的渗透压,实际工作中,常用渗透浓度来表示溶液的浓度。

所谓渗透浓度,就是溶液中能产生渗透现象的各种溶质质点(分子或离子)的总浓度。对于非电解质是用毫摩尔/升(mmol·L⁻¹)来表示,对于电解质是用毫摩尔离子/升来表示。

[例1-10] 计算质量浓度为50 g·L⁻¹的葡萄糖溶液的渗透浓度是多少?

解:依据题意,1 L 50 g·L⁻¹溶液葡萄糖中含葡萄糖50 g,葡萄糖的摩尔质量为180 g·mol⁻¹,所以

$$c_{C_6H_{12}O_6}=\frac{n_{C_6H_{12}O_6}}{V}=\frac{m_{C_6H_{12}O_6}}{M_{C_6H_{12}O_6}V}=\frac{50}{180\times1}$$
$$=0.278(mol\cdot L^{-1})=278(mmol\cdot L^{-1})$$

[例1-11] 计算37℃、质量浓度为9 g·L⁻¹的氯化钠溶液的渗透浓度和渗透压分别是多少?

解:依据题意,1 L 9 g·L⁻¹溶液氯化钠中含氯化钠9 g,氯化钠的摩尔质量为58.5 g·mol⁻¹,所以

$$c_{NaCl}=\frac{n_{NaCl}}{V}=\frac{m_{NaCl}}{M_{NaCl}V}=\frac{9}{58.5\times1}=0.154(mol\cdot L^{-1})$$

又因为氯化钠在水溶液中全部电离为Na⁺和Cl⁻,因此该氯化钠溶液的渗透浓度是:

$$0.154\times2=0.308(mol\cdot L^{-1})=308(mmol\cdot L^{-1})$$

37℃该氯化钠溶液的渗透压为:

$$\Pi=c_BRT=0.308\times8.314\times310.15=793.8(kPa)$$

渗透压相等的两种溶液称为等渗溶液,渗透压高的溶液称为高渗溶液,渗透压低的溶液称为低渗溶液。例如,将红细胞置于纯水中,可以发现它会逐渐胀成圆球,最后破裂。这是水透过细胞膜进入细胞,而细胞内的若干溶质如血红素、蛋白质等不能透出,以致细胞内的液体逐渐增多,胀破细胞壁的缘故。

渗透作为一种自然现象,广泛存在于动植物的生理活动之中。生物体中的细胞液和体液都是水溶液,它们具有一定的渗透压,而且生物体内的绝大部分膜都是半透膜,因此渗透压的

大小与生物的生长发育有着密切的关系。例如,植物的细胞膜是一种很容易透水而不能通过溶解于细胞液的物质的薄膜,植物细胞的渗透压很大,靠渗透作用,植物养分可送到各部位,甚至是高达几十米的树顶。但是,当在农作物的根部施肥过多时,就会造成其细胞脱水,而使农作物枯萎。

知识窗

(1)正常情况下,人体血浆的渗透压在 719.4～824.7 kPa(浓度 280～320 mmol·L^{-1})之间,人体血浆的渗透压和细胞的渗透压相近。当人体发烧时,由于体内水分的大量蒸发,使血浆浓度增加,渗透压加大,若此时不及时补充水分,细胞中的水分就会因为渗透压低而向血浆渗透,造成细胞脱水,给生命带来危险。所以当人体发高烧时,需要及时喝水或通过静脉注射与细胞液等渗的生理盐水或葡萄糖溶液以补充水分。

(2)"反渗透技术"就是在渗透压较大的溶液液面上加上比其渗透压还要大的压力,迫使溶剂透过半透膜从高浓度溶液迁移至低浓度溶液,从而达到浓缩溶液的目的。一些不能或不适合在高温条件下浓缩的物质,可采用此方法进行浓缩。如速溶咖啡和速溶茶的制造。此外,"反渗透技术"还可用于海水的淡化和废水的处理。

总之,稀溶液的各项通性与一定量的溶剂中所含溶质的独立质点数成正比,而与溶质的本性无关。对于浓溶液,溶质粒子间的相互影响大为增加,因此,浓溶液中情况比较复杂,这时简单的依数性的定量关系不再适用。

第四节　胶体溶液

胶体溶液是介于分子溶液和粗分散系之间的一类分散系,其分散质的直径一般在 1～100 nm,分散剂大多数为水,少数为非水溶剂。可分为两类:一类是胶体溶液,又称溶胶,是由一些小分子化合物聚集成的大颗粒多相集合体系,如 $Fe(OH)_3$ 溶胶等;另一类是高分子溶液,它是由高分子化合物形成的溶液。

一、胶团的结构

溶胶的性质与其结构密切相关。大量事实证明胶团是具有吸附层和扩散层的双电层结构。

溶胶粒子是一个具有很大表面积的体系,所以它具有较高的表面能。溶胶粒子为了减小其表面能,就会吸附溶液中的其他离子。一旦溶胶粒子吸附了其他离子,它的表面就会带电。而带电的表面又会通过静电引力吸引体系中带相反电荷的离子,从而形成双电层结构。

例如碘化银溶胶。首先 Ag^+ 与 I^- 结合成 AgI 分子,许多 AgI 分子聚集在一起形成胶核

（直径为 1～100 nm），胶核具有较大的表面能，若体系中 $AgNO_3$ 过量，根据"相似相吸"的原则，胶核优先吸附 Ag^+ 带正电，被胶核吸附的离子称为电位离子。由于静电引力，再吸引带负荷电的 NO_3^-，NO_3^- 与电位离子的电荷相反，称为反离子。一部分反离子受电位离子的吸引被束缚在胶核表面，与电位离子一起形成了吸附层。胶核和吸附层一起称为胶粒，胶粒是带电粒子。另一部分反离子在吸附层外面的分散剂中扩散，构成了扩散层。胶粒和扩散层组成胶团，胶团是电中性的。图 1-4 为 AgI 溶胶的胶团结构示意图。

当 $AgNO_3$ 过量时，AgI 溶胶的胶团结构为：

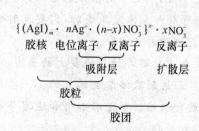

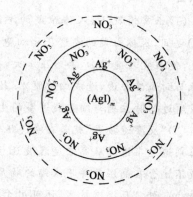

图 1-4　$AgNO_3$ 过量时 AgI 胶团的结构示意图

同理，氢氧化铁、三硫化二砷和硅胶的胶团结构可表示为：

$$\{[Fe(OH)_3]_m \cdot nFeO^+ \cdot (n-x)Cl^-\}^{x+} \cdot xCl^-$$

$$\{(As_2S_3)_m \cdot nHS^- \cdot (n-x)H^+\}^{x-} \cdot xH^+$$

$$\{(H_2SiO_3)_m \cdot nHSiO_3^- \cdot (n-x)H^+\}^{x-} \cdot xH^+$$

二、溶胶的性质

分散度高和多相是溶胶的基本特征，溶胶所具有的性质与这两个基本特征有密切的关系。

1. 光学性质——丁达尔效应

当一束光线照射到溶胶上，在与入射光垂直方向上可观察到一条明亮的光柱。这一现象称为丁达尔效应（图 1- 5）。丁达尔效应是胶体所特有的现象，可以用于来鉴别溶液与胶体。

根据光学理论，当光线照射到分散质粒子上时，可能产生两种情况：如果粒子直径远远大于入射光的波长，则发生光的反射，如果粒子直径小于入射光波长，则发生光的散射。因为溶胶粒子大小（1～100 nm）小于可见光的波长（400～760 nm），所以可见光通过溶胶时便产生明显的散射作用。丁达尔效应是光散射的宏观表现。

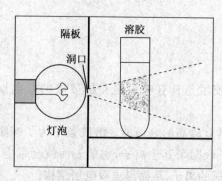

图 1-5　丁达尔效应

知识窗

1.超显微镜是利用光散射原理设计制造的,用于研究胶粒的运动。

2.因为云、雾、烟尘也是胶体,所以清晨时,在茂密的树林中,常常可以看到从枝叶间透过的一道道光柱,与此类似的自然界现象也都是丁达尔效应产生的。

2.动力学性质——布朗运动

在超显微镜下可以观察到溶胶中的粒子在不断地做无规则的运动(图1-6),这种运动叫作布朗运动。

布朗运动产生的原因是分散剂粒子不断地从各个方向撞击溶胶粒子,而溶胶粒子每一瞬间受到的撞击力在各个方向上是不同的,因而溶胶粒子处于无规则的运动状态。运动着的胶粒可使其本身不下沉,因而是溶胶稳定的一个因素。

3.电学性质

溶胶是多相热力学不稳定体系,有自发聚集成较大颗粒最终下沉的趋势。但事实上,经过纯化的溶胶,在一定条件下,却能存放几年甚至几十年都不聚沉。溶胶之所以有相对的稳定性,主要原因是由于胶体带电。

在电场中,溶胶体系的分散质粒子在分散剂中发生定向迁移,我们将这种现象称为溶胶的电泳。如果将分散质固定,让分散剂在电场上自由迁移,称为电渗。图 1-7 所示的是$Fe(OH)_3$溶胶的电泳实验装置。实验结果表明,棕红色的 $Fe(OH)_3$ 溶液向负极移动,说明 $Fe(OH)_3$ 溶胶带正电。

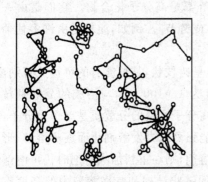

图 1-6　布朗运动

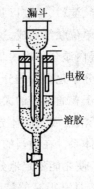

图 1-7　电泳管

想一想

$AgNO_3$ 与 KI 混合制得 AgI 溶胶:

1.$AgNO_3$ 过量,AgI 溶胶粒子带何电荷?

2.KI 过量,AgI 溶胶粒子带何电荷?

4.溶胶的聚沉

往溶胶中加入适量电解质,使带电胶粒吸附相反电荷,破坏了胶粒间的排斥作用,溶胶则形成絮状沉淀,这种现象叫溶胶的聚沉。加入相反电荷的溶胶也会发生聚沉。

胶体聚沉广泛应用于日常生活和科学研究中。如明矾净水作用就是利用明矾在水中水解生成带正电的 $Al(OH)_3$ 溶胶,可使水中带负电的黏土粒子聚沉。溶胶的相互聚沉也存在于土壤中,土壤中既有带正电的溶胶[如 $Al(OH)_3$、$Fe(OH)_3$ 溶胶],也有带负电的溶胶(如 H_2SiO_3 溶胶等),它们之间的相互聚沉对土壤团粒结构的形成起着一定的作用。豆腐的制备是利用盐卤或石膏的聚沉作用。

有时溶胶的生成也会带来许多麻烦,例如,分离沉淀时,如果该沉淀是胶状沉淀,它不但可以透过滤纸,而且还会使过滤时间延长。因此,有时我们要设法破坏已形成的胶体。

第五节　高分子溶液和乳浊液

高分子溶液和乳浊液都属于液态分散体系,前者为胶体分散系,后者为粗分散系。两者与农业科学研究和生产实践有着密切的联系,本节简单介绍它们的特性。

一、高分子溶液

高分子化合物是指相对分子质量在 1 000 以上的有机大分子化合物。许多天然有机物如蛋白质、纤维素、淀粉、橡胶以及人工合成的各种塑料等都是高分子化合物。它们是由一种或多种小的结构单位联结而成,这些结构单位称为单体(或链节)。例如,淀粉是由许多葡萄糖分子缩合而成,蛋白质分子中的基本结构单位是氨基酸。

大多数高分子化合物的分子是链状的或带有支链呈树枝状,其长度有的可达几百纳米,但截面积只相当于普通分子的大小。高分子化合物长度为 1～100 nm,与溶胶的分散颗粒大小相当,故高分子溶液属于胶体分散系,但和溶胶不同,高分子溶液的分散质是单个大分子,为高度稳定的单相体系。在适当的溶剂中,高分子化合物能强烈地自发溶剂化而逐步溶解,形成很厚的溶剂化膜,使之能稳定地分散于溶剂中。若除去溶剂,则在重新加入溶剂时仍可溶解。另外,高分子溶液具有很高的黏度,这与高分子化合物的链状结构和其在溶液中的高度溶剂化有关。

二、高分子溶液的盐析和保护作用

1.高分子溶液的盐析

高分子具有一定的抗电解质的能力,加入少量的电解质,其稳定性并不受影响。这是因为在高分子结构中带有较多的可离解或已离解的亲水基团,如—OH,—COOH,—NH_2 等,这些基团具有很强的水化能力,能使高分子化合物的表面形成一层较厚的水化膜,从而使其稳定地存在于溶液中而不易聚沉。要使高分子化合物从溶液中聚沉出来,除中和所带电荷外,更重要的是破坏其水化膜。因此,必须加入大量的电解质。像这种通过加入大量电解质使高分子化合物聚沉的作用称为盐析。

加入具有亲水性的溶剂如乙醇、丙酮等,也能破坏高分子化合物的水化膜,使其沉淀出来。在研究天然产物时,常常利用盐析和加入乙醇等溶剂的方法来分离蛋白质和其他物质。

2.高分子溶液的保护作用

由于高分子化合物被溶胶吸附并包住胶粒,从而阻止了胶粒的聚沉,增加了溶胶的稳定性,在溶胶中加入适量的高分子化合物,可保护溶胶。

保护作用在生理过程中具有重要的意义。例如,健康人的血液中所含的碳酸镁、磷酸钙等难溶盐,都是以胶溶状态存在,并被蛋清蛋白等保护着。生病时,保护物质在血液中的含量减少,这样就有可能使溶胶发生聚沉而堆积在身体的各个部位,使新陈代谢作用发生障碍,形成肾结石、胆结石等。

但是,若在溶胶中加入的高分子化合物较少,就会出现一个高分子化合物同时附着几个胶粒的现象。此时非但不能保护胶粒,反而使得胶粒相互粘连而聚沉。像这种由于高分子溶液的加入,使得溶胶稳定性减弱的作用称敏化作用。

三、乳浊液

乳浊液是指分散质和分散剂均为液体的粗分散系,即一种液体以极小微粒分散到另一种与其互不相溶的液体中形成的分散系,牛奶、豆浆、某些植物茎叶裂口流出的白浆(例如橡胶树的胶乳),以及人和动物机体中的血液、淋巴液等都是乳浊液。在乳浊液中被分散的液滴直径在 $0.1 \sim 50 \ \mu m$。根据分散质和分散剂性质的不同,乳浊液又可分为两大类:一类是水包油型,以 O/W 表示,即"油"分散在水中所形成的体系,如牛奶、豆浆、农药等;另一类是油包水型,以 W/O 表示,即水分散在"油"中所形成的体系,如石油等。

将油和水同时放在容器中猛烈震荡,可以得到乳浊液。但这样得到的乳浊液并不稳定,停止震荡后,分散的液滴相碰后会自动合并,油、水会迅速分离成两个互不相溶的液层。但若在油水混合时加入少量肥皂,则形成的乳浊液在停止震荡后分层很慢,肥皂就起了稳定剂的作用。乳浊液的稳定剂称为乳化剂。乳化剂的种类很多,但一般都是表面活性剂,因此,表面活性剂有时也称乳化剂。若乳化剂分子中亲水性部分比憎水性部分强,则此乳化剂称为亲水性乳化剂;反之,称为亲油性乳化剂。常用的亲水性乳化剂有:钾肥皂、钠肥皂、蛋白质和动物胶等。常用的亲油性乳化剂有:钙肥皂、高级醇类、高级酸类和石墨等。

乳浊液在工农业生产及生物科学中都有着很广泛的应用。如农药大多是不溶于水的有机油状物,不宜直接使用,一般都是将它们与乳化剂配合分散于水中成为乳浊液,用来喷洒农作物,既节约农药,又可充分发挥药效,而且还能防止因农药高度集中而伤害农作物。乳浊液的形成在生理上也有重要意义,例如,食物油脂因不溶于水而难以被消化吸收,但体内某些乳化剂(如胆酸)能将其乳化变成乳浊液,便于进行生化反应而被消化。此外,乳浊液在制药、食品、制革、涂料、石油钻探等工业生产中都有广泛应用。

四、表面活性剂

任何两种极性相差很大的物质,通过机械分散方式很难形成一个均匀混合的、稳定的单相体系,因为这两种物质要以其接触面积最小,即两物质各成一相的方式存在。能够显著地降低两相的表面能,从而使一些极性相差很大的物质也能相互分散、形成均匀稳定体系的物质称为表面活性物质。

表面活性物质的分子结构大致相同。它们都含有亲水性的极性基团和憎水性的非极性基团。极性基团通常是—OH,—COOH,—SO_3H,—NH_2,—NH,—NH_3^+ 等,对水的亲和力很强,称为亲水基;非极性基团如链状烃基—R 或芳香烃基—Ar 等,对油的亲和力较强,称为亲油基或疏水基。常用符号"—○"表示表面活性物质,"—"表示疏水基,"○"表示亲水基。当表面活性物质溶于水后,分子中的亲水基进入水相,疏水基则进入油相,这样表面活性剂分子就浓集在两相界面上,形成了定向排列的分子膜,从而能够降低水相和油相的表面能,起到防止被分散的物质重新碰撞而聚结的作用。肥皂是最常用的表面活性物质。用肥皂洗涤衣服遇到油污,肥皂分子的烃基长链进入油中,经揉搓、搅拌等机械振动,油污就会逐步分散成小油滴。由于其表面被羧酸根包围,很容易进入水中,形成稳定的乳浊液,并随水漂洗而去。这就是肥皂去污的原理。

根据表面活性剂的结构特点,一般分为三种类型。

(1)阴离子型表面活性剂 阴离子表面活性剂在水中生成带有疏水基的阴离子,肥皂就属于这一类型,它的疏水基 R 包含于阴离子 $RCOO^-$ 中。此外,还有日常使用的合成洗涤剂如烷基磺酸钠、烷基苯磺酸钠、烷基硫酸酯的钠盐等。

$$CH_3(CH_2)_{10}CH_2OSO_3^- \, Na^+ \qquad\qquad RSO_3^- \, Na^+$$
十二烷基硫酸钠 烷基磺酸钠

这类合成表面活性剂可用作起泡剂、润湿剂、洗涤剂等,如十二烷基硫酸钠是牙膏中的起泡剂。目前我国生产的洗衣粉主要是烷基苯磺酸钠。

这一类化合物都是强酸盐,而且它们的钙、镁盐一般在水中溶解度很大,所以它们可在酸性溶液或硬水中使用。

(2)阳离子型表面活性剂 阳离子表面活性剂在水中生成带疏水基的阳离子,属于这类的主要为季铵盐。

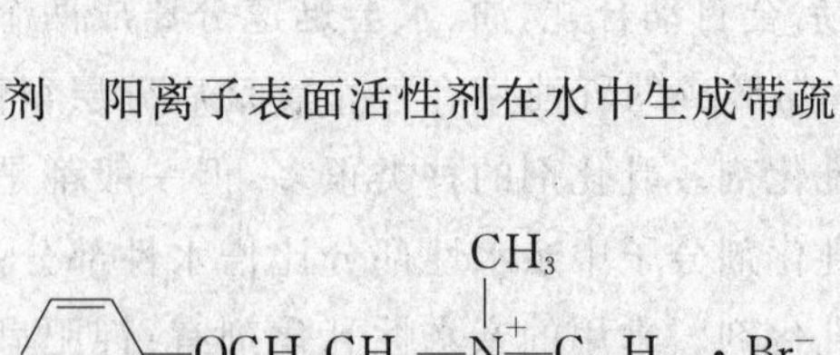

溴化二甲基-苯氧乙基-十二烷基铵(杜灭芬)

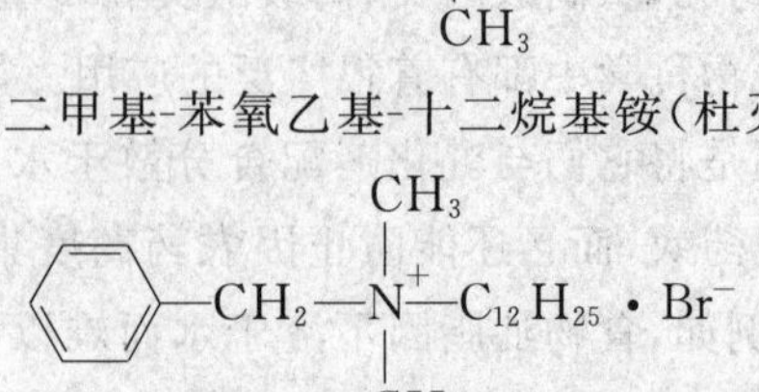

溴化二甲基-苄基-十二烷基铵(新洁尔灭)

上述化合物除有乳化作用外,还有较强的杀菌力,一般多用作杀菌剂及消毒剂,如新洁尔灭主要用于外科手术时的皮肤及器械消毒;杜灭芬则为常用的预防及治疗口腔炎、咽炎的药物。

(3)非离子型表面活性剂 这一类表面活性剂在水中不形成离子,其亲水部分都含有羟基。如辛基苯酚与多个环氧乙烷的聚合产物——聚氧乙烯烷基酚醚就属于非离子型表面活性剂。

$$C_8H_{17}\!-\!\!\!\bigcirc\!\!\!-OH + n\ \underset{O}{\triangle} \xrightarrow{NaOH}$$

$$C_8H_{17}\!-\!\!\!\bigcirc\!\!\!-O\!\!\left[\!CH_2-CH_2\!\right]_n\!OH$$

式中,$n=5\sim12$。这一类化合物是黏稠液体,与水极易混溶,洗涤效果也很好,是目前使用较多的洗净剂,它的类似物常用作农药的乳化剂。

本 章 小 结

1.溶液浓度常用的表示方法有:物质的量浓度、质量摩尔浓度、物质的量分数、质量浓度、质量分数、体积分数。但在涉及"物质的量"的表示时,必须注明基本单元。在配制溶液时,要根据具体工作要求进行配制。

2.等物质的量规则:任何化学反应,若将化学(或离子)反应方程式中的每一项(包括计量系数在内的化学式或离子式)作为一个基本单元,则反应中各反应物和各生成物的物质的量相等,这个规律叫等物质的量规则。另外,配制和稀释溶液也遵循此规则。

3.稀溶液的依数性有:溶液的蒸气压下降、沸点升高、凝固点下降和渗透压等。这些性质与溶质的本性无关,而只与溶液中所含的溶质的粒子数目有关,即只与溶液的浓度有关。

$$\Delta p = Kb_B \qquad \Delta T_b = K_b b_B \qquad \Delta T_f = K_f b_B \qquad \Pi = c_B RT$$

用稀溶液的依数性可以说明一些生物、生理等日常现象,也可用来解决一些科学问题。

4.胶体的高度分散和多相性的特点,使胶体具有丁达尔效应、布朗运动、电泳和电渗等性质。溶胶具有一定的稳定性,使胶体聚沉的主要方法有加入电解质和加入相反电荷的溶胶。

5.高分子溶液和乳浊液都属于液态分散体系。高分子溶液的分散质是单个大分子,为高度稳定的单相体系。乳浊液是指分散质和分散剂均为液体的粗分散系,乳浊液又可分为水包油型和油包水型。

思 考 与 练 习

一、判断题

1.$c_{H_2SO_4}=1.00\ mol\cdot L^{-1}$,则 $c_{\frac{1}{2}H_2SO_4}=0.50\ mol\cdot L^{-1}$。

2.难挥发非电解质稀溶液的依数性不仅与溶质种类有关,而且与溶液的浓度成正比。

3.难挥发非电解质稀溶液的蒸气压实际上是溶液中溶剂的蒸气压。

4.将浓溶液和稀溶液用半透膜隔开,欲阻止稀溶液的溶剂分子进入浓溶液,需要加到浓溶液液面上的压力,称为浓溶液的渗透压。

5.稀溶液在达到凝固点时,溶液中的溶质和溶剂均以固态析出,形成冰。

6.纯溶剂通过半透膜向溶液渗透的压力叫渗透压。

7.体系中,稀溶液随着温度不断降低,冰不断析出,因此溶液的凝固点会不断下降。

8.溶剂通过半透膜进入溶液的单方向扩散的现象称作渗透现象。

9.$0.3\ mol \cdot kg^{-1}$的蔗糖溶液和$0.3\ mol \cdot kg^{-1}$的甘油溶液的渗透压相等。

10.渗透压较高的溶液其物质的量浓度一定较大。

11.溶胶是指分散质颗粒直径在$1\sim100\ nm$分散体系。

12.溶剂中加入难挥发溶质后,溶液的蒸气压总是降低,沸点总是升高。

13.蛋白质溶液中加入大量的无机盐而使蛋白质沉淀析出的作用称为盐析。

二、选择题

1.下列说法中不正确的是(   )。

A.当液体与其蒸气处于平衡时,蒸气的压力称为该液体的饱和蒸气压

B.液体混合物的蒸气压等于各纯组分的蒸气压之和

C.稀溶液中某一液体组分的蒸气分压等于它在相同温度下的饱和蒸气压与其在溶液中的物质的量分数之积

D.蒸气压大小与容器直径大小有关

2.一封闭钟罩中放一小杯纯水 A 和一小杯糖水 B,静止足够长时间后发现(   )。

A.A 杯中水减少,B 杯中水满后不再变化　　　B.A 杯变成空杯,B 杯中水满后溢出

C.B 杯中水减少,A 杯中水满后不再变化　　　D.B 杯中水减少至空杯,A 杯水满后溢出

3.浓度均为 $0.1\ mol \cdot kg^{-1}$ 的蔗糖、HAc、NaCl 和 Na_2SO_4 水溶液,其中蒸气压最大的是(   )。

A.蔗糖　　　　　　　　　　　　　　　　B.HAc

C.NaCl　　　　　　　　　　　　　　　　D.Na_2SO_4

4.下列溶液中凝固点最低的是(   )。

A.$0.2\ mol \cdot L^{-1}\ C_{12}H_{22}O_{11}$　　　　　　B.$0.2\ mol \cdot L^{-1}\ HAc$

C.$0.1\ mol \cdot L^{-1}\ NaCl$　　　　　　　　　D.$0.1\ mol \cdot L^{-1}\ CaCl_2$

E.$BaSO_4$ 饱和溶液

5.常压下,难挥发物质的水溶液沸腾时,其沸点(   )。

A.100℃　　　　　　　　　　　　　　　B.高于 100℃

C.低于 100℃　　　　　　　　　　　　　D.无法判断

6.在 1 L 水中溶有 0.01 mol 的下列物质的溶液中,沸点最高的是(   )。

A.$MgSO_4$　　　　　　　　　　　　　　B.$Al_2(SO_4)_3$

C.CH_3COOH　　　　　　　　　　　　D.K_2SO_4

7.欲使两种电解质稀溶液之间不发生渗透现象,其条件是(   )。

A.两溶液中离子总浓度相等　　　　　　　B.两溶液的物质的量浓度相等

C. 两溶液的体积相等　　　　　　　　　　D. 两溶液的质量摩尔浓度相等

8. 四种物质的量浓度相同的溶液,按其渗透压由大到小顺序排列的是(　　　)。

A. $HAc>NaCl>C_6H_{12}O_6>CaCl_2$　　　　B. $C_6H_{12}O_6>HAc>NaCl>CaCl_2$

C. $CaCl_2>NaCl>HAc>C_6H_{12}O_6$　　　　D. $CaCl_2>HAc>C_6H_{12}O_6>NaCl$

9. 稀溶液依数性的核心性质是(　　　)。

A. 溶液的沸点升高　　　　　　　　　　　　B. 溶液的凝固点下降

C. 溶液具有渗透压　　　　　　　　　　　　D. 溶液的蒸气压下降

三、填空题

1. "物质的量"的单位是_____,符号是_____,使用"物质的量"时应注明_____。

2. 产生渗透现象的必备条件为_____,_____。溶剂分子的渗透方向为_____。

3. 稀溶液的依数性有_____、_____、_____、_____。

4. 胶体是指_____,区别溶胶和真溶液最简单的方法是用_____。

5. 溶胶能稳定存在的主要原因是_____。电解质使溶胶聚沉,起主要作用的是_____。

6. 按分散质粒子直径的大小,可将分散系分为_____、_____、_____。

7. 分子溶液、胶体和粗分散系的直径分别为_____、_____、_____。

8. 胶体具有_____、_____两种性质。

9. 表面活性剂的结构中_____基团和_____基团。

10. O/W 乳状液称为_____ W/O 乳状液称为_____。

四、问答题

1. 为什么稀溶液定律不适用于浓溶液和电解质溶液?

2. 难挥发物质的溶液,在不断沸腾时,它的沸点是否恒定?为什么?

3. 把一块温度为 273.15 K 的冰放入同温度的水中,把另一块温度为 273.15 K 的冰放入同温度的盐水中,会出现什么现象?为什么?

4. 为什么海水比河水难结冰?

5. 为什么蔬菜用盐腌时会"出汤"?

6. 施肥过多(或施肥后不浇水),为什么会引起作物凋萎?

7. 说明溶胶的光学、动力学和电学性质。

8. 溶胶具有聚结稳定性的原因是什么?为何电解质能使溶胶聚沉?

9. 高分子溶液与胶体溶液有何异同?说明高分子溶液对溶胶的保护作用。

10. 何为表面活性物质?其分子结构有什么特点?

五、计算题

1. 浓盐酸的质量分数为 37.0%,密度为 1.19 g·mL^{-1},求 c_{HCl},b_{HCl}。

2. 浓磷酸的质量分数为 85.0%,密度为 1.75 g·mL^{-1},计算 $c_{H_3PO_4}$,$c_{\frac{1}{3}H_3PO_4}$。

3. 浓硝酸的质量分数为 69.80%,密度为 1.42 g·mL^{-1},计算 x_{HNO_3}。

4. 配制 $c_{Na_2CO_3}=0.100$ mol·L^{-1} 的溶液 250.0 mL,需称无水碳酸钠多少克?取这种溶液 25.00 mL,恰好与 20.00 mL 的盐酸溶液完全中和,求 c_{HCl}。

5. 计算 5.0% 的蔗糖($C_{12}H_{22}O_{11}$)水溶液和 5.0% 葡萄糖($C_6H_{12}O_6$)水溶液的沸点。

6.医学上用的葡萄糖($C_6H_{12}O_6$)注射液是血液的等渗溶液,测得其凝固点下降0.543℃。

(1)计算葡萄糖溶液的质量分数;

(2)如果血液的温度为37℃,求血液的渗透压。

7.在20℃时,将5 g血红素溶于适量水中,然后稀释到500 mL,测得溶液的渗透压为366 Pa,试计算血红素的分子质量。

8.在严寒的冬季里,为了防止仪器中的水结冰,欲使其凝固点降低到−3.00℃,试问在500 g水中应加甘油($C_3H_8O_3$)多少克?

第二章

电解质溶液

🍁 知识目的

- 掌握化学平衡条件及影响平衡的因素。
- 熟练掌握一元弱酸、弱碱溶液中有关 H^+、OH^- 浓度的计算。
- 了解多元弱酸的分步电离。
- 掌握同离子效应对弱电解质电离平衡移动的影响。
- 了解缓冲溶液组成、缓冲溶液的性质及其在生物体系中的重要作用。
- 掌握缓冲溶液的缓冲作用原理、pH 的计算。
- 掌握一元弱酸盐和一元弱碱盐水解平衡及其溶液 pH 的计算。
- 了解酸碱质子理论。

🍁 能力目标

- 正确理解平衡常数的物理意义及表示方法。
- 能熟练进行有关化学平衡的计算。
- 能运用平衡移动原理说明浓度、压力、温度对化学平衡移动的影响。
- 能准确选用公式计算酸碱溶液的 pH。
- 会配制不同 pH 的缓冲溶液。

　　无机化学反应大多是在水溶液中进行的,参与这些反应的物质主要是酸、碱和盐,它们都是电解质(在水溶液或熔融状态下能导电的化合物)。电解质可分为强电解质和弱电解质两类。强电解质(强酸、强碱和大多数盐)在水溶液中是完全电离的,以水合离子状态存在,具有较强的导电性。而弱电解质(弱酸、弱碱和水)在水溶液中仅能部分电离,大部分以分子状态存在,离子浓度较小,导电能力较弱。本章应用化学平衡的原理讨论弱电解质的电离平衡,盐类水解平衡和平衡移动的规律。

◆◆◆ 第一节 化 学 平 衡 ◆◆◆

一、化学反应的可逆性

在合成氨的反应中：

$$N_2(g) + 3H_2(g) \Longrightarrow 2NH_3(g)$$

N_2 和 H_2 作用生成 NH_3 的同时，也进行着 NH_3 分解为 N_2 和 H_2 的过程。习惯上把反应方程式从左向右进行的反应叫作正反应，从右向左进行的反应叫作逆反应。像这样，在一定条件下，既能向正反应方向进行又能向逆反应方向进行的反应称为可逆反应，在反应式中常用 "$\Longrightarrow$" 表示。

实际上，几乎所有的化学反应都有可逆性，也可以说，可逆性是化学反应的普遍特征。但是不同的化学反应，其可逆程度差别很大。有些反应正向进行的程度比较大，逆向进行的程度比较小。例如：

$$Ag^+ + Cl^- \Longrightarrow AgCl(s)\downarrow$$

还有极少数的反应，正反应进行过程中，逆反应基本上不可能在同样条件下发生。例如 $KClO_3$ 在 MnO_2 催化下受热分解生成 KCl 和 $O_2(g)$ 的反应：

$$2KClO_3(s) \xrightarrow{MnO_2} 2KCl(s) + 3O_2$$

反应物几乎完全转变为生成物，而同样条件下，生成物几乎不能转变为反应物。这类只能向一个方向进行的反应，称为不可逆反应。

二、化学平衡

可逆反应中，始终存在着正反应和逆反应，在一定条件下两者可以同时进行。如果在一定的反应条件下，将 CO 和 $H_2O(g)$ 置于一密闭容器中，反应开始后，每隔一定时间取样分析，会发现反应物 CO 和 $H_2O(g)$ 的分压逐渐减少，生成物 CO_2 与 H_2 的分压逐渐增大。反应进行一定时间之后再分析，发现混合气体中各组分的分压不再随时间而改变。这是因为开始时正反应速率较大，逆反应速率较小，随着反应物不断消耗，生成物不断增加，正反应速率不断减小，逆反应速率不断增大。当正反应速率等于逆反应速率时，反应物浓度和生成物的浓度不再发生变化，反应体系所处的这种状态称为化学平衡状态，简称化学平衡。

化学平衡具有以下特征：

(1)可逆反应的正、逆反应速率相等($v_正 = v_逆$)。当外界条件不变时，反应体系中各物质的浓度不随时间的变化而改变。

(2)化学平衡是一个动态平衡，反应并未停止。只是正、逆反应速率相等，方向相反，两个反应的结果相互抵消而已。

(3)化学平衡可以从正、逆两个方向建立。在一定条件下,可逆反应无论从正反应开始,还是从逆反应开始,最终均能达到平衡。

(4)化学平衡是有条件的、相对的、暂时的。当外界条件改变时,原平衡被破坏,化学平衡发生移动,在新的条件下建立新的平衡。

三、化学平衡常数

1. 平衡常数

可逆反应达平衡后,反应物、生成物的浓度或分压不再改变。通过大量实验,人们归纳出以下规律:

对于任一可逆反应:

$$a\text{A} + b\text{B} \Longrightarrow d\text{D} + e\text{E}$$

在一定温度下,达到平衡时,体系中各物质的浓度有如下关系:

$$K_c = \frac{[\text{D}]^d[\text{E}]^e}{[\text{A}]^a[\text{B}]^b}$$

式中,K_c 为浓度平衡常数,简称平衡常数;$[\text{A}]$,$[\text{B}]$,$[\text{D}]$,$[\text{E}]$ 为物质的平衡浓度,常用单位为 $\text{mol} \cdot \text{L}^{-1}$。

即在一定温度下,任何可逆反应达到平衡时,不论反应始态如何,生成物浓度以化学计量数为幂的乘积与反应物浓度以化学计量数为幂的乘积之比为一常数。该常数称为化学平衡常数。

如果参与化学反应的是气体,平衡常数还可用各气体的分压来表示:

$$K_p = \frac{p_\text{D}^d p_\text{E}^e}{p_\text{A}^a p_\text{B}^b}$$

式中,平衡分压 p 的单位为或"kPa",K_p 为以分压表示的平衡常数。

2. 书写和应用平衡常数表达式的注意事项

(1)平衡常数表达式中,各物质的浓度或分压是指平衡时的浓度或分压。

(2)有纯固体或纯液体参加的可逆反应,浓度视为常数,不写在平衡常数表达式中。例如:

$$CaCO_3(s) \Longrightarrow CaO(s) + CO_2(g)$$

$$K_p = p_{CO_2}$$

(3)在稀溶液中进行的反应,若有水参加,水的浓度视为常数,不写在平衡常数表达式中。例如:

$$Cr_2O_7^{2-} + H_2O \Longrightarrow 2CrO_4^{2-} + 2H^+$$

$$K_c = \frac{[CrO_4^{2-}]^2[H^+]^2}{[Cr_2O_7^{2-}]}$$

但在气相中进行的反应,有水蒸气参加或有水蒸气生成,水的分压应表示在平衡常数表达式中。例如：

$$CO(g) + H_2O(g) \rightleftharpoons CO_2(g) + H_2(g)$$

$$K_p = \frac{p_{CO_2} p_{H_2}}{p_{CO} p_{H_2O}}$$

对非水溶液中进行的反应，有水参加或生成，水的浓度应表示在平衡常数表达式中。例如：

$$C_2H_5OH + CH_3COOH \rightleftharpoons CH_3COOC_2H_5 + H_2O$$

$$K_c = \frac{[CH_3COOC_2H_5][H_2O]}{[C_2H_5OH][CH_3COOH]}$$

(4) 平衡常数的表达式应与化学方程式相对应。同一个化学反应用不同化学方程式表示时，平衡常数的表达式不同，得到的数值也不同。例如：合成氨的反应

$$N_2(g) + 3H_2(g) \rightleftharpoons 2NH_3(g)$$

$$K_1 = \frac{[NH_3]^2}{[N_2][H_2]^3}$$

若将方程式写为

$$\frac{1}{2}N_2(g) + \frac{3}{2}H_2(g) \rightleftharpoons NH_3(g) \qquad 则 \quad K_2 = \frac{[NH_3]}{[N_2]^{\frac{1}{2}}[H_2]^{\frac{3}{2}}}$$

这里 $K_1 \neq K_2$，而是 $K_1 = K_2^2$。

(5) 当几个化学反应相加得到总反应式时，总反应的平衡常数等于各相应反应的平衡常数之积。例如：

$$2NO(g) + O_2(g) \rightleftharpoons 2NO_2(g) \qquad ① K_1 = \frac{[NO_2]^2}{[NO]^2[O_2]}$$

$$2NO_2(g) \rightleftharpoons N_2O_4(g) \qquad ② K_2 = \frac{[N_2O_4]}{[NO_2]^2}$$

$$2NO(g) + O_2(g) \rightleftharpoons N_2O_4(g) \qquad ③ K_3 = \frac{[N_2O_4]}{[NO]^2[O_2]}$$

从反应式可以看出，① + ② = ③，即 $K_1 \cdot K_2 = K_3$。

练一练

① 反应 $I_2(g) + H_2(g) \rightleftharpoons 2HI(g)$ 和反应 $\frac{1}{2}N_2(g) + \frac{1}{2}H_2(g) \rightleftharpoons HN(g)$ 的 K_c 如何表示？

② $CaCO_3(s) \rightleftharpoons CaO(s) + CO_2(g)$ 的 K_c 如何表示？

3. 平衡常数的意义

(1) 平衡常数是可逆反应的特征常数，只与反应温度有关，不随物质的初始浓度（或分压）

而改变,与反应的方向无关。

(2)平衡状态是反应进行的最大限度,所以平衡常数可以衡量化学反应进行的程度,即 K_c 或 K_p 值越大,表示反应进行得越完全,反之则反。

(3)利用平衡常数可以判断反应进行的方向。

4.平衡转化率

平衡转化率(α)是指化学反应达平衡后,某反应物转化为生成物的百分率,简称转化率。

$$\alpha = \frac{某反应物已转化的浓度(c)}{该反应物的初始浓度(c_{始})} \times 100\%$$

平衡转化率越大,表示正反应进行程度越大。转化率与反应体系的起始状态有关。

[例 2-1] 在 1 073 K 时,可逆反应 $CO(g) + H_2O(g) \rightleftharpoons CO_2(g) + H_2(g)$ 的 $K_c = 1.0$,反应开始时 CO、$H_2O(g)$ 的起始浓度为 $1.0 \ mol \cdot L^{-1}$。试计算(1)平衡时各物质的浓度和 CO 的转化率;(2)如果在这个平衡体系中,加入 $4.0 \ mol \cdot L^{-1}$ 水蒸气,达到新平衡时各物质的浓度和 CO 的转化率又为多少?

解:(1)设平衡时 CO_2 的浓度为 $x \ mol \cdot L^{-1}$

$$CO(g) \quad + \quad H_2O(g) \rightleftharpoons CO_2(g) \quad + \quad H_2(g)$$

起始浓度/(mol·L⁻¹)	1.0	1.0	0	0
平衡浓度/(mol·L⁻¹)	$1.0-x$	$1.0-x$	x	x

因为
$$K_c = \frac{[CO_2][H_2]}{[CO][H_2O]}$$

所以
$$1.0 = \frac{x^2}{(1.0-x)^2} \qquad x = 0.5$$

即平衡时
$$[CO_2] = [H_2] = 0.5 \ mol \cdot L^{-1}$$
$$[CO] = [H_2O] = 1.0 - 0.5 = 0.5(mol \cdot L^{-1})$$

故 CO 的转化率为
$$\alpha_{CO} = \frac{0.5}{1.0} = 50\%$$

(2)设新平衡时 CO_2 所增加的浓度为 $y \ mol \cdot L^{-1}$

$$CO(g) \quad + \quad H_2O(g) \rightleftharpoons CO_2(g) \quad + \quad H_2(g)$$

起始浓度/(mol·L⁻¹)	0.5	4.5	0.5	0.5
平衡浓度/(mol·L⁻¹)	$0.5-y$	$4.5-y$	$0.5+y$	$0.5+y$

因为
$$K_c = \frac{[CO_2][H_2]}{[CO][H_2O]} = 1.0$$

所以
$$1.0 = \frac{(0.5+y)^2}{(0.5-y)(4.5-y)} \qquad y = 0.34$$

新平衡时四种物质的浓度为
$$[CO] = 0.5 - 0.34 = 0.16(mol \cdot L^{-1})$$
$$[H_2O] = 4.5 - 0.34 = 4.16(mol \cdot L^{-1})$$
$$[CO_2] = [H_2] = 0.5 + 0.34 = 0.84(mol \cdot L^{-1})$$

此时 CO 的转化率为
$$\alpha_{CO} = \frac{0.84}{1.0} = 84\%$$

四、化学平衡的移动

化学平衡是在一定条件下建立的动态平衡,外界条件改变时,原有的平衡状态被打破,新的条件下会建立新的平衡,这个过程称为化学平衡的移动。影响化学平衡的主要因素有浓度、压力和温度。

1. 浓度对化学平衡的影响

对于可逆反应:

$$aA + bB \rightleftharpoons dD + eE$$

在任意状态下,设 A、B、C、D 的对应浓度为 c_A、c_B、c_D、c_E,则有

$$Q_c = \frac{c_D^d c_E^e}{c_A^a c_B^b}$$

Q_c 称为浓度商,比较 Q_c 和 K_c 的大小,即可判断平衡移动的方向。

$Q_c = K_c$,反应处于平衡状态;

$Q_c < K_c$,平衡向正反应方向移动,直至建立新平衡;

$Q_c > K_c$,平衡向逆反应方向移动,直至建立新平衡。

[例 2-2] 在 298 K 时,$AgNO_3$ 和 $Fe(NO_3)_2$ 溶液发生如下反应

$$Fe^{2+} + Ag^+ \rightleftharpoons Fe^{3+} + Ag$$

$K_c = 2.99$。平衡时,测得 $[Fe^{2+}] = [Ag^+] = 0.080\ 6\ mol \cdot L^{-1}$,$[Fe^{3+}] = 0.019\ 4\ mol \cdot L^{-1}$。若在此平衡体系中再加入 $0.10\ mol \cdot L^{-1}$ 的 Fe^{2+},问(1)平衡向何方向移动?(2)建立新平衡后,各组分的浓度是多少?

解:(1)

	Fe^{2+}	$+$	Ag^+	$\rightleftharpoons$	Fe^{3+}	$+$	Ag
原平衡浓度/(mol·L⁻¹)	0.080 6		0.080 6		0.019 4		
加入 Fe^{2+} 后浓度/(mol·L⁻¹)	0.180 6		0.080 6		0.019 4		

$$Q_c = \frac{c_{Fe^{3+}}}{c_{Fe^{2+}} c_{Ag^+}} = \frac{0.019\ 4}{0.180\ 6 \times 0.080\ 6} = 1.33$$

由于 $Q_c < K_c$,所以平衡向右移动。

(2)设建立新平衡时,Fe^{2+} 已反应的浓度为 $x\,mol \cdot L^{-1}$,则

	Fe^{2+}	$+$	Ag^+	$\rightleftharpoons$	Fe^{3+}	$+$	Ag
原始浓度/(mol·L⁻¹)	0.180 6		0.080 6		0.019 4		
新平衡浓度/(mol·L⁻¹)	0.180 6−x		0.080 6−x		0.019 4+x		

加入 Fe^{2+} 后平衡常数 K_c 不变

$$K_c = \frac{0.019\ 4 + x}{(0.180\ 6 - x)(0.080\ 6 - x)} = 2.99$$

解得 $x = 0.013\ 9$

新平衡时,各组分的浓度分别为

$$[Fe^{2+}]=0.180\ 6-0.013\ 9=0.167(mol \cdot L^{-1})$$
$$[Fe^{3+}]=0.019\ 4+0.013\ 9=0.033\ 3(mol \cdot L^{-1})$$
$$[Ag^{+}]=0.080\ 6-0.013\ 9=0.066\ 7(mol \cdot L^{-1})$$

平衡体系中,在其他条件不变的情况下,增大反应物的浓度或减小生成物的浓度,化学平衡向正反应方向移动;反之,减小反应物浓度或增大生成物浓度,化学平衡向逆反应方向移动。

2. 压力对化学平衡的影响

压力对固体、液体的体积影响较小,改变压力对这类化学反应的平衡几乎没有影响。但对有气态物质参加或生成的可逆反应,在一定温度下,改变体系的总压力,常常会引起化学平衡的移动。以合成氨为例:

$$N_2(g)+3H_2(g) \Longleftrightarrow 2NH_3(g)$$

在一定温度下,当反应达平衡时,各组分气体的平衡分压为 p_{N_2},p_{H_2},p_{NH_3} 其平衡常数为:

$$K_p=\frac{p_{NH_3}^2}{p_{N_2} p_{H_2}^3}$$

如果使平衡体系总压力增到原来的 2 倍,这时各组分气体的分压分别为 $2p_{N_2}$,$2p_{H_2}$,$2p_{NH_3}$,这时的分压商为:

$$Q_p=\frac{(2p_{NH_3})^2}{2p_{N_2}(2p_{H_2})^3}=\frac{4p_{NH_3}^2}{16p_{N_2} p_{H_2}^3}=\frac{1}{4}K_p$$

因为 $Q_p<K_p$,此时体系不再处于平衡状态,反应朝着生成氨的方向进行,平衡发生移动,直到 $Q_p=K_p$,达到新的平衡状态。

如果减小平衡体系的压力,其结果是 $Q_p>K_p$,反应则朝着氨分解的方向移动。

对于反应前后气体分子总数没有改变的反应,例如:

$$CO(g)+H_2O(g) \Longleftrightarrow CO_2(g)+H_2(g)$$

在一定温度下,反应达平衡时:$K_p=\frac{p_{CO_2} p_{H_2}}{p_{CO} p_{H_2O}}$

若将平衡系统的压力增到原来的 2 倍,则

$$Q_p=\frac{2p_{CO_2} 2p_{H_2}}{2p_{CO} 2p_{H_2O}}=K_p$$

由此可以看出,对这类反应,增加或减小体系的压力,并不影响反应的平衡状态。

因此:

①压力变化只对那些反应前后气体分子数目有变化的反应有影响;

②在恒温下增大总压力,平衡向气体分子数减少的方向移动;减小总压力,平衡向气体分子数增多的方向移动。

3. 温度对化学平衡的影响

温度对化学平衡的影响与前两种情况有着本质的区别。改变浓度或压力只能使平衡移动,平衡常数 K_c(或 K_p)保持不变,而温度的变化,却导致了平衡常数 K_c(或 K_p)的改变。

温度对化学平衡的影响直接取决于化学反应的热效应。对于吸热反应,平衡常数随温度

升高而增大,升高温度平衡向正反应方向移动;对于放热反应,平衡常数随温度升高而减小,升高温度,平衡向逆反应方向移动。即升高温度,平衡向吸热方向移动;降低温度,平衡向放热方向移动。

法国科学家吕·查德理(Le Chatelier)归纳总结出一条关于平衡移动的普遍规律:如果改变平衡体系的任一条件(如浓度、压力、温度),平衡总是向着削弱这个改变的方向移动。这条规律称为吕·查德理原理,它只适用于平衡体系。

应当指出,催化剂只能同等程度地加快正、逆反应的速率,缩短反应达到平衡的时间,而不能使平衡移动,也不能改变平衡常数 K 的数值。

第二节　弱电解质的电离平衡

一、电解质

1. 电解质与非电解质

实验发现,不同物质在水溶液中的导电性有很大差别,例如,NaOH、HCl、NaCl 等物质水溶液的导电能力较强,CH_3COOH、NH_3 水溶液的导电能力较弱,而 $C_6H_{12}O_6$、$C_{12}H_{22}O_{11}$ 的水溶液则不能导电。根据物质水溶液导电性的差别,将物质分为电解质和非电解质两类。凡是在水中和熔融状态下能导电的物质称为电解质,反之称为非电解质。无机物中的酸、碱和盐都是电解质,而葡萄糖、蔗糖以及大部分有机物均属于非电解质。

2. 强电解质与弱电解质

根据电解质溶液导电性的强弱,可将其分为强电解质和弱电解质。在水溶液中能完全电离的电解质称为强电解质,在水溶液中部分电离的电解质称为弱电解质。强酸、强碱及大部分盐类($PbAc_2$、$HgCl_2$ 等少数盐除外)均为强电解质;弱酸、弱碱则是弱电解质。

二、水的电离和溶液的酸碱性

1. 水的电离

水是最重要的溶剂,许多化学反应都是在水溶液中进行的。纯水的导电能力非常弱,是一种极弱的电解质,能电离出极少量的 H^+ 和 OH^-:

$$H_2O + H_2O \rightleftharpoons H_3O^+ + OH^-$$

通常简写为

$$H_2O \rightleftharpoons H^+ + OH^-$$

其平衡常数表达式为:

$$K_w = [H^+][OH^-]$$

K_w 称为水的离子积常数,简称水的离子积。实验测得,298.15 K 时纯水中:

$$[H^+] = [OH^-] = 1.0 \times 10^{-7} \ mol \cdot L^{-1}$$

所以 $$K_w=[H^+][OH^-]=1.0\times10^{-7}\times1.0\times10^{-7}=1.0\times10^{-14}$$

水的电离是吸热反应,温度升高,水的电离程度增大,水的离子积也增大。但 K_w 随温度变化不大,通常取值 1.0×10^{-14}。

2. 溶液的酸碱性和 pH

溶液的酸碱性取决于溶液中 H^+ 和 OH^- 浓度的相对大小。室温下:

酸性溶液 　　　　$[H^+]>10^{-7}$ mol·L^{-1},$[H^+]>[OH^-]$

中性溶液(或纯水) 　$[H^+]=10^{-7}$ mol·L^{-1},$[H^+]=[OH^-]$

碱性溶液 　　　　$[H^+]<10^{-7}$ mol·L^{-1},$[H^+]<[OH^-]$

当溶液中 H^+ 和 OH^- 浓度较小(一般指小于 1 mol·L^{-1}时),常用 pH(pOH)来表示溶液的酸碱度。

$$pH=-lg[H^+] \qquad pOH=-lg[OH^-]$$

符号"p"表示以 10 为底的负对数。也可应用到其他方面,如:

$$pK_w=pH+pOH=14$$

室温下溶液的酸碱性和 pH 的关系是:

酸性溶液 　　　　pH<7

中性溶液 　　　　pH=7

碱性溶液 　　　　pH>7

pH 的应用范围一般为 0~14 之间,即 H^+ 浓度为 $1\sim1\times10^{-14}$ mol·L^{-1},浓度大于 1 mol·L^{-1}的强酸或强碱直接用$[H^+]$或$[OH^-]$表示溶液的酸碱性更为方便。由此可见,溶液的 pH 越小,酸性越强,碱性越弱;pH 越大,碱性越强,酸性越弱。表 2-1 列出了日常生活中常见溶液的 pH。

表 2-1　日常生活中常见溶液的 pH

溶液名称	pH	溶液名称	pH
啤酒	4.0~5.0	柠檬汁	2.4
醋	3.0	胃液	2.0~3.0
牛奶	6.0~7.0	人体血液	7.35~7.45

精确测定溶液的 pH,可用 pH 计(又称酸度计);若仅需知道大致的 pH 或 pH 范围,则可用 pH 试纸或酸碱指示剂。

知识窗

人类的食物可分为酸性食物和碱性食物两类。判断食物的酸碱性,并非根据人们的味觉,也不是根据食物溶于水中的酸碱性,而是根据食物进入人体后所生成的最终代谢物的酸碱性而定。如果代谢产物内含钙、镁、钾、钠等阳离子,即为碱性食物,如蔬菜、水果、乳制品等;反之,含硫、磷较多的即为酸性食物,酸性食物通常含有丰富的蛋白质、脂肪和糖类,如肉、鱼、禽等动物食品,米、面、豆类等植物性食品。所以醋和苹果味道虽酸却是碱性食物。

三、一元弱酸、弱碱的电离平衡

1. 电离常数

一元弱酸（HA）、一元弱碱（BOH）在水溶液中的电离如下：

$$HA \rightleftharpoons H^+ + A^- \qquad BOH \rightleftharpoons B^+ + OH^-$$

在一定温度下，达到电离平衡时，电离所生成的各种离子浓度的乘积与溶液中未电离的分子浓度之比是一个常数，称为电离平衡常数，简称为电离常数（K_i）。弱酸、弱碱的电离常数分别用 K_a、K_b 表示。根据化学平衡原理：

$$K_a = \frac{[H^+][A^-]}{[HA]} \qquad K_b = \frac{[B^+][OH^-]}{[BOH]}$$

例如，醋酸的电离平衡

$$HAc \rightleftharpoons H^+ + Ac^-$$

其电离常数表达式：

$$K_a = \frac{[H^+][Ac^-]}{[HAc]}$$

又如，$NH_3 \cdot H_2O$ 的电离常数表达式：$K_b = \dfrac{[NH_4^+][OH^-]}{[NH_3 \cdot H_2O]}$

电离常数的大小反映了弱电解质电离趋势的强弱，是弱电解质的特征常数。K_i 越大，弱电解质的电离程度越大。因此，可以由电离常数的大小，判断同类型弱电解质的相对强弱，例如，

$$K_{HF} = 3.53 \times 10^{-4} \qquad K_{HAc} = 1.76 \times 10^{-5}$$

HF 和 HAc 虽然都是弱酸，但因 $K_{HF} > K_{HAc}$，所以 HAc 是比 HF 更弱的酸。

与其他平衡常数一样，电离常数与温度有关，不因浓度的改变而改变。但由于温度的改变对其影响较小，因此在常温范围内，可不考虑温度的影响。常见弱酸、弱碱在水中的电离常数见附表3。

2. 电离度

弱电解质在水溶液中电离程度的大小，也可用电离度（α）表示。电离度是弱电解质在溶液中达到电离平衡时的电离百分率：

$$\alpha = \frac{已电离的分子数}{电离前分子总数} \times 100\% \qquad 或 \alpha = \frac{c_{电离}}{c} \times 100\%$$

式中，$c_{电离}$ 为平衡时已电离的弱电解质的浓度，c 为溶液的起始浓度。

电离常数 K_i 和电离度 α 都表示弱电解质电离能力的大小。电离度不仅与弱电解质的本质有关，而且与溶液的浓度、温度等也有关。电离度随着溶液的稀释而增大。因此，应用电离度时，必须指出该溶液的浓度。以 HAc 为例讨论 K_i 和 α 的关系如下：

$$HAc \rightleftharpoons H^+ + Ac^-$$

起始浓度/$(mol \cdot L^{-1})$ c 0 0

平衡浓度/$(mol \cdot L^{-1})$ $c-c\alpha$ $c\alpha$ $c\alpha$

$$K_a = \frac{[H^+][Ac^-]}{[HAc]} = \frac{(c\alpha)^2}{c(1-\alpha)} = \frac{c\alpha^2}{1-\alpha}$$

若 $\alpha \leqslant 5\%$ 或 $c/K_a \geqslant 500$ 时，$1-\alpha \approx 1$，则上式简化为

$$K_a = c\alpha^2 \quad 或 \quad \alpha = \sqrt{\frac{K_a}{c}}$$

该式称为稀释定律。表示在一定温度下，弱电解质的电离度随溶液浓度的降低而增大。

3. 一元弱酸、弱碱水溶液中酸度的计算

某一元弱酸 HA 的起始浓度为 c，若忽略水的电离，设电离平衡时溶液中 H^+ 浓度为 x $mol \cdot L^{-1}$：

$$HA \rightleftharpoons H^+ + A^-$$

起始浓度/$(mol \cdot L^{-1})$ c 0 0

平衡浓度/$(mol \cdot L^{-1})$ $c-x$ x x

则

$$K_a = \frac{[H^+][A^-]}{[HA]} = \frac{x^2}{c-x}$$

展开后得一元二次方程：

$$x^2 + K_a x - K_a c = 0$$

$$x = [H^+] = \frac{-K_a + \sqrt{K_a^2 + 4K_a c}}{2}$$

由于没有考虑水的电离，故该式是一元弱酸溶液 $[H^+]$ 的近似计算公式。

实践证明，当弱酸很弱，浓度又不很小，即 $\alpha \leqslant 5\%$ 或 $c/K_a \geqslant 500$ 时，可以近似认为：

$$c - x \approx c$$

$$K_a = \frac{x^2}{c-x} \approx \frac{x^2}{c}$$

$$x = [H^+] = \sqrt{K_a c}$$

该式是计算一元弱酸溶液中 $[H^+]$ 的最简公式。

同理可得一元弱碱 BOH 溶液中 $[OH^-]$ 的近似计算公式：

$$[OH^-] = \frac{-K_b + \sqrt{K_b^2 + 4K_b c}}{2}$$

当 $c/K_b \geqslant 500$ 或 $\alpha \leqslant 5\%$，可用最简公式计算，即

$$[OH^-] = \sqrt{K_b c}$$

[例 2-3] 计算不同浓度时 HAc 的 $[H^+]$ 和 α。

(1)0.10 $mol \cdot L^{-1}$；(2)1.0×10^{-5} $mol \cdot L^{-1}$。（$K_{HAc} = 1.76×10^{-5}$）

解:(1)因为 $\dfrac{c}{K_{HAc}}=\dfrac{0.1}{1.76\times10^{-5}}=5.7\times10^{3}>500$,故采用最简公式计算

$$[H^+]=\sqrt{K_a c}=\sqrt{1.76\times10^{-5}\times0.1}=1.33\times10^{-3}(mol\cdot L^{-1})$$

$$\alpha=\dfrac{c_{电离}}{c}\times100\%=\dfrac{1.33\times10^{-3}}{0.1}\times100\%=1.33\%$$

(2)因为 $\dfrac{c}{K_{HAc}}=\dfrac{1.0\times10^{-5}}{1.76\times10^{-5}}<500$,必须采用近似公式计算

$$[H^+]=\dfrac{-K_b+\sqrt{K_b^2+4K_b c}}{2}=\dfrac{-1.76\times10^{-5}+\sqrt{(1.76\times10^{-5})^2+4\times1.76\times10^{-5}\times1.0\times10^{-5}}}{2}$$
$$=0.71\times10^{-5}(mol\cdot L^{-1})$$

$$\alpha=\dfrac{c_{电离}}{c}\times100\%=\dfrac{0.71\times10^{-5}}{1.0\times10^{-5}}\times100\%=71\%$$

若用最简公式计算,就会得到 $[H^+]>c$ 的荒谬结果

$$[H^+]=\sqrt{1.76\times10^{-5}\times1.0\times10^{-5}}=1.3\times10^{-5}(mol\cdot L^{-1})>1.0\times10^{-5}(mol\cdot L^{-1})$$

四、同离子效应和盐效应

1. 同离子效应

在弱电解质溶液中,加入与弱电解质含有相同离子的强电解质,使弱电解质电离度降低的现象称为同离子效应。例如,在 HAc 溶液中加入 NaAc,由于 NaAc 是强电解质,在水溶液中全部电离成 Na^+ 和 Ac^-,使溶液中的 Ac^- 浓度增大,导致 HAc 的电离平衡向左移动,从而降低了 HAc 的电离度。

$$HAc \underset{\text{平衡移动方向}}{\xleftarrow{\hspace{2cm}}} H^+ + Ac^-$$

$$NaAc = Na^+ + Ac^-$$

同理,若在 $NH_3\cdot H_2O$ 溶液中加入铵盐(如 NH_4Cl),也会使 $NH_3\cdot H_2O$ 的电离度降低。

[例 2-4] 在 1 L 0.10 mol·L^{-1} HAc 溶液中加入 0.10 mol NaAc 固体(不考虑体积的变化),试比较加入 NaAc 前后 HAc 的电离度及溶液中 H^+ 浓度的变化。

解:加入 NaAc 前

$$[H^+]=\sqrt{K_{HAc}c}=\sqrt{1.76\times10^{-5}\times0.10}=1.33\times10^{-3}(mol\cdot L^{-1})$$
$$\alpha=\dfrac{1.33\times10^{-3}}{0.10}\times100\%=1.33\%$$

加入 NaAc 固体后,由 NaAc 电离产生的 Ac^- 浓度为 $c_{Ac^-}=0.10$ mol·L^{-1}
设平衡时 $[H^+]=x$ mol·L^{-1},则

$$\text{HAc} \rightleftharpoons \text{H}^+ \quad + \quad \text{Ac}^-$$

起始浓度/$(\text{mol} \cdot \text{L}^{-1})$	0.10		0.10
平衡浓度/$(\text{mol} \cdot \text{L}^{-1})$	$0.10-x$	x	$0.10+x$

因为 K_{HAc} 很小,且加入 NaAc 后产生同离子效应,使 HAc 的电离度更低,所以 $[\text{HAc}]=0.10-x\approx0.10 \text{ mol} \cdot \text{L}^{-1}$,$[\text{Ac}^-]=0.10+x\approx0.10 \text{ mol} \cdot \text{L}^{-1}$,

则
$$K_{\text{HAc}}=\frac{[\text{H}^+][\text{Ac}^-]}{[\text{HAc}]}=\frac{0.1x}{0.1}=1.76\times10^{-5}$$

$$x=1.76\times10^{-5}$$

$$[\text{H}^+]=1.76\times10^{-5} \text{ mol} \cdot \text{L}^{-1}$$

$$\alpha'=\frac{1.76\times10^{-5}}{0.10}\times100\%=0.017\ 6\%$$

计算表明,由于同离子效应,使 H^+ 浓度和 HAc 的电离度都大大降低。

2. 盐效应

如果在 HAc 溶液中加入不含相同离子的强电解质 NaCl 时,溶液中离子浓度增大,离子间相互吸引和牵制作用增加,使 Ac^- 与 H^+ 相互结合成 HAc 的机会减少,导致 HAc 电离平衡向右移动,电离度略有增大。这种在弱电解质溶液中加入不含相同离子的强电解质,弱电解质的电离度略有增大的现象称为盐效应。例如,在 $1 \text{ L } 0.1 \text{ mol} \cdot \text{L}^{-1}$ HAc 溶液中加入 $0.1 \text{ mol} \cdot \text{L}^{-1}$ NaCl,HAc 的电离度将从 1.33% 升高到 1.68%。

需要注意的是,当同离子效应发生时,也同样存在盐效应。但盐效应的影响远小于同离子效应,所以一般只考虑同离子效应。

五、多元弱酸的电离平衡

水溶液中能电离出两个及两个以上 H^+ 的弱酸称为多元弱酸。常见的二元弱酸有 H_2S、H_2CO_3、H_2SO_3、$\text{H}_2\text{C}_2\text{O}_4$ 等,三元酸有 H_3PO_4 等。

多元弱酸在水溶液中是分级电离的,每一级电离都有对应的电离常数。例如二元弱酸 H_2CO_3 在水溶液中有两级电离。

一级电离为:

$$\text{H}_2\text{CO}_3 \rightleftharpoons \text{H}^+ + \text{HCO}_3^- \qquad K_{\text{a}1}=\frac{[\text{H}^+][\text{HCO}_3^-]}{[\text{H}_2\text{CO}_3]}=4.2\times10^{-7}$$

二级电离为:

$$\text{HCO}_3^- \rightleftharpoons \text{H}^+ + \text{CO}_3^{2-} \qquad K_{\text{a}2}=\frac{[\text{H}^+][\text{CO}_3^{2-}]}{[\text{HCO}_3^-]}=5.6\times10^{-11}$$

$K_{\text{a}1}$,$K_{\text{a}2}$ 分别表示 H_2CO_3 的一级电离常数和二级电离常数。显然,$K_{\text{a}1}\gg K_{\text{a}2}$,说明二级电离比一级电离困难得多。其原因有两个:①带两个负电荷的 CO_3^{2-} 对 H^+ 的吸引比带一个负电荷的 HCO_3^- 对 H^+ 的吸引要强得多;②第一步电离出的 H^+ 对第二步电离产生同离子效应,抑制了第二步电离的进行。

由于多元弱酸的二级电离程度很小,电离生成的 H^+ 浓度很小,所以实际计算时,总的 H^+

浓度近似地用一级电离的 H^+ 浓度代替,可按照一元弱酸来处理。因此,比较多元弱酸的酸性强弱时,只需比较它们的一级电离常数即可。

[例 2-5] 计算 298.15 K 时 0.10 mol·L^{-1} H_2S 溶液中 H^+、HS^-、S^{2-} 的浓度。

解:(1)求[H^+]、[HS^-]

因为 H_2S 的 $K_{a1} \gg K_{a2}$,故计算[H^+]、[HS^-]时可忽略二级电离。

又因为 $\dfrac{c}{K_{a1}} = \dfrac{0.1}{5.7 \times 10^{-8}} > 500$,故可以按最简公式计算

$$[H^+] = [HS^-] = \sqrt{K_{a1}c} = \sqrt{5.7 \times 10^{-8} \times 0.10} = 7.5 \times 10^{-5} (\text{mol} \cdot \text{L}^{-1})$$

(2)求[S^{2-}]

[S^{2-}]由二级电离平衡计算:

因为[H^+] ≈ [HS^-]

$$K_{a2} = \frac{[H^+][S^{2-}]}{[HS^-]} = 1.0 \times 10^{-14}$$

所以 $\qquad\qquad [S^{2-}] = K_{a2} = 1.0 \times 10^{-14} \ \text{mol} \cdot \text{L}^{-1}$

通过上例计算可归纳出以下几点结论:

(1)二元弱酸溶液中[H^+]主要由一级电离决定,当多元弱酸的 $K_{a1} \gg K_{a2}$,且 $c/K_{a1} > 500$,溶液中[H^+]可按一级电离计算,即[H^+] = $\sqrt{K_{a1}c}$;

(2)负一价酸根离子浓度近似等于溶液中[H^+];

(3)负二价酸根离子浓度近似等于 K_{a2},与酸的起始浓度无关。

在实际工作中,如果需要较高浓度的多元弱酸根离子时,不能用多元弱酸来配制,应该使用其对应的可溶性盐类。

三元弱酸电离的情况和二元弱酸相似,例如 H_3PO_4 的[H^+]也可近似认为是由第一步电离决定的;负一价酸根离子近似等于溶液中的[H^+];负二价酸根离子浓度近似等于 K_{a2};但负三价酸根离子浓度不等于 K_{a3},必须根据相应的电离平衡和电离常数来计算。

第三节 缓冲溶液

许多化学反应,尤其是生化反应,需要在一定的 pH 范围内进行。然而某些反应过程中有 H^+ 或 OH^- 生成,溶液的 pH 会随之发生改变,以致影响反应的正常进行。在这种情况下,就要借助于缓冲溶液来控制反应体系的 pH。能够抵抗外来少量强酸、强碱或稍加稀释而保持体系 pH 基本不变的作用,称为缓冲作用。具有缓冲作用的溶液称为缓冲溶液。

一、缓冲溶液的组成及缓冲原理

1.缓冲溶液及缓冲作用

在室温条件下,往体积为 1 L 的纯水,体积为 1 L、起始浓度均为 0.1 mol·L^{-1} 的 NaCl 溶

液,HAc 溶液,NH$_3$·H$_2$O 溶液,HAc-NaAc 混合液,NH$_3$·H$_2$O-NH$_4$Cl 混合液中,分别加入 0.01 mol HCl、0.01 mol NaOH 和加水稀释 10 倍,测定其 pH 变化(表 2-2)。

表 2-2 不同溶液中加酸、加碱、稀释后的 pH

溶液种类	pH(原始)	pH(加入 0.01 mol HCl)	pH(加入 0.01 mol NaOH)	pH(稀释 10 倍)
H$_2$O	7.00	2.00	12.00	7.00
NaCl	7.00	2.00	12.00	7.00
HAc	2.87	2.00	2.90	3.38
NH$_3$·H$_2$O	11.12	11.10	12.00	10.62
HAc-NaAc	4.75	4.66	4.84	4.75
NH$_3$·H$_2$O-NH$_4$Cl	9.25	9.16	9.33	9.25

从表 2-2 可以看出,纯水和 NaCl 中加入酸、碱后,溶液的 pH 都发生了明显变化,稀释后没有变化;HAc 溶液中加入酸后 pH 变化较大,加入碱后 pH 变化不大,稀释后有较大的变化;而 NH$_3$·H$_2$O 溶液中加入酸后 pH 变化不大,加入碱后 pH 变化较大,稀释后有较大的变化;但在 HAc-NaAc 混合液,NH$_3$·H$_2$O-NH$_4$Cl 混合液中加入酸、碱后,溶液的 pH 改变不足 0.1 个单位,没有发生明显变化,稀释后没有变化。这种能够抵抗外来少量强酸、强碱或稀释而保持体系 pH 基本不变的作用,称为缓冲作用。具有缓冲作用的溶液称为缓冲溶液,又称为缓冲对或缓冲体系。

2. 缓冲溶液的组成

缓冲溶液之所以具有缓冲能力,是因为在这种溶液中既含有抗酸成分,又含有抗碱成分。因此缓冲溶液又称为缓冲对或缓冲体系。缓冲对主要有以下三种类型:

(1)弱酸及其盐。如 HAc-NaAc 混合液、H$_2$CO$_3$-NaHCO$_3$ 混合液;

(2)弱碱及其盐。如 NH$_3$·H$_2$O-NH$_4$Cl 混合液;

(3)多元弱酸的酸式盐及次级盐,如 NaHCO$_3$-Na$_2$CO$_3$ 混合液、NaH$_2$PO$_4$-Na$_2$HPO$_4$ 混合液。

?

想一想

单纯的两性物质如 HCO$_3^-$、H$_2$NCH$_2$COOH(甘氨酸)的水溶液是否具有缓冲作用?

3. 缓冲溶液的缓冲原理

现以 HAc-NaAc 缓冲溶液为例,说明缓冲溶液的缓冲原理。

$$HAc \Longleftrightarrow H^+ + Ac^-$$
$$NaAc = Na^+ + Ac^-$$

NaAc 完全电离,溶液中存在着大量的 Ac$^-$。由于 Ac$^-$ 的同离子效应,降低了 HAc 的电离度,同时溶液中还存在着大量的 HAc 分子,即溶液中有较高浓度的 HAc 分子和 Ac$^-$。

当向此溶液中加入少量强酸(如 HCl)时,H$^+$ 与溶液中 Ac$^-$ 结合生成 HAc,使 HAc 的电离平衡向右移动,达到新的平衡时,溶液中的 H$^+$ 浓度并无明显升高,也就是说 Ac$^-$ 起到了抗酸作用。

当加入少量强碱(如 NaOH)时,溶液中的 H^+ 与 OH^- 结合生成 H_2O,这时 HAc 的电离平衡向右移动,补充被 OH^- 消耗的 H^+,达到新的平衡时,溶液的 H^+ 浓度几乎没有降低。因而 HAc 起到了抗碱作用。

将缓冲溶液稍加稀释时,一方面降低了溶液的 H^+ 浓度,但另一方面由于 Ac^- 浓度同时降低,同离子效应减弱,HAc 的电离度增大,使平衡向右移动,溶液的 H^+ 浓度升高。因而溶液的 pH 基本不变。

缓冲溶液的缓冲能力是有限的,缓冲能力将随抗酸或抗碱成分被消耗而减小,直到消失。

二、缓冲溶液 pH 的计算

1. 缓冲溶液 pH 的计算

缓冲溶液本身具有的 pH 称为缓冲 pH,不同的缓冲溶液具有不同的 pH。例如 HAc-NaAc 缓冲溶液,设溶液中 $[H^+] = x\,mol \cdot L^{-1}$:

$$HAc \rightleftharpoons H^+ + Ac^-$$

起始浓度/$(mol \cdot L^{-1})$ $\qquad c_{酸} \qquad 0 \qquad c_{盐}$

平衡浓度/$(mol \cdot L^{-1})$ $\qquad c_{酸}-x \qquad x \qquad c_{盐}+x$

$$K_a = \frac{[H^+][Ac^-]}{[HAc]}$$

$$[H^+] = K_a \frac{[HAc]}{[Ac^-]} = K_a \frac{c_{酸}-x}{c_{盐}+x}$$

由于 HAc 的电离度很小,加上 Ac^- 的同离子效应使其电离度变得更小,所以 $c_{酸}-x \approx c_{酸}$,$c_{盐}+x \approx c_{盐}$,上式又可表示为

$$[H^+] = K_a \frac{[HAc]}{[Ac^-]} = K_a \frac{c_{酸}}{c_{盐}}$$

$$pH = pK_a - \lg \frac{c_{酸}}{c_{盐}}$$

即为弱酸及其盐组成的缓冲溶液 pH 计算公式。

同理,弱碱及其盐组成缓冲溶液的计算公式:

$$[OH^-] = K_b \frac{c_{碱}}{c_{盐}}$$

$$pOH = pK_b - \lg \frac{c_{碱}}{c_{盐}}$$

$$pH = 14 - pK_b + \lg \frac{c_{碱}}{c_{盐}}$$

从上述缓冲溶液 pH 计算公式可以看出:

(1)缓冲溶液的 pH 主要取决于弱酸(弱碱)的电离常数 $K_a(K_b)$。

(2)缓冲溶液的 pH 同时与 $\frac{c_{酸}}{c_{盐}}$ 或 $\frac{c_{碱}}{c_{盐}}$ 的比值有关。当 $c_{酸}=c_{盐}$(或 $c_{碱}=c_{盐}$)时,$pH=pK_a$(或

$pOH=pK_b$)。

(3)稀释溶液时,两组分的浓度以同倍数缩小,故缓冲溶液的 pH 基本不变。

[例 2-6] 将 $0.10\ mol\cdot L^{-1}$ HAc 溶液和 $0.10\ mol\cdot L^{-1}$ NaAc 溶液等体积混合后,溶液的 pH 为多少?

$(pK_{HAc}=4.75)$

解:两溶液等体积混合后浓度减半:$c_{HAc}=c_{NaAc}=0.10/2=0.05(\ mol\cdot L^{-1})$

$$pH=pK_{HAc}-\lg\frac{c_{HAc}}{c_{NaAc}}=4.75-\lg\frac{0.05}{0.05}=4.75$$

[例 2-7] 已知 HAc 和 NaAc 混合液体积为 1 L,HAc 和 NaAc 的浓度均为 $0.10\ mol\cdot L^{-1}$。

(1)计算该溶液的 pH。

(2)向溶液中滴加 10 mL 浓度为 $1\ mol\cdot L^{-1}$ 的 HCl 溶液,溶液的 pH 是多少?

(3)向溶液中滴加 10 mL 浓度为 $1\ mol\cdot L^{-1}$ 的 NaOH 溶液,溶液的 pH 是多少?$(pK_{HAc}=4.75)$

解:(1)由于两溶液的浓度相等,$c_{HAc}=c_{NaAc}=0.10\ mol\cdot L^{-1}$,故

$$pH=pK_{HAc}-\lg\frac{c_{HAc}}{c_{NaAc}}=4.75-\lg\frac{0.10}{0.10}=4.75$$

(2)加入 10 mL 浓度为 $1\ mol\cdot L^{-1}$ 的 HCl 溶液,加入 H^+ 的浓度为

$$c_{H^+}=\frac{1.0\times10\times10^{-3}}{1+10\times10^{-3}}\approx0.01(mol\cdot L^{-1})$$

$$HAc\Longrightarrow H^++Ac^-$$

平衡浓度/$(mol\cdot L^{-1})$ $\dfrac{0.1+0.01}{1.01}$ $\dfrac{0.1-0.01}{1.01}$

$$pH=pK_{HAc}-\lg\frac{c_{HAc}}{c_{NaAc}}=4.75-\lg\frac{\dfrac{0.1+0.01}{1.01}}{\dfrac{0.1-0.01}{1.01}}=4.67$$

(3)加入 10 mL 浓度为 $1\ mol\cdot L^{-1}$ 的 NaOH 溶液,NaOH 与 HAc 反应生成 $0.01\ mol\cdot L^{-1}$ 的 Ac^-:

$$HAc\Longrightarrow H^++Ac^-$$

平衡浓度/$(mol\cdot L^{-1})$ $\dfrac{0.1-0.01}{1.01}$ $\dfrac{0.1+0.01}{1.01}$

$$pH=pK_{HAc}-\lg\frac{c_{HAc}}{c_{NaAc}}=4.75-\lg\frac{\dfrac{0.1-0.01}{1.01}}{\dfrac{0.1+0.01}{1.01}}=4.85$$

由此可见,加入少量的强酸或强碱,缓冲溶液 pH 的变化不大。

因为 $c_{酸}V_{总}=n_{酸}$,$c_{盐}V_{总}=n_{盐}$。故

弱酸及其盐缓冲溶液 $pH=pK_a-\lg\dfrac{n_{酸}}{n_{盐}}$

弱碱及其盐缓冲溶液 $\qquad$ $pH = pK_w - pK_b + \lg \dfrac{n_{碱}}{n_{盐}}$

[例 2-8]将 50 mL 0.10 mol·L^{-1} HCl 溶液加到 200 mL 0.10 mol·L^{-1} NH$_3$·H$_2$O 中,求混合液的 pH。

($K_{NH_3·H_2O} = 1.76 \times 10^{-5}$)

解:加入的 HCl 与 NH$_3$·H$_2$O 发生中和反应,生成 NH$_4$Cl:

$$HCl + NH_3·H_2O = NH_4Cl + H_2O$$

根据等物质的量规则,生成物 NH$_4$Cl 的物质的量与参与反应的 HCl 的物质的量相等。过量的 NH$_3$·H$_2$O 与生成的 NH$_4$Cl 组成 NH$_3$·H$_2$O-NH$_4$Cl 缓冲对,溶液的总体积为 250 mL。溶液中有关物质的物质的量为

$$n_{NH_3·H_2O} = 0.10 \times 200 \times 10^{-3} - 0.10 \times 50 \times 10^{-3}$$
$$= 1.50 \times 10^{-2} (mol)$$

$$n_{NH_4Cl} = 0.10 \times 50 \times 10^{-3} = 5.00 \times 10^{-3} (mol)$$

$$pH = 14 - 14.75 + \lg \frac{1.5 \times 10^{-2}}{5.0 \times 10^{-3}} = 9.25 + 0.48 = 9.73$$

2.缓冲范围

缓冲溶液的缓冲能力取决于缓冲对的浓度及缓冲组分浓度的比值。

(1)当 $\dfrac{c_{酸}}{c_{盐}}$(或$\dfrac{c_{碱}}{c_{盐}}$)固定时,缓冲能力与酸(或碱)和盐的浓度有关,浓度越大,缓冲能力越强。

(2)浓度一定时,$\dfrac{c_{酸}}{c_{盐}} = 1$ 或 $\dfrac{c_{碱}}{c_{盐}} = 1$ 时缓冲能力最强。

实验证明:浓度比在(10:1)~(1:10)之间,缓冲溶液具有较强的缓冲能力,超出这个区间,缓冲能力很小。

当 $\qquad$ $\dfrac{c_{酸}}{c_{盐}} = \dfrac{1}{10}$ 时,pH = pK_a + 1,当 $\dfrac{c_{酸}}{c_{盐}} = \dfrac{10}{1}$ 时,pH = pK_a - 1

故 $\qquad$ pH = pK_a ± 1

由此可知,pH = pK_a ± 1,pOH = pK_b ± 1 为缓冲作用的有效 pH 范围,称为缓冲范围。如 HAc-NaAc 的 pK_a = 4.75,其有效缓冲范围的 pH 是 3.75~5.75。

三、缓冲溶液的配制

配制一定 pH 的缓冲溶液,从以下几个方面考虑:

(1)选择合适的缓冲对。所配缓冲溶液的 pH(pOH)与选择弱酸(弱碱)的 pK_a(pK_b)尽量接近,且缓冲溶液的 pH 应在对应的缓冲范围之内。

例如,欲配制 pH = 5 的缓冲溶液,应选用 HAc-NaAc 缓冲对(pK_{HAc} = 4.75);欲配制 pH = 9 的缓冲溶液,可选用 NH$_3$·H$_2$O-NH$_4$Cl 缓冲对(p$K_{NH_3·H_2O}$ = 4.75);欲配制 pH = 7 的缓冲溶液应选择 NaH$_2$PO$_4$-Na$_2$HPO$_4$ 缓冲对(H$_3$PO$_4$ 的 pK_{a2} = 7.21)。

(2)根据 $pH = pK_a - \lg \dfrac{c_{酸}}{c_{盐}}$（或 $pH = 14 - pK_b + \lg \dfrac{c_{碱}}{c_{盐}}$）计算出所需酸（或碱）和盐的浓度比值,以配得所需的缓冲溶液。

缓冲溶液的配制方法一般有以下几种:

(1)采用相同浓度的弱酸(弱碱)及其盐的溶液,按所需体积混合。缓冲溶液计算公式中的浓度比可用体积比代替。

[例 2-9] 欲配制 100 mL pH＝4.50 的缓冲溶液,需用 0.50 mol · L⁻¹ HAc 和 0.50 mol · L⁻¹ NaAc 溶液各多少毫升?

解:由于所用缓冲对的原始浓度相同,所以缓冲对的体积比就等于其浓度比。现设所需 0.50 mol · L⁻¹ HAc 的体积为 V mL,需用 0.50 mol · L⁻¹ NaAc 为 $(100 - V)$ mL,则

$$4.50 = 4.75 - \lg \frac{V}{100 - V}$$

则

$$\frac{V}{100 - V} = 1.8 \qquad V = 64(mL)$$

即需 0.50 mol · L⁻¹ HAc 为 64 mL,0.50 mol · L⁻¹ NaAc 为 36 mL。将 64 mL 0.50 mol · L⁻¹ HAc 溶液和 36 mL 0.50 mol · L⁻¹ NaAc 溶液混合后,即得到 pH＝4.50 的缓冲溶液 100 mL。

(2)采用弱酸(弱碱)溶液及其固体盐配制。

[例 2-10] 欲配制 1 L pH＝5.00,所含 HAc 浓度为 0.20 mol · L⁻¹ 的缓冲溶液,问(1)需浓度均为 1.00 mol · L⁻¹ HAc 和 NaAc 溶液各多少毫升?(2)若用 NaAc · 3H₂O 固体配制需多少克? 应如何配制?

解:(1)根据已知条件:

$$5.00 = 4.75 - \lg \frac{0.2}{c_{NaAc}}$$

则

$$c_{NaAc} = 0.36 \text{ mol} \cdot \text{L}^{-1}$$

根据 $c_1 V_1 = c_2 V_2$,求配制缓冲液所需的 HAc 和 NaAc 的体积

$$V_{HAc} = \frac{0.2 \times 1}{1.00} \times 10^3 = 200(mL)$$

$$V_{NaAc} = \frac{0.36 \times 1}{1.00} \times 10^3 = 360(mL)$$

取 200 mL 1.00 mol · L⁻¹ 的 HAc 溶液和 360 mL 1.00 mol · L⁻¹ NaAc 溶液混合,然后加水稀释到 1 L,即得 pH＝5.00 的缓冲溶液。

(2) $M_{NaAc \cdot 3H_2O} = 136.1 \text{ g} \cdot \text{mol}^{-1}$,所需 NaAc · 3H₂O 的质量可根据公式

$$m_B = M_B n_B = M_B c_B V$$

求得

$$m_{NaAc \cdot 3H_2O} = 136.1 \times 0.36 \times 1 = 49.00(g)$$

配制方法如下:先将 49.00 g NaAc · 3H₂O 固体放入蒸馏水中使其溶解,再加入 200 mL 1.00 mol · L⁻¹ 的 HAc 溶液,然后加水稀释到 1 L,摇匀,即得 pH＝5.00 的缓冲溶液。

(3)采用过量弱酸(弱碱)溶液和强碱(强酸)混合,通过中和反应,生成的盐与剩余的弱酸(弱碱)组成缓冲溶液。

[例2-11]欲配制1 L pH=5.00缓冲溶液,如果用0.10 mol·L^{-1} HAc溶液100 mL,应加入0.10 mol·L^{-1} NaOH溶液多少毫升?

解: $$HAc + NaOH = NaAc + H_2O$$

平衡时: $$c_{HAC} = \frac{0.10 \times 0.10 - 0.10 \times V}{1.0}$$

$$c_{AC^-} = \frac{0.10 \times V}{1.0}$$

则: $$5.00 = pK_{HAc} - \lg \frac{c_{HAc}}{c_{NaAc}} = 4.75 - \lg \frac{\dfrac{0.10 \times 0.10 - 0.10 \times V}{1.0}}{\dfrac{0.10 \times V}{1.0}}$$

得 $$V = 64(mL)$$

即在100 mL 0.10mol·L^{-1} HAc溶液中,加入64 mL 0.10 mol·L^{-1}的NaOH溶液,用水稀释至1 L混合均匀,可得pH=5.00的缓冲溶液。

以上是理论计算值,实际所配缓冲溶液的准确pH还需要用pH计来测定。

四、自然界中的缓冲体系

1.血液的缓冲作用

动物、植物体液都有最适宜生存、生长的pH环境,人体血液pH=7.35~7.45,最适宜细胞代谢和机体生存,其中有许多缓冲对:H_2CO_3-$NaHCO_3$、NaH_2PO_4-Na_2HPO_4、血红蛋白—血红蛋白盐、血浆蛋白—血浆蛋白盐,以H_2CO_3-$NaHCO_3$含量最多,最重要。当食用的酸性食物进入人体血液时:

$$HCO_3^- + H^+ \rightleftharpoons H_2CO_3$$

H_2CO_3经碳酸酐酶的作用分解为CO_2和H_2O,CO_2分压升高,可刺激呼吸中枢,使肺的呼吸作用增加,呼出更多的CO_2。当食用碱性食物进入人体血液时,HCO_3^-增多,由肾脏排出体外。

2.土壤的缓冲性能

土壤具有保持其酸碱度的能力,控制机制有几种,其中之一便是土壤具有缓冲作用。土壤中氨基酸等两性物质的存在使土壤具有缓冲作用。另外,土壤溶液中,如H_2CO_3-$NaHCO_3$和NaH_2PO_4-Na_2HPO_4、腐殖酸、其他有机酸及其盐类、弱酸及其盐类的存在也使土壤具有缓冲作用,构成一个良好的缓冲体系。

土壤的缓冲作用可以稳定土壤溶液的反应,使pH变化保持在一定范围内。如果土壤没有这种能力,那么微生物和根系的呼吸、肥料的加入、有机质的分解都将引起土壤酸碱度的变化,影响土壤养分的有效性。有机质含量高的肥沃土壤缓冲能力、自调能力都很强,能为高产作物协调土壤环境条件,抵制不利因素的影响。

3.食品中的缓冲液

大多数食品所含有的许多物质都能构成缓冲体系,参与 pH 控制。如蛋白质、氨基酸、有机酸及磷酸等无机酸。植物体中的缓冲体系一般有柠檬酸(柠檬、番茄和大黄)、苹果酸(苹果、番茄和生菜)、草酸(菠菜、葡萄)等,它们常与磷酸盐共同作用来维持 pH。牛奶是一个很复杂的缓冲体系,它含有 CO_2、蛋白质、磷酸盐、柠檬酸等成分。

第四节　盐类的水解

盐的水解反应是指盐溶于水时,盐电离出的离子与水电离出的 H^+ 或 OH^- 结合生成弱酸或弱碱,破坏了水的电离平衡,使溶液具有一定的酸碱性。例如,NaAc(强碱弱酸盐)溶液呈碱性,NH_4Cl(强酸弱碱盐)溶液呈酸性。而强酸强碱盐不水解,故 NaCl 呈中性。盐的水解反应是中和反应的逆反应。

一、盐的水解和溶液的酸碱性

1.强碱弱酸盐的水解

强碱弱酸盐如 NaAc、KCN 等,这类盐的溶液呈碱性。如 NaAc 水解过程可表示如下:

$$NaAc \longrightarrow Na^+ + Ac^-$$
$$+$$
$$H_2O \rightleftharpoons OH^- + H^+$$
$$\Updownarrow$$
$$HAc$$

弱电解质 HAc 的生成,破坏了水的电离平衡,使溶液中的 $[OH^-] > [H^+]$,平衡时,溶液呈碱性。

水解反应式:

$$Ac^- + H_2O \rightleftharpoons HAc + OH^-$$

$$K_h = \frac{[HAc][OH^-]}{[Ac^-]}$$

K_h 为水解常数。若将上式分子分母同乘以 $[H^+]$,即得

$$K_h = \frac{K_w}{K_a}$$

$$[OH^-] = \sqrt{K_h c} = \sqrt{\frac{K_w}{K_a} c}$$

显然,组成盐的酸越弱(K_a 越小),水解常数 K_h 就越大,盐的水解程度越大,水溶液的碱性也就越强。

2.强酸弱碱盐的水解

强酸弱碱盐如 NH_4Cl,这类盐的溶液呈酸性。其水解过程可表示如下:

$$NH_4Cl \longrightarrow NH_4^+ + Cl^-$$
$$+$$
$$H_2O \Longrightarrow OH^- + H^+$$

$$\Updownarrow$$

$$NH_3 \cdot H_2O$$

水解反应方程式:

$$NH_4^+ + H_2O \Longrightarrow NH_3 \cdot H_2O + H^+$$

水解常数:

$$K_h = \frac{[NH_3 \cdot H_2O][H^+]}{[NH_4^+]}$$

$$K_h = \frac{K_w}{K_b}$$

$$[H^+] = \sqrt{K_h c} = \sqrt{\frac{K_w}{K_b} c}$$

在一定温度下,生成的弱碱越弱,K_b 越小,水解常数 K_h 就越大,溶液的酸性也越强。

练一练

试判断下列溶液的酸碱性:KAc、NH_4NO_3、$NaCN$、$(NH_4)_2SO_4$。

3.一元弱酸弱碱盐的水解

以 NH_4Ac 为例,其阴、阳两种离子同时发生水解,水解方程式为:

$$NH_4^+ + Ac^- + H_2O \Longrightarrow NH_3 \cdot H_2O + HAc$$

同理可以推得:

$$K_h = \frac{K_w}{K_a K_b}$$

$$[H^+] = \sqrt{\frac{K_a}{K_b} K_w}$$

可见,在一定温度下,弱酸弱碱盐的水解常数与生成的弱酸的 K_a 和弱碱的 K_b 的乘积成反比。生成的弱酸和弱碱越弱,水解的趋势就越大。盐溶液的 pH 与盐的浓度无直接关系,仅决定于弱酸和弱碱电离常数的相对大小。如果 $K_a > K_b$,溶液就显酸性;如果 $K_a < K_b$,溶液就显碱性。

4.多元弱酸强碱盐的水解

多元弱酸强碱盐是分步水解的。例如,Na_2CO_3 的水解分两步进行:

$$(1)\,CO_3^{2-} + H_2O \rightleftharpoons HCO_3^- + OH^- \qquad K_{h1} = \dfrac{K_w}{K_{a2}}$$

$$(2)\,HCO_3^- + H_2O \rightleftharpoons H_2CO_3 + OH^- \qquad K_{h2} = \dfrac{K_w}{K_{a1}}$$

因为 H_2CO_3 的 $K_{a2} \ll K_{a1}$，所以 CO_3^{2-} 的 $K_{h1} \gg K_{h2}$。可见多元弱酸强碱盐的水解以第一步水解为主。溶液的酸碱度主要取决于一级水解。

知识窗

　　理论上如何判断多元弱酸的酸式盐水溶液的酸碱性? 可根据组成盐的各离子在水溶液中的电离和水解两种趋势来判断。如 NaH_2PO_4 在水溶液中呈酸性，因为 $H_2PO_4^-$ 电离生成 HPO_4^{2-} 和 H^+ 的电离常数(K_{a2})大于由 $H_2PO_4^-$ 水解生成 H_3PO_4 和 OH^- 的水解常数(K_{h3})，因此 NaH_2PO_4 呈酸性。同理，Na_2HPO_4 和 $NaHCO_3$ 呈碱性。

二、影响盐类水解的因素

影响盐类水解的因素主要有：

1. 盐类本性

盐类水解程度主要决定于盐类本身的性质，其水解产物弱酸或弱碱越弱，水解程度则越大。如果水解产物是很弱的电解质或是溶解度很小的难溶物质或挥发性气体，则水解程度就更大，甚至可达完全水解。例如，Al_2S_3，$SnCl_2$ 等物质的水解，就是完全水解的典型例子：

$$Al_2S_3 + 6H_2O = 2Al(OH)_3 \downarrow + 3H_2S \uparrow$$
$$SnCl_2 + H_2O = Sn(OH)Cl \downarrow + HCl$$

上述物质直接溶于水，得到的是水解产物，而不是这些物质的水溶液。

2. 盐的浓度

盐的浓度越小，水解程度就越大。将水玻璃(Na_2SiO_3 溶液)稀释，利于水解进行，便有硅酸沉淀析出。

3. 温度

盐的水解是吸热反应，加热可促进水解。如在分析化学或无机制备中，常采用加热的方法促进水解，以达到离子分离或除去杂质的目的。

4. 酸度

盐的水解能改变溶液的酸碱性，通过控制酸度也可调整水解平衡移动的方向。酸性盐溶液，加酸可抑制水解，加碱则促进水解。许多多元弱碱强酸盐(如 $SnCl_2$、$FeCl_3$、$SbCl_3$)溶液的配制，都需要先用酸来溶解，其目的就是为了抑制水解。如为防止氰化钾水解逸出剧毒的氰化氢气体，要在水中加入适量的碱再溶解氰化钾：

$$CN^- + H_2O \rightleftharpoons HCN + OH^-$$

知识窗

1. 碳酸氢铵在 30℃ 以上分解为水、二氧化碳和氨气。施用碳酸氢铵、碳酸铵肥料要适当深埋,可以防止碳酸氢铵分解降低肥效,同时防止氨气有毒噬苗;氨态氮肥深埋可以增强土壤对铵离子的吸收,提高肥效。

2. 兽医使用 NH_4Cl 和 $NaHCO_3$ 分别治疗碱中毒、酸中毒,原因是:

$$NH_4^+ + H_2O \Longrightarrow NH_3 \cdot H_2O + H^+$$
$$HCO_3^- + H_2O \Longrightarrow H_2CO_3 + OH^-$$

NH_4^+ 水解后产生的 H^+ 中和碱,生成的 $NH_3 \cdot H_2O$ 合成尿素由肾排出。HCO_3^- 水解后产生的 OH^- 中和酸,生成的 H_2CO_3 在肺部以 CO_2 形式呼出,Cl^-、Na^+ 是动物体内含量较多的两种离子,可以通过代谢排出。

3. 许多农药、医药依赖盐类水解发挥其药效。例如磷化铝常用作仓储杀虫剂

$$AlP + 3H_2O \Longrightarrow PH_3 \uparrow + Al(OH)_3 \downarrow$$

在干燥条件下无药效。也有许多医药因盐类水解而失效。例如,铜、汞、银、铁盐常用于杀毒、灭菌、止血剂,这些药物极易水解成氢氧化物沉淀而失效。

4. 使用明矾 $[KAl(SO_4)_2 \cdot 12H_2O]$ 净水,泡沫灭火器的灭火,都是利用了盐类水解的原理。

 # 第五节　酸碱质子理论

一、酸碱的定义

酸碱质子理论认为:凡是能给出质子(H^+)的物质(分子或离子)都是酸,即酸是质子的给予体;凡是能接受质子的物质(分子或离子)都是碱,即碱是质子的接受体。

按照酸碱质子理论,酸和碱不是孤立存在的,酸给出质子后,余下的部分就是能接受质子的碱,碱接受质子后就成为酸,酸和碱的这种相互依存关系称为共轭关系,以反应式表示可以写成

酸				

酸　　　　　　　　　　$=H^+ +$　碱

HCl　　　　　　　　　$=H^+ + Cl^-$

HAc　　　　　　　　　$=H^+ + Ac^-$

H_3PO_4　　　　　　　　$=H^+ + H_2PO_4^-$

$H_2PO_4^-$　　　　　　　$=H^+ + HPO_4^{2-}$

$$\text{NH}_4^+ \qquad\qquad = \text{H}^+ + \text{NH}_3$$

$$\text{H}_3\text{O}^+ \qquad\qquad = \text{H}^+ + \text{H}_2\text{O}$$

$$\text{H}_2\text{O} \qquad\qquad = \text{H}^+ + \text{OH}^-$$

$$[\text{Al}(\text{H}_2\text{O})_6]^{3+} \qquad\qquad = \text{H}^+ + [\text{Al}(\text{OH})(\text{H}_2\text{O})_5]^{2+}$$

上述关系式称为酸碱半反应式。可以看出,酸和碱可以是中性分子也可以是阳离子或阴离子。酸和碱不是对立的两类物质,其区别仅在于对质子亲和力的不同。一种酸给出一个质子后就成为其共轭碱,一种碱接受一个质子后就成为其共轭酸。我们把仅相差一个质子的一对酸碱称为共轭酸碱对。例如 HAc 的共轭碱是 Ac^-,Ac^- 的共轭酸是 HAc,HAc 和 Ac^- 为共轭酸碱对。

由此可见,有酸必有碱,有碱必有酸;酸碱相互依存,又可相互转化。

在酸碱质子理论中,没有盐的概念。电离理论中的盐都变成离子酸和离子碱。例如,在质子理论中 NH_4Cl 水溶液的 NH_4^+ 是阳离子酸,Cl^- 是阴离子碱,NH_4Cl 水溶液显酸性,是因为 NH_4^+ 的酸性大于 Cl^- 的碱性。

对于既可以给出质子又可接受质子的物质称为两性物质,例如 HPO_4^{2-}、HCO_3^-、HS^-、H_2O 等。

?

想一想

人们在对酸碱的认识过程中,提出了许多酸碱理论,除酸碱质子理论外,你还知道有哪些酸碱理论。请利用书籍文献查一查这些酸碱理论的要点及优缺点。

二、酸碱反应

酸碱半反应式仅仅是酸碱共轭关系的表达形式,并不能单独存在。因为酸不能自动给出质子,也不能独立存在;碱也不能自动接受质子。酸和碱必须同时存在。例如,HAc 在水溶液中的解离为:

$$\text{HAc} + \text{H}_2\text{O} \overset{\text{H}^+}{=\!=\!=} \text{H}_3\text{O}^+ + \text{Ac}^-$$
$$\text{酸}1 \quad\ \text{碱}2 \qquad \text{酸}2 \quad\ \text{碱}1$$

从以上反应可以看出,一种酸和一种碱反应总是导致一种新酸和一种新碱的生成。并且酸 1 和碱 1,酸 2 和碱 2 分别组成共轭酸碱对,这说明酸碱反应的实质是两对共轭酸碱对之间的质子传递。

质子理论认为,酸碱反应的实质就是酸碱之间的质子转移,质子从一种酸转移给另一种非共轭碱。因此,反应可在水溶液中进行,也可在非水溶剂或气相中进行。其反应结果就是各反应物分别转化为各自的共轭碱和共轭酸。例如,NH_3 和 HCl 之间的酸碱反应:

$$\text{HCl}(\text{酸}1) + \text{NH}_3(\text{碱}2) = \text{NH}_4^+(\text{酸}2) + \text{Cl}^-(\text{碱}1)$$

知识窗

根据质子理论,电离理论的各类酸、碱、盐反应均为质子转移的酸碱反应。

酸碱反应	$HA + B^- \rightleftharpoons HB + A^-$
酸的解离反应	$HAc + H_2O \rightleftharpoons H_3O + Ac^-$
碱的解离反应	$H_2O + NH_3 \rightleftharpoons NH_4^+ + OH^-$
酸碱中和反应	$H_3O^+ + OH^- \rightleftharpoons H_2O + H_2O$
弱酸盐的水解反应	$H_2O + Ac^- \rightleftharpoons HAc + OH^-$
弱碱盐的水解反应	$NH_4^+ + H_2O \rightleftharpoons H_3O^+ + NH_3$
弱酸盐与强酸反应	$H_3O^+ + CN^- \rightleftharpoons HCN + H_2O$
弱碱盐与强碱反应	$NH_4^+ + OH^- \rightleftharpoons H_2O + NH_3$

在酸碱反应中,存在着争夺质子的过程,其结果必然是强碱夺取强酸的质子转变成它的共轭酸——弱酸;强酸给出质子转变成它的共轭碱——弱碱;也就是说,酸碱反应总是由较强的酸与较强的碱作用,向着生成较弱的酸和较弱的碱的方向进行;酸碱越强,反应进行得越完全。

三、酸碱强弱

酸碱强弱可以从定性、定量两个角度来描述。定性角度:酸的强弱取决于酸给出质子的能力,酸给出质子的能力愈强,其酸性越强,反之越弱;碱的强弱取决于碱接受质子的能力,碱接受质子的能力愈强,其碱性越强,反之越弱。若酸给出质子的能力愈强,则其共轭碱接受质子的能力愈强;反之,碱接受质子的能力愈强,则其共轭酸给出质子的能力愈弱。定量角度:酸碱强弱可由它们在水中的电离常数的大小来衡量。

一元共轭酸碱对的 K_a 与 K_b 具有以下定量关系:$K_a \cdot K_b = K_w$

本 章 小 结

1.对任一简单的可逆反应:

$$aA + bB \rightleftharpoons dD + eE$$

其平衡常数

$$K_c = \frac{[D]^d [E]^e}{[A]^a [B]^b}$$

平衡常数是可逆反应的特征常数,只与反应的本性和温度有关,与反应体系中各物质的起始浓度无关,与反应是从正向开始还是从逆向开始无关。平衡状态是反应进行的最大限度。

比较浓度商 Q_c 和平衡常数 K_c 的大小,可以判断反应进行的方向:

$Q_c < K_c$,反应向正反应进行;

$Q_c > K_c$,反应向逆反应进行;

$Q_c = K_c$,反应处于平衡状态。

任何已达平衡的体系,若改变平衡条件(浓度、温度、压力)之一,平衡就向削弱这个改变的方向移动。

2.水是一种极弱的电解质,其离子积常数 K_w 反映了溶液中 $[H^+]$ 和 $[OH^-]$ 之间的相互依存关系,故可用 $[H^+]$ 或 pH 表示溶液的酸碱性。

3.电解质分为强电解质和弱电解质两类。弱电解质溶液中存在电离平衡,其电离程度的大小可用电离度和电离常数来表示。对一元弱酸和弱碱,其酸度近似计算式有:

$$[H^+] = \sqrt{K_a c}$$

$$[OH^-] = \sqrt{K_b c}$$

多元弱酸的电离是分级进行的,每一级电离都有相应的电离常数,且 $K_{a1} > K_{a2} > K_{a3}$。

当向弱电解质溶液中加入强电解质时,会产生两种作用:同离子效应和盐效应。

4.缓冲溶液是指具有抵抗外加少量强酸、强碱或稀释,而保持体系的 pH 基本不变的溶液。缓冲体系 pH 计算公式为:

$$pH = pK_a - \lg \frac{c_{酸}}{c_{盐}}$$

$$pOH = pK_b - \lg \frac{c_{碱}}{c_{盐}}$$

5.盐的水解是组成盐的阳离子或阴离子与 H_2O 作用的结果,其水解程度可用水解常数 K_h 表示。

6.酸碱质子理论指出:凡是能给出质子(H^+)的物质都是酸,凡是能接受质子的物质都是碱,酸碱存在着共轭关系,酸碱反应的实质是两个共轭酸碱对之间的质子传递反应。

思考与练习

一、判断题

1.根据反应式 $2P + 5Cl_2 \rightleftharpoons 2PCl_5$ 可知,如果 2 mol 的 P 和 5 mol 的 Cl_2 混合,必然生成 2 mol 的 PCl_5。

2.任何可逆反应在一定温度下,不论参加反应的物质浓度如何不同,反应达到平衡时,各物质的平衡浓度相同。

3.可逆反应达到平衡后,增加反应物浓度会引起 K_c 改变。

4.一个反应体系达到平衡时的特征是正逆反应速率相等。

5.催化剂只能缩短反应达到平衡的时间而不能改变平衡状态。

6.酸性水溶液中不含 OH^-,碱性水溶液中不含 H^+。

7.在一定温度下,改变溶液的 pH,水的离子积不变。

8.将 $NH_3 \cdot H_2O$ 和 NaOH 溶液的浓度均稀释为原来的 1/2,则两种溶液中 OH^- 浓度均减少为原来的 1/2。

9.弱电解质的浓度增大,电离度也增大,溶液中离子浓度也增大。

10.电离度和电离常数都能表示电离程度的强弱。

11.盐的水溶液 pH＝7 时,盐一定没水解。

二、选择题

1.可使任何反应提高产量的措施是(　　　)。

A. 升温　　　　　　　　　　　　　B. 加压

C. 增加反应物浓度　　　　　　　　D. 加催化剂

2.在一定温度下,可逆反应 $A(g)+3B(g) \rightleftharpoons 2C(g)$ 达到平衡的标志是(　　　)。

A. A 的分解速率与 B 的分解速率相等　　B. 单位时间内生成 n mol A,同时生成 $3n$ mol B

C. A、B、C 的浓度不再变化　　　　D. A、B、C 的浓度之比为 1：3：2

3.对于反应 $CO(g)+H_2O(g) \rightleftharpoons CO_2(g)+H_2(g)$,要提高 CO 的转化率可以采用(　　　)。

A. 增加 CO 的量　　　　　　　　　B. 增加 H_2O 的量

B. 两种方法都可以　　　　　　　　D. 两种方法都不可以

4 下列因素中对电离常数有影响的是(　　　)。

A. 温度　　　　　　　　　　　　　B. 浓度

C. 是否有同离子存在　　　　　　　D. 酸度

5.强酸弱碱盐水溶液呈(　　　)。

A. 酸性　　　　　　　　　　　　　B. 碱性

C. 中性　　　　　　　　　　　　　D. 视具体情况而定

6.下列四种溶液中酸性最强的是(　　　)。

A. pH＝5　　　　　　　　　　　　B. pH ＝6

C. $[H^+]=10^{-4}$ mol · L^{-1}　　　　D. $[OH^-]=10^{-11}$ mol · L^{-1}

7.在 HAc 中加入 NaAc,可使 HAc 的(　　　)。

A. 电离度减小　　　　　　　　　　B. 电离度增大

C. 电离常数增加　　　　　　　　　D. 电离常数减小

8.常温下,0.01 mol/L 的一元碱溶液的 pH 为(　　　)。

A. ≥12　　　　　　　　　　　　　B.12

C. ≤12　　　　　　　　　　　　　D. 无法确定

9.若 pH＝3 的酸溶液和 pH＝11 的碱溶液等体积混合后溶液呈酸性,其原因可能是(　　　)。

A. 生成了一种强酸弱碱盐　　　　　B. 弱酸溶液与强碱溶液反应

C. 强酸溶液与强碱溶液反应　　　　D. 一元强酸溶液和一元强碱溶液反应

10.欲配制 pH＝3 的缓冲溶液,最合适的是(　　　)。

A. HCOOH　　$K_a=1.8\times10^{-4}$　　B. HAc　　　$K_a=1.76\times10^{-5}$

C. NH_3　　　$K_b=1.76\times10^{-5}$　　D. HClO　　$K_a=3.0\times10^{-8}$

三、填空题

1.化学平衡常数是可逆反应的特征常数,其大小只与 ＿＿＿＿＿＿ 有关,而与 ＿＿＿＿＿＿ 无关。

2.一定温度下,同一弱电解质溶液的电离度与浓度有关,浓度愈大,电离度 ＿＿＿＿＿＿ 。

3.1 mol · L^{-1} NaAc 水溶液,加入酚酞显 ＿＿＿＿＿＿ 色,加热后颜色 ＿＿＿＿＿＿ 。

4.由弱酸及其盐组成的缓冲溶液的缓冲范围为 ＿＿＿＿＿＿ ,影响缓冲能力的因素有

_____和_____。

5.在 HAc 溶液中加入 NaAc,溶液的酸度降低,这是_____效应影响的结果;若加入 NaCl,则酸度略增,这是_____效应影响的结果。

6.将 $1.0 \ mol \cdot L^{-1} NH_3 \cdot H_2O$ 与 $0.1 \ mol \cdot L^{-1} NH_4Cl$ 水溶液按体积比_____配制时,缓冲溶液的缓冲能力最强。

7.配制 $SnCl_2$ 溶液时,需加入_____,是为了_____。同样的道理,在配制 Na_2S 溶液时应在_____溶液中进行。

四、简答题

1.在 $NH_3 \cdot H_2O$ 中加入下列物质时,$NH_3 \cdot H_2O$ 的电离度和溶液的 pH 将如何变化?为什么?

	加 NH_4Cl	加 $NaOH$	加 HCl	加水稀释
电离度				
pH				

2.pH 相同的盐酸和醋酸溶液的浓度是否相同?若用一定浓度的 NaOH 中和等体积的上述两种溶液,所消耗的 NaOH 溶液的体积是否相等?为什么?

3.为何多元弱酸的电离常数逐级减小?

4.为何 NH_4Ac 和 NaCl 溶液的 pH 都等于 7?

5.为什么 Al_2S_3 在水溶液中不能存在?

6.下列各组物质中,哪些可用来制备缓冲溶液?

①HAc 和 NaOH   ②NaH_2PO_4 和 Na_2HPO_4

③HCl 和 $NH_3 \cdot H_2O$ ④KCl 和 HCl

7.盐类水解的实质是什么?下面各类型的盐溶液呈酸性、中性还是碱性?

①NH_4NO_3 ②KCN   ③NH_4Ac ④$FeCl_3$

8.酸度和酸的浓度有何区别?浓度均为 $0.1 \ mol \cdot L^{-1}$ 的 HCl 和 HAc,二者的酸度一样吗?

9.什么叫同离子效应?通过 HAc-NaAc 缓冲体系解释缓冲溶液的缓冲原理。

10.写出下列离子的水解方程式:

①CN^- ②HCO_3^- ③NH_4^+ ④HS^-

五、计算题

1.计算下列溶液的 $[H^+]$、$[OH^-]$ 及 pH。

(1)$0.1 \ mol \cdot L^{-1} HAc$;

(2)$0.01 \ mol \cdot L^{-1} NaOH$;

(3)$0.1 \ mol \cdot L^{-1} NH_3 \cdot H_2O$。

2.计算下列混合溶液的 pH。

(1)pH＝1.0 和 pH＝2.0 的 HCl 溶液等体积混合;

(2)pH＝5.0 的 HCl 溶液和 pH＝9.0 的 NaOH 溶液等体积混合;

(3)2.0 mL pH＝3.0 强酸溶液与 3.0 mL pH＝10.0 强碱溶液混合;

(4)0.10 mol·L⁻¹HAc 与 0.10 mol·L⁻¹NaOH 按体积比 2∶1 混合;

(5)0.10 mol·L⁻¹HAc 与 0.10 mol·L⁻¹NaOH 按体积比 1∶2 混合。

3.已知二氧化碳与氢气的反应为:$CO_2(g)+H_2(g)\rightleftharpoons CO(g)+H_2O(g)$。在某温度下达到平衡时 $CO_2(g)$ 和 $H_2(g)$ 的浓度为 0.44 mol·L⁻¹,$CO(g)$ 和 $H_2O(g)$ 的浓度为 0.56 mol·L⁻¹,计算:①起始时 $CO_2(g)$ 和 $H_2(g)$ 的浓度;②此温度下的平衡常数 K;③CO_2 的转化率。

4.反应 $Sn+Pb^{2+}\rightleftharpoons Sn^{2+}+Pb$ 在 298 K 达到平衡,该温度下的 $K=2.18$。若反应开始时 $c(Pb^{2+})=0.1$ mol·L⁻¹,$c(Sn^{2+})=0.1$ mol·L⁻¹。计算平衡时 Pb^{2+} 和 Sn^{2+} 的浓度。

5.已知 298 K 时某一元弱酸的浓度为 0.01 mol·L⁻¹,测得其 pH 为 4.00,求 K_a 和 α 及稀释体积变成 2 倍后的 K_a、α 和 pH。

6.0.10 mol·L⁻¹ HAc 溶液 50 mL 与 0.10 mol·L⁻¹ NaOH 溶液 25 mL 混合,求该溶液的 pH。

7.10 mL 0.25 mol·L⁻¹ HCl 与 10 mL 0.50 mol·L⁻¹ NaAc 混合后,溶液的 pH 是多少?

8.欲配制 250 mL pH 为 5.00 的缓冲溶液,问在 125 mL 1.0 mol·L⁻¹NaAc 溶液中应加入多少毫升 6.0 mol·L⁻¹HAc 的溶液?

第三章

沉淀溶解平衡

🍁 知识目的

- 理解沉淀溶解平衡的建立及其移动。
- 掌握溶度积的概念、意义以及溶度积和溶解度之间的关系。
- 掌握溶度积规则以及沉淀生成和溶解的条件。

🍁 能力目标

- 能够进行溶度积与溶解度之间的相互换算。
- 能够利用溶度积规则解析沉淀的生成、溶解、转化和分离。

在实际生产和科学研究中,常常利用沉淀反应进行产品的制备,物质的分离和提纯、鉴别和测定等,本章以化学平衡的基本原理为依据,讨论难溶电解质的沉淀溶解平衡基本原理及其应用。

◆◆◆ 第一节　溶度积原理 ◆◆◆

不同的物质在水中的溶解度不同。严格来讲,绝对不溶解的物质是不存在的,只是溶解的程度不同而已。通常把溶解度小于 0.01 g/100 g H_2O 的电解质称为难溶电解质,溶解度在 $0.01 \sim 0.1$ g/100 g H_2O 的电解质称为微溶电解质,溶解度较大者为易溶电解质。难溶电解质可以是强电解质,如 $BaSO_4$、$CaCO_3$、$AgCl$ 等,也可以是弱电解质,如 $Mg(OH)_2$、$Fe(OH)_3$ 等。

一、溶度积

在一定温度下,将难溶电解质放入水中,就会发生溶解和沉淀两个相反的可逆过程。例如把 AgCl 晶体放入水中,在极性水分子的作用下,AgCl 晶体表面部分的 Ag^+ 和 Cl^- 受水分子的吸引和碰撞,逐渐脱离晶体表面扩散到水中,成为自由移动的离子,这个过程称为溶解;与此同时,溶解在水中的 Ag^+ 和 Cl^-,会相互碰撞重新结合成 AgCl 晶体,或碰到 AgCl 晶体表面时,受到表面离子的吸引,重新回到晶体表面,此过程称为结晶或沉淀。当溶解速率和沉淀速率相等时,AgCl 体系达到沉淀溶解平衡,此时的溶液即是该温度下的 AgCl 的饱和溶液。

沉淀溶解平衡是建立在晶体和溶液中相应离子之间的动态平衡,所以该平衡是多相平衡。AgCl 的沉淀溶解平衡可表示如下:

$$AgCl(s) \underset{沉淀}{\overset{溶解}{\rightleftharpoons}} Ag^+ + Cl^-$$

根据化学平衡定律,其平衡常数表达式为:

$$K_{sp,AgCl} = [Ag^+][Cl^-]$$

式中,$[Ag^+]$ 和 $[Cl^-]$ 分别为平衡时 Ag^+ 和 Cl^- 的物质的量浓度。K_{sp} 称为溶度积常数,简称溶度积,它反映了物质的溶解能力。和其他平衡常数一样,K_{sp} 随温度变化而变化,与溶液的浓度无关。但一般情况下,随温度的变化不是太大,例如 $BaSO_4$ 的溶度积,在 298.15 K 时为 1.0×10^{-10},在 323 K 时为 1.98×10^{-10}。故实际工作中,常使用 298.15 K 时的常数。一些常见难溶电解质的溶度积常数见附表 4。K_{sp} 仅适用于难溶电解质的饱和溶液,对中等或易溶的电解质不适用。

对任一难溶电解质 A_mB_n,在一定温度下,其饱和溶液中的沉淀溶解平衡为:

$$A_mB_n(s) \underset{沉淀}{\overset{溶解}{\rightleftharpoons}} mA^{n+} + nB^{m-}$$

$$K_{sp,A_mB_n} = [A^{n+}]^m[B^{m-}]^n$$

例如:

$$PbCl_2(s) \underset{沉淀}{\overset{溶解}{\rightleftharpoons}} Pb^{2+} + 2Cl^-$$

$$K_{sp,PbCl_2} = [Pb^{2+}][Cl^-]^2$$

$$Fe(OH)_3(s) \underset{沉淀}{\overset{溶解}{\rightleftharpoons}} Fe^{3+} + 3OH^-$$

$$K_{sp,Fe(OH)_3} = [Fe^{3+}][OH^-]^3$$

练一练

写出 $BaSO_4$、Ag_2CrO_4 和 $Mg(OH)_2$ 的沉淀溶解平衡方程式和溶度积常数表达式。

二、溶度积和溶解度的换算

溶度积(K_{sp})和溶解度(s)都可以衡量难溶电解质的溶解能力,可以相互换算。换算时要注意二者的单位,溶解度(s)多采用 $mol \cdot L^{-1}$。由于难溶电解质的溶解度都很小,溶液很稀,因此,可近似认为它们饱和溶液的密度等于纯水的密度。

[例 3-1]已知 298.15 K 时,$BaSO_4$ 的溶度积为 1.1×10^{-10},试求该温度下 $BaSO_4$ 的溶解度。

解:设该温度下 $BaSO_4$ 的溶解度为 s

平衡时:

$$BaSO_4(s) \Longrightarrow Ba^{2+} + SO_4^{2-}$$
$$\quad\quad\quad\quad\quad s \quad\quad s$$

$$[Ba^{2+}] = [SO_4^{2-}] = s$$

则:

$$K_{sp,BaSO_4} = [Ba^{2+}][SO_4^{2-}] = s^2 = 1.1 \times 10^{-10}$$
$$s = 1.05 \times 10^{-5} \ mol \cdot L^{-1}$$

[例 3-2]已知 298.15 K 时,$AgCl$ 的溶解度为 $1.92 \times 10^{-3} \ g \cdot L^{-1}$,试求该温度下 $AgCl$ 的溶度积。

解:设 $AgCl$ 的溶解度为 $s \ mol \cdot L^{-1}$

$$s = \frac{1.92 \times 10^{-3}}{143.4} = 1.34 \times 10^{-5} (mol \cdot L^{-1})$$

平衡时

$$AgCl(s) \Longrightarrow Ag^+ + Cl^-$$
$$\quad\quad\quad\quad s \quad\quad s$$

则

$$K_{sp,AgCl} = [Ag^+][Cl^-] = s^2$$
$$(1.34 \times 10^{-5})^2 = 1.8 \times 10^{-10}$$

故该温度下 $AgCl$ 的溶度积为 1.8×10^{-10}。

[例 3-3]Ag_2CrO_4 在 298.15 K 时的溶解度为 $2.2 \times 10^{-2} \ g \cdot L^{-1}$,计算该温度下 Ag_2CrO_4 的溶度积。

解:设 Ag_2CrO_4 的溶解度为 s

$$s = \frac{22 \times 10^{-2}}{332} = 6.6 \times 10^{-5} (mol \cdot L^{-1})$$

平衡时

$$Ag_2CrO_4(s) \Longrightarrow 2Ag^+ + CrO_4^{2-}$$
$$\quad\quad\quad\quad\quad 2s \quad\quad s$$

因此

$$[Ag^+] = 2 \times 6.6 \times 10^{-5} \ mol \cdot L^{-1}$$
$$[CrO_4^{2-}] = 6.6 \times 10^{-5} \ mol \cdot L^{-1}$$

则

$$K_{sp,Ag_2CrO_4} = [Ag^+]^2[CrO_4^{2-}] = (2s)^2 s = 4s^3$$
$$= 4 \times (6.6 \times 10^{-5})^3$$
$$= 1.1 \times 10^{-12}$$

通过以上计算可见,对于相同类型的难溶电解质来说,如 $AgCl$、$BaSO_4$ 等,在相同温度下,K_{sp} 越大,溶解度越大,反之,K_{sp} 越小,溶解度越小。但对不同类型的电解质,就不能用 K_{sp} 来直接比较其溶解度大小,必须通过计算说明。如 $AgCl$ 和 Ag_2CrO_4,前者为 AB 型,后者为 A_2B 型,虽然 $K_{sp,AgCl} > K_{sp,Ag_2CrO_4}$,但 $s_{AgCl} < s_{Ag_2CrO_4}$。几种难溶电解质的溶度积和溶解度的比较见表 3-1。

表 3-1　几种难溶电解质的溶度积和溶解度(25℃)

电解质类型	AB		AB₂		A₂B	
难溶电解质	AgCl	BaSO₄	PbCl₂	Mg(OH)₂	Ag₂SO₄	Ag₂CrO₄
溶度积	1.8×10^{-10}	1.1×10^{-10}	1.6×10^{-5}	5.61×10^{-12}	1.4×10^{-5}	1.1×10^{-12}
溶解度/(mol·L⁻¹)	1.3×10^{-5}	1.05×10^{-5}	3.6×10^{-2}	1.12×10^{-4}	2.6×10^{-2}	6.6×10^{-5}

从上述例子可总结出以下几种类型沉淀的 K_{sp} 和溶解度 s 之间的换算关系：

(1)AB 型　如 AgCl，BaSO₄，CaCO₃ 等，$K_{sp} = s^2$。

(2)A₂B 型或 AB₂ 型　如 PbI₂，Ag₂S，Ag₂CrO₄ 等，$K_{sp} = 4s^3$。

(3)AB₃ 型或 A₃B 型　如 Ag₃PO₄，Fe(OH)₃，Al(OH)₃ 等，$K_{sp} = 27s^4$。

但是有些物质的溶度积与溶解度之间不能直接换算，例如难溶硫化物、碳酸盐、磷酸盐等，其酸根易水解。以 CdS 为例，其所溶解的 S^{2-} 在水中可水解生成 HS^-，使溶液中的 S^{2-} 降低，因而使 CdS 的实际溶解度比换算值大。有些弱碱在水中分步电离，溶解于水的部分没有完全离解，因此，其溶度积和溶解度也无法换算。

第二节　溶度积规则及其应用

一、溶度积规则

沉淀溶解平衡是一个动态平衡，当溶液中的离子浓度变化时，平衡就会发生移动。任意条件下离子浓度幂的乘积称为离子积，用 Q_i 表示。

$$A_m B_n(s) \underset{\text{沉淀}}{\overset{\text{溶解}}{\rightleftharpoons}} m A^{n+} + n B^{m-} \qquad Q_i = (c_A^{n+})^m (c_B^{m-})^n$$

离子积 Q_i 和溶度积 K_{sp} 的表达式相同，但其中浓度的意义不同，在一定温度下，K_{sp} 是一定值，而 Q_i 数值可变，K_{sp} 是平衡时的 Q_i。如 BaSO₄ 溶液的离子积为 $Q_{BaSO_4} = c_{Ba^{2+}} \cdot c_{SO_4^{2-}}$，Ag₂CrO₄ 溶液的离子积为 $Q_{Ag_2CrO_4} = c_{Ag^+}^2 \cdot c_{CrO_4^{2-}}$。

对任何给定的溶液，离子积 Q_i 与溶度积比较有三种情况：

关系式	结论
(1)$Q_i = K_{sp}$	饱和溶液，沉淀和溶解达到动态平衡，既无沉淀生成又无沉淀溶解
(2)$Q_i > K_{sp}$	过饱和溶液，平衡向析出沉淀的方向移动，有沉淀析出，直至饱和
(3)$Q_i < K_{sp}$	不饱和溶液，无沉淀析出；若体系中原来有沉淀，则沉淀溶解，直至达到平衡，形成饱和溶液

以上 Q_i 和 K_{sp} 的关系及结论称为溶度积规则，根据溶度积规则可以判断体系中沉淀的生成、溶解或转化，也可以通过控制有关离子的浓度，使沉淀生成、溶解或转化。

二、沉淀的生成

1. 沉淀生成的条件

根据溶度积规则,在难溶电解质的溶液中,如果 $Q_i > K_{sp}$,就会有沉淀生成。

[例 3-4] 将 $0.01\ mol \cdot L^{-1}\ MgCl_2$ 溶液和 $0.10\ mol \cdot L^{-1}\ NaOH$ 溶液等体积混合,是否有 $Mg(OH)_2$ 沉淀析出?($K_{sp,Mg(OH)_2} = 5.61 \times 10^{-12}$)

解:两溶液等体积混合后,体积增加一倍,浓度各减小一半,即

$$c_{Mg^{2+}} = 0.005\ mol \cdot L^{-1} \qquad c_{OH^-} = 0.05\ mol \cdot L^{-1}$$

已知

$$Mg(OH)_2(s) \Longrightarrow Mg^{2+} + 2OH^-$$

$$Q_{Mg(OH)_2} = c_{Mg^{2+}} \cdot c_{OH^-}^2 = 0.005 \times (0.05)^2 = 1.25 \times 10^{-5}$$

因为 $Q_{Mg(OH)_2} > K_{sp,Mg(OH)_2}$,故有 $Mg(OH)_2$ 沉淀析出。

在实际应用中,要生成沉淀或使沉淀完全,就必须创造条件促使沉淀溶解平衡向生成沉淀的方向移动。一般常用加入沉淀剂的方法促使沉淀的生成。如上例中在 $MgCl_2$ 溶液加入 $NaOH$ 溶液作为沉淀剂,使 Mg^{2+} 生成 $Mg(OH)_2$ 沉淀。

2. 沉淀完全

对于难溶电解质溶液,由于存在沉淀溶解平衡,没有一种沉淀反应是绝对完全的,溶液中也没有一种离子的浓度完全等于零。一般认为,溶液中残留离子的浓度小于 $1.0 \times 10^{-5}\ mol \cdot L^{-1}$,即认为这种离子沉淀"完全"了。

[例 3-5] 向 $20\ mL\ 0.002\ mol \cdot L^{-1}\ Na_2SO_4$ 的溶液中,加入 $20\ mL\ 0.002\ mol \cdot L^{-1}$ $CaCl_2$,问(1)是否有 $CaSO_4$ 沉淀生成?(2)如果改用 $20\ mL\ 0.2\ mol \cdot L^{-1}\ CaCl_2$ 溶液,是否有 $CaSO_4$ 沉淀生成?若有 $CaSO_4$ 沉淀生成,SO_4^{2-} 的沉淀是否完全?($K_{sp,CaSO_4} = 9.1 \times 10^{-6}$)

解:(1)已知 $\qquad CaSO_4(s) \Longrightarrow Ca^{2+} + SO_4^{2-}$

当两种溶液等体积混合,体积增大一倍,浓度各减小一半

$$c_{SO_4^{2-}} = \frac{0.002}{2} = 0.001(mol \cdot L^{-1})$$

$$c_{Ca^{2+}} = \frac{0.002}{2} = 0.001(mol \cdot L^{-1})$$

则

$$Q_{CaSO_4} = c_{Ca^{2+}} \cdot c_{SO_4^{2-}} = (0.001)^2 = 1 \times 10^{-6}$$

因为 $Q_{CaSO_4} < K_{sp,CaSO_4}$,所以没有 $CaSO_4$ 沉淀生成。

(2)当 $CaCl_2$ 浓度为 $0.2\ mol \cdot L^{-1}$ 时,

$$c_{Ca^{2+}} = \frac{0.2}{2} = 0.1(mol \cdot L^{-1})$$

则

$$Q_{CaSO_4} = c_{Ca^{2+}} \cdot c_{SO_4^{2-}} = 0.1 \times 0.001 = 1 \times 10^{-4}$$

因为 $Q_{CaSO_4} < K_{sp,CaSO_4}$,所以有 $CaSO_4$ 沉淀生成。

(3)因为溶液中 Ca^{2+} 过量,当 $CaSO_4$ 沉淀析出并达到平衡时:

$$CaSO_4(s) \Longrightarrow Ca^{2+} + SO_4^{2-}$$
$$0.1 + x \qquad x$$

$[Ca^{2+}] \approx 0.1\ mol \cdot L^{-1}$

$$K_{sp} = [Ca^{2+}][SO_4^{2-}] = 9.1 \times 10^{-6}$$

$$[SO_4^{2-}] = \frac{K_{sp,CaSO_4}}{[Ca^{2+}]} = \frac{9.1 \times 10^{-6}}{0.1} = 9.1 \times 10^{-5}(mol \cdot L^{-1}) > 1.0 \times 10^{-5}(mol \cdot L^{-1})$$

故 SO_4^{2-} 没有沉淀完全。

要使溶液中某种离子沉淀完全，一般应采取以下几种措施：

①选择适当的沉淀剂，使沉淀的溶解度尽可能小。例如，Ca^{2+} 可以沉淀为 $CaCO_3$ 和 CaC_2O_4，它们的 K_{sp} 分别为 9.1×10^{-6} 和 4.0×10^{-9}，它们都属于同类型的难溶电解质，因此常选用 $Na_2C_2O_4$ 或 $(NH_4)_2C_2O_4$ 作为 Ca^{2+} 的沉淀剂，从而使 Ca^{2+} 沉淀更加完全。

②加入适当过量的沉淀剂。根据同离子效应，加入含有相同离子的易溶电解质可使沉淀的溶解度降低，欲使沉淀完全，可加入过量沉淀剂。但沉淀剂浓度过大会使盐效应增大，反而使沉淀溶解度增大，故沉淀剂不可过量太多，一般以过量 $20\% \sim 50\%$ 为宜。

[例 3-6] 欲沉淀溶液中 Ba^{2+}，加入 SO_4^{2-} 作沉淀剂，问下列两种情况 Ba^{2+} 是否沉淀完全？

(1)将 10 mL 0.02 mol·L^{-1} $BaCl_2$ 和 10 mL 0.02 mol·L^{-1} Na_2SO_4 混合。

(2)将 10 mL 0.02 mol·L^{-1} $BaCl_2$ 和 10 mL 0.04 mol·L^{-1} Na_2SO_4 混合($K_{sp,BaSO_4} = 1.1 \times 10^{-10}$)。

解：(1)由于 $BaCl_2$ 和 Na_2SO_4 是等体积等浓度混合，故沉淀溶解达平衡时，溶液中残留的 Ba^{2+} 和 SO_4^{2-} 全部由 $BaSO_4$ 溶解而来，且两者的浓度相等。

$$BaSO_4(s) \Longrightarrow Ba^{2+} + SO_4^{2-}$$

$$[Ba^{2+}] = [SO_4^{2-}] = \sqrt{K_{sp,BaSO_4}} = \sqrt{1.1 \times 10^{-10}} = 1.05 \times 10^{-5}(mol \cdot L^{-1}) > 1.0 \times 10^{-5}(mol \cdot L^{-1})$$

沉淀不完全。

(2)由于 SO_4^{2-} 过量，剩余的 $[SO_4^{2-}] = \dfrac{0.04 \times 0.1 - 0.02 \times 0.1}{0.02} = 0.01(mol \cdot L^{-1})$

$$BaSO_4(s) \Longrightarrow Ba^{2+} + SO_4^{2-}$$

平衡时 　　　　　　　　　　　　　　　　x 　　　$0.01+x$

$$[Ba^{2+}] = \frac{K_{sp,BaSO_4}}{[SO_4^{2-}]} = \frac{1.1 \times 10^{-10}}{0.01+x} \approx \frac{1.1 \times 10^{-10}}{0.01} = 1.1 \times 10^{-8}(mol \cdot L^{-1}) < 1.0 \times 10^{-5}(mol \cdot L^{-1})$$

沉淀完全。

3. 酸效应(控制溶液的 pH)

对于某些难溶弱酸盐和难溶氢氧化物，必须通过控制溶液的 pH，才能使沉淀完全。

[例 3-7] 若溶液中 Fe^{3+} 的浓度为 0.1 mol·L^{-1}，求(1)Fe^{3+} 开始生成 $Fe(OH)_3$ 沉淀时溶液的 pH；(2)Fe^{3+} 沉淀完全时溶液的 pH。($K_{sp,Fe(OH)_3} = 4.0 \times 10^{-38}$)

解：已知 　　　　　　　$Fe(OH)_3(s) \Longrightarrow Fe^{3+} + 3OH^-$

$$[Fe^{3+}][OH^-]^3 = K_{sp,Fe(OH)_3} = 4.0 \times 10^{-38}$$

(1)若不考虑因加入试剂而造成的体积改变，当 Fe^{3+} 开始生成 $Fe(OH)_3$ 沉淀时所需 OH^- 浓度为

$$[OH^-] = \sqrt[3]{\frac{K_{sp,Fe(OH)_3}}{[Fe^{3+}]}} = \sqrt[3]{\frac{4.0 \times 10^{-38}}{0.1}} = 7.4 \times 10^{-13}(mol \cdot L^{-1})$$

则 $\qquad$ pOH$=12.13$ $\qquad$ pH$=1.87$

(2)沉淀完全时，$c_{Fe^{3+}} \leqslant 1.0 \times 10^{-5}$ mol $\cdot$ L^{-1}，此时

$$[OH^-]=\sqrt[3]{\frac{K_{sp,Fe(OH)_3}}{[Fe^{3+}]}}=\sqrt[3]{\frac{4.0 \times 10^{-38}}{1.0 \times 10^{-5}}}=1.59 \times 10^{-11} (mol \cdot L^{-1})$$

则 $\qquad$ pOH$=11.80$ $\qquad$ pH$=3.20$

即 Fe^{3+} 开始生成 Fe(OH)$_3$ 沉淀时的 pH 为 1.87，Fe^{3+} 沉淀完全时的 pH 为 3.20。

？

想一想

1.配制 FeCl$_3$ 溶液时，能否直接将 FeCl$_3$ 固体溶解于水中？

2.洗涤 BaSO$_4$ 沉淀时，用稀硫酸好还是用水好？

三、分步沉淀

如果溶液中含有多种离子，它们都能与同一沉淀剂生成不同的沉淀。根据溶度积规则，需要沉淀剂浓度小的离子先沉淀，需要沉淀剂浓度大的离子后沉淀。这种现象称为分步沉淀。利用分步沉淀可使混合离子分离。

[例 3-8] 向含 Cl$^-$ 和 I$^-$ 均为 0.1 mol $\cdot$ L^{-1} 的溶液中，逐滴加入 AgNO$_3$ 溶液，哪一种离子先沉淀？第二种离子开始沉淀时，溶液中第一种离子的浓度是多少？两者有无分离的可能？（$K_{sp,AgI}=9.3 \times 10^{-17}$ $\quad$ $K_{sp,AgCl}=1.8 \times 10^{-10}$）

解:(1)假设不考虑因加入试剂引起的体积变化。根据溶度积可计算出 AgI 和 AgCl 开始沉淀所需[Ag$^+$]。

已知 $\qquad$ AgCl(s)$\Longleftrightarrow$Ag$^+$+Cl$^-$

$$AgI(s)\Longleftrightarrow Ag^++I^-$$

I$^-$ 开始沉淀需要[Ag$^+$]为：

$$[Ag^+]=\frac{K_{sp,AgI}}{[I^-]}=\frac{9.3 \times 10^{-17}}{0.1}=9.3 \times 10^{-16} (moL \cdot L^{-1})$$

Cl$^-$ 开始沉淀需要[Ag$^+$]为：

$$[Ag^+]=\frac{K_{sp,AgCl}}{[Cl^-]}=\frac{1.8 \times 10^{-10}}{0.1}=1.8 \times 10^{-9} (moL \cdot L^{-1})$$

可见沉淀 I$^-$ 所需 Ag$^+$ 比沉淀 Cl$^-$ 所需要的 Ag$^+$ 浓度要小得多。刚开始时只生成浅黄色的 AgI 沉淀，当 Ag$^+$ 浓度大于 1.8×10^{-9} mol $\cdot$ L^{-1} 时，才能出现白色的 AgCl 沉淀。

(2)当 AgCl 开始沉淀时，在同一溶液中，[Ag$^+$]同时满足两个沉淀溶解平衡：

$$[Ag^+]=\frac{K_{sp,AgCl}}{[Cl^-]}=\frac{K_{sp,AgI}}{[I^-]}$$

这时,溶液中残留的 $[I^-]$ 为:

$$[I^-] = \frac{K_{sp,AgI}}{[Ag^+]} = \frac{9.3 \times 10^{-17}}{1.8 \times 10^{-9}} = 5.17 \times 10^{-8} (mol \cdot L^{-1})$$

说明当 AgCl 开始沉淀时,I^- 已被沉淀完全($c_{I^-} < 1.0 \times 10^{-5} mol \cdot L^{-1}$)。若控制 $9.3 \times 10^{-16} mol \cdot L^{-1} < c_{Ag^+} < 1.8 \times 10^{-9} mol \cdot L^{-1}$,就可以使 I^- 沉淀完全,而 Cl^- 尚未沉淀,实现两种离子的分离。

总之,溶液中同时存在几种离子时,离子积首先超过溶度积的难溶电解质将首先沉淀。如果是同类型难溶电解质,则其溶度积相差越大,分离越完全。此外,分步沉淀的顺序还与离子浓度有关。例如:海水中 $c_{Cl^-} : c_{I^-} > 1.9 \times 10^6$(近似比例),则析出 AgCl 沉淀所需 Ag^+ 浓度比析出 AgI 沉淀所需 Ag^+ 浓度小,当加入 $AgNO_3$ 溶液时,首先析出 AgCl 沉淀,而不是析出 AgI 沉淀。

[例 3-9] 现有 $0.1\ mol \cdot L^{-1}$ 的 $NiSO_4$ 溶液,其中混有少量杂质 Fe^{3+},问如何通过控制溶液的 pH 而达到分离 Fe^{3+} 的目的。(已知 $K_{sp,Fe(OH)_3} = 2.8 \times 10^{-39}$,$K_{sp,Ni(OH)_2} = 5.0 \times 10^{-16}$,忽略 Fe^{3+} 的分步水解)

解:已知

$$Ni(OH)_2(s) \Longrightarrow Ni^{2+} + 2OH^-$$
$$Fe(OH)_3(s) \Longrightarrow Fe^{3+} + 3OH^-$$

开始生成 $Ni(OH)_2$ 沉淀时的 OH^- 浓度为

$$[OH^-] = \sqrt{\frac{K_{sp,Ni(OH)_2}}{c_{Ni^{2+}}}} = \sqrt{\frac{5.0 \times 10^{-16}}{0.1}} = 1.4 \times 10^{-7} (mol \cdot L^{-1})$$
$$pH = 6.85$$

Fe^{3+} 沉淀完全时,溶液的 OH^- 浓度为

$$[OH^-] = \sqrt[3]{\frac{K_{sp,Fe(OH)_3}}{[Fe^{3+}]}} = \sqrt[3]{\frac{2.8 \times 10^{-39}}{1.0 \times 10^{-5}}} = 1.59 \times 10^{-11} (mol \cdot L^{-1})$$
$$pH = 2.82$$

由此可见,当 Fe^{3+} 沉淀完全时,溶液中还没有 $Ni(OH)_2$ 沉淀生成。因此,只要控制溶液 $2.82 < pH < 6.85$,就能使两种离子分离。

?

想一想

结合做过的实验,说明生成沉淀在物质分离提纯方面的应用。

四、沉淀的溶解

根据溶度积规则,当 $Q_i < K_{sp}$ 时,沉淀溶解。因此,只要降低难溶电解质饱和溶液中离子的浓度,就可使沉淀溶解。溶解方法有以下几种。

1. 通过生成弱电解质使沉淀溶解

(1) 生成水 某些难溶氢氧化物和酸作用生成水使之溶解。例如 $Mg(OH)_2$ 溶于盐酸中：

$$Mg(OH)_2(s) \Longrightarrow Mg^{2+} + 2OH^-$$
$$+$$
$$2HCl \longrightarrow 2Cl^- + 2H^+$$
$$\Updownarrow$$
$$2H_2O$$

(2) 生成弱酸 难溶的弱酸盐可与强酸作用生成弱酸而使沉淀溶解。如：

$$CaCO_3(s) \Longrightarrow Ca^{2+} + CO_3^{2-}$$
$$+$$
$$2HCl \longrightarrow 2Cl^- + 2H^+$$
$$\Updownarrow$$
$$H_2CO_3 \Longrightarrow H_2O + CO_2 \uparrow$$

由于生成了弱电解质 H_2CO_3，使 $c_{CO_3^{2-}}$ 降低，所以 $CaCO_3$ 沉淀溶解。

(3) 生成弱碱 某些氢氧化物还可溶于铵盐生成弱碱，而使沉淀溶解。如：

$$Mn(OH)_2(s) \Longrightarrow Mn^{2+} + 2OH^-$$
$$+$$
$$2NH_4Cl \longrightarrow 2Cl^- + 2NH_4^+$$
$$\Updownarrow$$
$$2NH_3 \cdot H_2O$$

由于 $NH_3 \cdot H_2O$ 的生成，溶液中的 OH^- 浓度降低，所以沉淀溶解。

[例 3-10] 在 $Mg(OH)_2$ 饱和溶液中加入醋酸溶液，使其浓度为 $0.1\ mol \cdot L^{-1}$，试问加入醋酸后沉淀溶解平衡移动的方向？$(K_{sp,Mg(OH)_2} = 5.61 \times 10^{-12}, K_{HAc} = 1.76 \times 10^{-5})$

解：设在 $Mg(OH)_2$ 饱和溶液中 Mg^{2+} 浓度为 x，已知

$$Mg(OH)_2(s) \Longrightarrow Mg^{2+} + 2OH^-$$

平衡时 $\qquad\qquad\qquad\qquad\qquad\qquad x \qquad\quad 2x$

则 $\qquad [Mg^{2+}] = x = \sqrt[3]{\dfrac{K_{sp,Mg(OH)_2}}{4}} = \sqrt[3]{\dfrac{5.61 \times 10^{-12}}{4}} = 1.1 \times 10^{-4}(mol \cdot L^{-1})$

加入 HAc 后，溶液的 c_{OH^-} 由 HAc 决定，

$$HAc \Longrightarrow H^+ + Ac^-$$

$$[H^+] = \sqrt{1.76 \times 10^{-5} \times 0.10} = 1.33 \times 10^{-3}(mol \cdot L^{-1})$$

$$c_{OH^-} = \frac{K_w}{[H^+]} = 7.7 \times 10^{-12}(mol \cdot L^{-1})$$

此时 $\quad Q_i = c_{Mg^{2+}} \cdot c_{OH^-}^2 = 1.1 \times 10^{-4} \times (7.7 \times 10^{-12})^2 = 6.6 \times 10^{-27}$

因为 $Q_i < K_{sp,Mg(OH)_2}$,所以平衡向沉淀溶解的方向移动。

由此可见,K_{sp} 越大,生成的弱电解质的 $K_a (K_b)$ 越小,则沉淀越易溶解。$Fe(OH)_3$、$Al(OH)_3$ 不溶解于铵盐,但都溶解于酸,因为加酸后生成水,而加铵盐后,生成氨水,水是比氨水更弱的电解质。CuS、FeS 都是弱酸盐,$K_{sp,CuS} < K_{sp,FeS}$,所以 FeS 溶于盐酸,而 CuS 不溶于盐酸。

2. 通过氧化还原反应使沉淀溶解

许多金属硫化物如 ZnS、FeS 等都能溶于盐酸,是因为生成了弱电解质 H_2S,减少了 S^{2-} 的浓度而溶解。但溶度积特别小的某些金属硫化物,如 CuS,PbS 等,饱和溶液中的 S^{2-} 浓度很低,即使强酸也不能和微量的 S^{2-} 作用生成 H_2S 而使沉淀溶解,但可以加入氧化剂氧化 S^{2-} 使之溶解。例如,加入氧化性较强的硝酸。因为硝酸可将 S^{2-} 氧化生成单质 S,从而降低了溶液中的 S^{2-} 浓度,导致 $Q_i < K_{sp}$,使沉淀溶解。

$$3CuS(s) + 8HNO_3 = 3Cu(NO_3)_2 + 3S\downarrow + 2NO\uparrow + 4H_2O$$

同理,Ag_2S 也能溶于硝酸。

3. 生成配位化合物使沉淀溶解

如 $AgCl$ 沉淀可溶于氨水中:

$$AgCl(s) \rightleftharpoons Ag^+ + Cl^-$$
$$+$$
$$2NH_3$$
$$\Updownarrow$$
$$[Ag(NH_3)_2]^+$$

因为 NH_3 和 Ag^+ 生成稳定的配离子 $[Ag(NH_3)_2]^+$,从而降低了 Ag^+ 浓度,使 $Q_i < K_{sp}$,$AgCl$ 沉淀溶解。

4. 沉淀的转化

向盛有白色 $BaCO_3$ 沉淀的试管中加入 K_2CrO_4 溶液并搅拌,可以观察到沉淀变成淡黄色,即白色的 $BaCO_3$ 沉淀转化为淡黄色的 $BaCrO_4$ 沉淀。

$$BaCO_3(s) \rightleftharpoons Ba^{2+} + CO_3^{2-}$$
$$+$$
$$K_2CrO_4 \longrightarrow CrO_4^{2-} + 2K^+$$
$$\Updownarrow$$
$$BaCrO_4(s)$$

由于生成了更难溶的 $BaCrO_4$ 沉淀,降低了溶液中 Ba^{2+} 浓度,破坏了 $BaCO_3$ 的溶解平衡,使 $BaCO_3$ 溶解。这种由一种沉淀转化为另一种更难溶沉淀的过程称为沉淀的转化。两种沉淀的溶解度相差越大,转化越完全。

?

想一想

　　锅炉的锅垢中含有致密且附着力很强的 $CaSO_4$，它难以被酸溶解，不利于锅垢的清洗，而 $CaCO_3$ 疏松且溶于酸，比较 $CaSO_4$ 和 $CaCO_3$ 溶度积常数的大小，说明将锅垢中的 $CaSO_4$ 转化为 $CaCO_3$ 的可能性。

本 章 小 结

　　1.难溶电解质的沉淀溶解平衡是一种多相离子平衡。在一定温度下，难溶电解质饱和溶液中离子浓度幂的乘积为一常数，简称溶度积，用 K_{sp} 表示。

　　2.难溶电解质的任意离子浓度的乘积为离子积，用 Q_i 表示。

　　根据溶度积规则，可以判断和控制沉淀的生成和溶解：

　　(1)当 $Q_i < K_{sp}$ 时，溶液为不饱和溶液，无沉淀析出；若体系中有沉淀，则沉淀将溶解。

　　(2)当 $Q_i = K_{sp}$ 时，是饱和溶液，沉淀和溶解处于动态平衡。

　　(3)当 $Q_i > K_{sp}$ 时，为过饱和溶液，有沉淀析出，直至饱和。

　　3.沉淀生成的条件是 $Q_i > K_{sp}$，某离子沉淀完全的标准是指其在溶液中浓度 $c_i < 1.0 \times 10^{-5} mol \cdot L^{-1}$。要使溶液中某种离子沉淀完全，可采取选择适当的沉淀剂、加入适当过量的沉淀剂、控制溶液的 pH 等措施。如果溶液中含有多种能与同一沉淀剂生成沉淀的离子，加入沉淀剂时，会发生分步沉淀。

　　4.可以通过生成弱电解质、生成配离子、发生氧化还原反应等方法使沉淀溶解。另外，溶解度大的沉淀可转化为溶解度小的沉淀。

思考与练习

一、判断题

1.AgCl 在水中溶解度很小，所以它的离子浓度也很小，说明 AgCl 是弱电解质。

2.溶度积的大小决定于物质的本性和温度，与浓度无关。

3.难溶电解质的 K_{sp} 越小，其溶解度也越小。

4.控制一定的条件，沉淀反应可以达到绝对完全。

5.$CaCO_3$ 和 PbI_2 的溶度积非常接近，皆约为 1.0×10^{-8}，故两者的饱和溶液中，Ca^{2+} 及 Pb^{2+} 的浓度近似相等。

6.难溶电解质的溶度积和溶解度都能表示其溶解能力的大小。

7.向 $BaCO_3$ 饱和溶液中加入 Na_2CO_3 固体，会使 $BaCO_3$ 溶解度降低，溶度积减小。

8.根据同离子效应，欲使沉淀完全，必须加入过量的沉淀剂，且过量越多，沉淀越完全。

9.AgCl 在 $1 mol \cdot L^{-1}$ NaCl 溶液中，由于盐效应的影响，其溶解度比在水中的溶解度大。

10.同类型的难溶电解质,K_{sp} 较大者可以转化为 K_{sp} 较小者,二者 K_{sp} 差别越大,转化反应就越完全。

二、选择题

1.下列叙述正确的是(　　)。

A.混合离子的溶液中,能形成溶度积小的沉淀者一定先沉淀

B.某离子沉淀完全,是指其完全变成了沉淀

C.凡溶度积大的沉淀一定能转化成溶度积小的沉淀

D.当溶液中有关物质的离子积小于其溶度积时,该物质就会溶解

2.下列叙述正确的是(　　)。

A.由于 AgCl 水溶液导电性很弱,所以它是弱电解质

B.难溶电解质离子浓度的乘积就是该物质的溶度积常数

C.溶度积常数大的化合物溶解度肯定大

D.在含 AgCl 固体的溶液中加适量的水,当 AgCl 溶解又达平衡时,AgCl 的溶度积不变,其溶解度也不变。

3.对于 A、B 两种难溶盐,若 A 的溶解度大于 B 的溶解度,则必有(　　)。

A.$K_{sp}(A) > K_{sp}(B)$ B.$K_{sp}(A) < K_{sp}(B)$

C.$K_{sp}(A) \approx K_{sp}(B)$ D.不一定

4.在下列溶液中能使 $Mg(OH)_2$ 溶解度增大的是(　　)。

A.$MgCl_2$ B.NaOH

C.$MgSO_4$ D.NH_4Cl

5.为了除去溶液中以离子形态存在的铁杂质,最好生成(　　)。

A.$Fe(OH)_2$ B.FeS

C.$Fe(OH)_3$ D.$FeCO_3$

6.欲使 FeS 固体溶解,可加入(　　)。

A.盐酸   B.NaOH 溶液

C.$FeSO_4$ 溶液   D.H_2S 溶液

7.在配制 $FeCl_3$ 溶液时,为防止溶液产生沉淀,应采取的措施是(　　)。

A.加碱   B.加酸

C.多加水   D.加热

8.AgCl 固体在下列哪种溶液中的溶解度最大(　　)。

A.1 mol·L^{-1}氨水溶液   B.1 mol·L^{-1}氯化钠溶液

C.纯水   D.1 mol·L^{-1}硝酸银溶液

9.欲使 $CaCO_3$ 在水溶液中溶解度增大,可以采用的方法是(　　)。

A.加入 1.0 mol·L^{-1} Na_2CO_3 B.加入 2.0 mol·L^{-1} NaOH

C.加入 0.10 mol·L^{-1}EDTA   D.降低溶液的 pH

10.在沉淀反应中,加入易溶电解质会使沉淀的溶解度增加,该现象称为(　　)。

A.同离子效应   B.盐效应

C. 酸效应　　　　　　　　　　　　D. 配位效应

11. 在含有同浓度的 Cl^- 和 CrO_4^{2-} 的混合溶液中,逐滴加入 $AgNO_3$ 溶液,发生的现象是(　　)。

　A. AgCl 先沉淀　　　　　　　　　B. Ag_2CrO_4 先沉淀

　C. AgCl 和 Ag_2CrO_4 同时沉淀　　D. 以上都错

三、填空题

1. $Ba_3(PO_4)_2$ 的溶度积表达式是_____。

2. Ag_2SO_4 在水中的溶解度为 $2.5×10^{-2}$ mol·L^{-1},其溶度积 K_{sp} 为_____。

3. Q_i 称为_____,K_{sp} 称为_____,二者不同的是_____。

4. Ag_2S 的溶度积常数表达式为_____;根据溶度积规则:当 $Q_i > K_{sp}$ 时,溶液为_____,这时沉淀_____。

5. 沉淀生成的条件为_____,所谓沉淀完全,是指溶液中残留离子的浓度小于_____。

6. 要将 $Mg(OH)_2$ 与 $Fe(OH)_3$ 沉淀分离,可加入_____试剂。

7. 在含有相同浓度 Cl^- 和 I^- 离子的溶液中,逐滴加入 $AgNO_3$ 溶液时,_____沉淀首先析出。

8. 在海水中,Cl^- 离子的浓度是 I^- 离子浓度的 $2.2×10^6$ 倍,滴加 $AgNO_3$ 溶液于 100 mL 海水中,先沉淀析出的是_____。

9. 为使沉淀完全,一般加入过量的沉淀剂,但不可过量太多,以防由于_____而使沉淀溶解度增加。

10. 由一种沉淀转化为另一种沉淀的过程称为_____,若难溶解电解质类型相同,则 K_{sp}_____的沉淀易于转化为 K_{sp}_____的沉淀。

四、问答题

1. 溶度积小的难溶电解质,它的溶解度是否也小? 举例说明。

2. 难溶电解质的溶度积和离子积有何区别?

3. 如何应用溶度积规则来判断沉淀的生成和溶解?

4. 什么是分步沉淀? 如何判断沉淀的生成次序?

5. 使沉淀溶解的方法有哪些? 举例说明。

6. 同离子效应、盐效应和溶液的 pH 对沉淀的生成有何影响?

五、计算题

1. 已知 AgCl 在 25℃时的溶解度为 $1.8×10^{-4}$ g/100 g H_2O,求其溶度积。

2. 已知 $Zn(OH)_2$ 在 25℃时的溶度积为 $1.2×10^{-17}$,求其溶解度。

3. 已知 Ag_2CrO_4 在纯水中的溶解度为 $6.5×10^{-5}$ mol·L^{-1}。求:

(1)在 0.001 mol·L^{-1} $AgNO_3$ 溶液中的溶解度;

(2)在 1.0 mol·L^{-1} K_2CrO_4 溶液中的溶解度。

4. 已知 $BaSO_4$ 在 0.010 mol·L^{-1} $BaCl_2$ 溶液中的溶解度为 $1.1×10^{-8}$ mol·L^{-1}。求:

(1)$BaSO_4$ 在纯水中的溶解度;

(2)$BaSO_4$ 在 0.10 mol·L^{-1} Na_2SO_4 溶液中的溶解度。

5. 将 10 mL 0.1 mol·L^{-1} $MgCl_2$ 和 10 mL 0.01 mol·L^{-1} 氨水混合时,是否有 $Mg(OH)_2$ 沉淀生成?

6. 某溶液含有 Fe^{3+} 和 Fe^{2+},它们的浓度均为 0.05 mol·L^{-1},如果只要求 $Fe(OH)_3$ 沉淀,计算需控制的 pH 范围。

第四章

氧化还原反应

- 掌握氧化数和氧化还原反应的基本概念。
- 掌握原电池的概念、组成、原理、电极反应和电池符号。
- 理解电极电势的概念。
- 掌握电极电势的应用。

能力目标

- 能够配平简单的氧化还原反应方程式。
- 能用能斯特方程计算非标准态时的电极电势。
- 能用电极电势判断原电池的正负极、比较氧化剂和还原剂的相对强弱、选择合适的氧化剂和还原剂及判断氧化还原反应进行的次序。

化学反应可以分为两大类:一类是酸碱反应、沉淀反应和绝大多数配位反应,反应物之间没有发生电子的得失或偏移,统称为非氧化还原反应;另一类是反应物之间发生电子得失或偏移的反应,称为氧化还原反应。氧化还原反应是普遍存在的一类化学反应,据不完全统计,化工生产中约 50％以上的反应,以及生物体内的代谢过程都涉及氧化还原反应,例如煤的燃烧,葡萄糖的代谢等。本章在明确氧化还原基本概念的基础上,以电极电势为核心,介绍氧化还原反应的本质及反应的规律。

 ## 第一节　氧化还原反应的基本概念

一、氧化数

氧化还原反应中有电子得失或共用电子对偏移。例如,金属与非金属反应生成离子化合

物时,元素的原子间发生了电子转移,例如:

$$2Na \quad + \quad Cl_2 = 2Na^+ + 2Cl^-$$

又如非金属元素间反应生成共价化合物,元素原子间发生电子对偏移,如氢气与氯气反应生成氯化氢:

$$H_2 + Cl_2 = 2HCl$$

HCl 分子是通过共用电子对形成的,电子对偏向吸引电子能力较强的氯原子。

由于电子转移或偏移使得某些原子的价电子结构发生改变,从而使这些元素的原子带电状态发生改变。为了描述各元素在化合物中的带电状态,引入了氧化数的概念。

1970 年国际纯粹与应用化学联合会(IUPAC)给氧化数做出如下定义:元素的氧化数是指该元素一个原子的形式电荷数,这个电荷数的确定,是假设把每一个化学键中的电子指定给电负性较大的原子而求得。

例如,在 NaCl 中,氯元素的电负性比钠元素的电负性大,所以氯元素的原子获得一个电子而氧化数为 -1,钠元素的氧化数为 $+1$。

由氧化数的定义可知,分子中元素的氧化数取决于该元素成键电子对的数目和元素电负性的相对大小。荷负电,氧化数为负值;荷正电,氧化数为正值。

确定氧化数的一般规则为:

(1)单质中,元素的氧化数为零。

(2)中性分子中,各元素的正负氧化数的代数和为零。在多原子离子中,各元素氧化数的代数和等于离子所带的电荷数。

(3)氧在化合物中的氧化数一般为 -2,但在过氧化物(如 H_2O_2、Na_2O_2 等)中氧的氧化数为 -1;在超氧化物(如 KO_2)中氧的氧化数为 $-1/2$。

(4)氢在化合物中的氧化数一般为 $+1$,仅在活泼金属氢化物(如 NaH、CaH_2 等)中氢的氧化数为 -1。

(5)碱金属的氧化数为 $+1$;碱土金属的氧化数为 $+2$;氟的氧化数为 -1,其他卤素除在含氧化合物和同电负性更大的卤素形成卤素互化物外,一般都为 -1。

[例 4-1] 计算 Fe_3O_4 和 Fe_2O_3 中 Fe 的氧化数。

解:设 Fe_3O_4 和 Fe_2O_3 中 Fe 的氧化数为 x。已知氧的氧化数为 -2,根据化合物氧化数的代数和为零,则:

$$Fe_3O_4 \text{ 中 Fe 的氧化数为} \quad 3x + 4 \times (-2) = 0 \quad x = +8/3$$
$$Fe_2O_3 \text{ 中 Fe 的氧化数为} \quad 2x + 3 \times (-2) = 0 \quad x = +3$$

[例 4-2] 计算 $S_4O_6^{2-}$ 中 S 的氧化数。

解:设 $S_4O_6^{2-}$ 中 S 的氧化数为 x。则:

$$4x + 6 \times (-2) = -2 \quad x = +5/2$$

由此可知,氧化数可以为正值、负值和零,也可以为分数。在实际应用中,元素的氧化数数值可以用阿拉伯数字标在元素的上方,也可以加括号用罗马数字标于元素后。在较复杂的氧化还原反应中,电子得失数不易计算,但氧化数的数值容易得到,所以可以用元素氧化数的变化判断氧化还原反应。

必须指出,在共价化合物中,判断元素原子的氧化数时,不要与化合价(某元素原子形成的共价键的数目)相混淆。例如,CH_4,CH_3Cl,$CHCl_3$,CCl_4 中,C 的化合价均为 4,但其氧化数则分别为 -4,-2,$+2$ 和 $+4$。

练一练

确定下列化合物中 S 元素的氧化数:①S,②H_2S,③$S_2O_3^{2-}$,④H_2SO_4。

二、氧化与还原

根据氧化数的概念,化学反应中,反应前后元素的氧化数发生变化的一类反应称为氧化还原反应。在氧化还原反应中,元素氧化数升高的过程称为氧化,氧化数降低的过程称为还原。氧化数升高的物质是还原剂,氧化数降低的物质是氧化剂。例如:

$$\overset{0}{Fe}+\overset{+2}{Cu}SO_4=\overset{0}{Cu}+\overset{+2}{Fe}SO_4$$

上述反应中 Fe 的氧化数从 0 升高为 $+2$,是还原剂,发生氧化反应;$CuSO_4$ 中 Cu 的氧化数从 $+2$ 降低到 0,$CuSO_4$ 是氧化剂,发生还原反应。

又如:

$$Na\overset{+1}{Cl}O+2\overset{+2}{Fe}SO_4+H_2SO_4=Na\overset{+1}{Cl}+\overset{+3}{Fe_2}(SO)_3+H_2O$$

上述反应中 NaClO 是氧化剂,氯元素的氧化数从 $+1$ 降低到 -1,发生还原反应;$FeSO_4$ 是还原剂,铁元素的氧化数从 $+2$ 升高为 $+3$,发生氧化反应;H_2SO_4 虽然也参加了反应,但氧化数没有改变,通常称 H_2SO_4 溶液为介质。

在氧化还原反应中,如果氧化剂与还原剂是同一物质,称为自身氧化还原反应,例如:

$$2K\overset{+5}{Cl}\overset{-2}{O_3}\xrightarrow[\triangle]{MnO_2}2K\overset{-1}{Cl}+3\overset{0}{O_2}$$

上述反应中 $KClO_3$ 既是氧化剂又是还原剂。如果在自身氧化还原反应中,氧化剂与还原剂是同一物质中的同一种元素,即氧化数升高和降低的是同一种元素,这类氧化还原反应称为歧化反应。例如:

$$\overset{0}{Cl_2}+H_2O=H\overset{-1}{Cl}+H\overset{+1}{Cl}O$$

H_2O_2 的分解也是歧化反应:

$$2H_2\overset{-1}{O_2}=2H_2\overset{-2}{O}+\overset{0}{O_2}$$

歧化反应是自身氧化还原反应的一种特殊类型。

想一想

在氧化还原反应 $Br_2 + 2Fe^{2+} = 2Br^- + 2Fe^{3+}$ 中,哪种物质被氧化?哪种物质被还原?哪种物质是氧化剂?哪种物质是还原剂?

三、氧化还原半反应和氧化还原电对

在氧化还原反应中,氧化过程与还原过程是同时进行的,所以氧化还原反应由氧化反应和还原反应组成,例如反应:

$$Zn + Cu^{2+} \rightleftharpoons Zn + Cu^{2+}$$

可分解为:

氧化反应 $Zn \rightleftharpoons Zn^{2+} + 2e^-$

还原反应 $Cu^{2+} + 2e^- \rightleftharpoons Cu$

上述两个反应称为氧化还原反应的半反应。氧化还原半反应可用如下的一般形式表示:

$$\text{氧化态} + ne^- \rightleftharpoons \text{还原态}$$

在氧化还原半反应中,同一种元素氧化数较高的物质称为氧化态,氧化数较低的物质称为还原态,它们被称为氧化还原电对,常用"氧化态/还原态"或"Ox/Red"表示。如 Zn^{2+}/Zn 和 Cu^{2+}/Cu。在氧化还原电对中,如还原剂 Zn 氧化数升高,其产物 Zn^{2+} 是一个弱氧化剂;氧化剂 Cu^{2+} 氧化数降低,其产物 Cu 是一个弱还原剂:

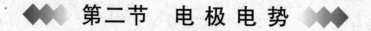

Cu^{2+} /   Cu Zn^{2+} /   Zn

(氧化态)(还原态)   (氧化态)(还原态)

第二节 电 极 电 势

一、原电池

1. 原电池的组成

在一个盛有 $ZnSO_4$ 溶液的烧杯中插入 Zn 片,另一个盛有 $CuSO_4$ 溶液的烧杯中插入 Cu 片,将两个烧杯用盐桥联通。用检流计将铜片和锌片连接起来,如图 4-1 所示。可以观察到:

(1)检流计的指针发生偏转,说明有电流产生。根据检流计指针偏转的方向可知,电子从 Zn 片流向 Cu 片,故 Zn 为负极,铜为正极。

(2)Zn 片不断溶解,Cu 片上不断有铜沉积。

（3）取出盐桥，检流计指针回至零点；放入盐桥，指针又发生偏移。说明盐桥起到了沟通电路的作用。

这种利用氧化还原反应产生电流，将化学能转变成电能的装置叫作原电池。

原电池由两个半电池组成，每个半电池对应一个氧化还原电对，又称为电极。如在铜锌原电池中，Zn 与 $ZnSO_4$ 组成锌半电池又称为锌电极，Cu 和 $CuSO_4$ 组成铜半电池又称为铜电极。半电池所发生的反应称为半电池反应或电极反应。在原电池中负极发生氧化反应，正极发生还原反应。铜锌原电池中的电极反应分别为：

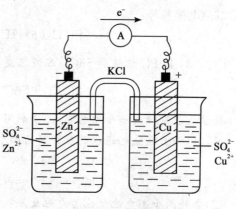

图 4-1　铜锌原电池

$$Zn \text{ 负极：} \quad Zn \Longrightarrow Zn^{2+} + 2e^- \qquad \text{（氧化反应）}$$
$$Cu \text{ 正极：} \quad Cu^{2+} + 2e^- \Longrightarrow Cu \qquad \text{（还原反应）}$$
$$\text{电池反应：} \quad Zn + Cu^{2+} \Longrightarrow Zn^{2+} + Cu$$

盐桥一般是用 U 形管中盛有含饱和 KCl 等电解质的琼脂制成。盐桥在原电池中起着构成回路和维持溶液电荷平衡的作用。在发生上述反应时，$ZnSO_4$ 溶液（负极）由于 Zn^{2+} 增多带正电荷，而 $CuSO_4$ 溶液（正极）由于 Cu^{2+} 的不断沉积，SO_4^{2-} 过剩而带负电荷，这样就会阻止电子继续从 Zn 片流向 Cu 片而使电流中断。盐桥的作用就是使盐桥中的阴离子（Cl^-）进入 $ZnSO_4$ 溶液，阳离子（K^+）进入 $CuSO_4$ 溶液，从而使两个半电池保持电中性，以保证原电池正常工作。

2.电极的构成

原电池的电极由氧化还原电对和导体构成。对金属电对，如 Zn^{2+}/Zn 和 Cu^{2+}/Cu 等，由于金属单质既发生电极反应，本身又是导体，故金属电对可以直接构成电极，此类电极称为金属电极。对非金属电对如 Fe^{3+}/Fe^{2+}、H^+/H_2 和 Cl_2/Cl^- 等，由于这类电对本身缺乏构成电极的导体，必须用惰性金属（常用 Pt）作为导体，由惰性金属和电对共同组成电极。在这类电极中，惰性金属只作为导体，不参加电极反应。

3.原电池符号

原电池装置可以用电池符号表示，铜锌原电池的电池符号为：

$$(-)Zn \mid ZnSO_4(c_1) \parallel CuSO_4(c_2) \mid Cu(+)$$

用电池符号表示原电池时，通常规定

①负极写在左边，正极写在右边。

②单垂线"|"表示两个相之间的界面。

③双垂线"‖"表示盐桥，两边各为原电池的一个电极。

④写出电极的化学组成、物态及浓度。c 是溶液的物质的量浓度，如果是气体物质则以气体的分压（p）表示。

⑤气体或液体必须以惰性金属导体作为载体，并注明材料。

理论上讲，任何一个自发的氧化还原反应都可设计成原电池。

如反应：

$$Cu^{2+} + H_2 \Longrightarrow 2H^+ + Cu$$

其原电池符号：

$$(-)Pt\,|\,H_2(p)\,|\,H^+(c_1)\,\|\,Cu^{2+}(c_2)\,|\,Cu(+)$$

[例4-3] $FeCl_3$ 溶液和 $SnCl_2$ 溶液可发生如下氧化还原反应：

$$2FeCl_3+SnCl_2\rightleftharpoons 2FeCl_2+SnCl_4$$

将该反应设计成一个原电池，并分别用电极反应、电池反应和原电池符号表示。

解：(1)将上述氧化还原反应分解为两个半电池反应：

正极 $\quad Fe^{3+}+e^-\rightleftharpoons Fe^{2+}\quad$ （还原反应）

负极 $\quad Sn^{2+}\rightleftharpoons Sn^{4+}+2e^-\quad$ （氧化反应）

(2)合并两个半电池反应为电池反应：

$$2Fe^{3+}+Sn^{2+}\rightleftharpoons 2Fe^{2+}+Sn^{4+}$$

(3)写出原电池符号：

$$(-)Pt\,|\,Sn^{2+}(c_1),Sn^{4+}(c_2)\,\|\,Fe^{3+}(c_3),Fe^{2+}(c_4)\,|\,Pt(+)$$

[例4-4] 写出原电池

$$(-)C(s)\,|\,Cl_2(p_{Cl_2})\,|\,Cl^-(c_1)\,\|\,H^+(c_2),Mn^{2+}(c_3),MnO_4^-(c_4)\,|\,C(s)(+)$$

所对应的氧化还原半反应和氧化还原反应离子方程式。

解：(1)根据原电池符号写出两个半电池反应：

正极（还原反应） $\quad MnO_4^-+8H^++5e^-\rightleftharpoons Mn^{2+}+4H_2O$

负极（氧化反应） $\quad 2Cl^-\rightleftharpoons Cl_2+2e^-$

(2)合并两个半电池反应为电池反应：

$$10Cl^-+2MnO_4^-+16H^+\rightleftharpoons 5Cl_2+2Mn^{2+}+8H_2$$

知识窗

　　干电池属于化学电源中的原电池，是一次性电池。因为这种化学电源装置中的电解质是一种不能流动的糊状物，所以叫作干电池。干电池种类很多，日常生活中常用的是锌-锰干电池。

正极材料：MnO_2、石墨棒

负极材料：锌片

电解质：NH_4Cl、$ZnCl_2$ 及淀粉糊状物

电池符号：$(-)Zn\,|\,ZnCl_2,NH_4Cl(糊状)\,\|\,MnO_2\,|\,C(石墨)(+)$

负极：$Zn\rightleftharpoons Zn^{2+}+2e^-$

正极：$2MnO_2+2NH_4^++2e^-\rightleftharpoons Mn_2O_3+2NH_3+H_2O$

总反应：$Zn+2MnO_2+2NH_4^+\rightleftharpoons Zn^{2+}+Mn_2O_3+2NH_3+H_2O$

锌锰干电池的电动势为1.5 V。

二、电极电势和原电池的电动势

连接原电池两极的导线有电流通过,说明两电极的电势不同,存在着电势差。

1. 电极电势的产生

金属晶体中有金属原子、金属离子和自由电子,当把金属(M)浸入其盐溶液时,金属及其盐溶液就构成了金属电极。此时,在金属和溶液的接触面上就会产生两个相反的倾向:一方面,由于自身的热运动和极性水分子的吸引,金属表面的金属离子(M^{n+})进入溶液中;另一方面,溶液中的金属离子受金属表面自由电子的吸引,得到电子沉积在金属表面上,当这两种倾向的速率相等时,就建立了动态平衡:

$$M^{n+} + ne^- \rightleftharpoons M$$

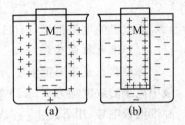

图4-2　双电层结构示意图

如果金属越活泼,盐溶液越稀,金属溶解的趋势大于金属离子沉积的趋势,即金属失去电子的倾向大于获得电子的倾向,使得达平衡时就形成了金属带负电、金属附近的溶液带正电的双电层结构,如图 4-2a 所示;相反,金属越不活泼,盐溶液越浓,金属离子沉积的倾向大于金属溶解的倾向,即金属获得电子的倾向大于失去电子的倾向,达到平衡时,则形成金属带正电、金属附近的溶液带负电的双电层结构,这样,在金属和其盐溶液间也产生了电势差,如图 4-2b 所示。

这种由于双电层的存在,使金属与其盐溶液间所产生的电势差,称为金属的电极电势,用符号 $E_{氧化态/还原态}$ 表示。电极电势的大小与金属的活泼性、溶液中金属离子的浓度、溶液的 pH 和温度等因素有关。

2. 原电池的电动势

在外电路没有电流通过的状态下,原电池的电动势为正、负电极间的电势差,即正极的电极电势减去负极的电极电势,用 ε 表示。

$$\varepsilon = E_{(+)} - E_{(-)}$$

原电池的电动势 ε 永远大于零。

?

想一想

电极电势和原电池的电动势有何区别?

三、标准电极电势

电极电势的大小反映了电极的电对得失电子的难易,但迄今为止,任何一个电极的电极电势的绝对值仍无法测量,只能选用某一特定电极作为参照标准,其他电极的电极电势与它比较来确定。1953 年,国际纯粹与应用化学联合会建议采用"标准氢电极"作为参比标准,其他电极与之组成原电池,求得其相对值。

1. 标准氢电极

标准氢电极是将镀有铂黑的铂片,浸入 H^+ 浓度为 $1\ mol \cdot L^{-1}$ 的硫酸溶液中,在 298.15 K 时不断地通入压力为 101.325 kPa 的纯氢气,使铂黑吸附氢气达到饱和,如图 4-3 所示。

溶液中的氢离子与铂黑吸附的饱和氢气建立如下动态平衡:

$$2H^+ + 2e^- \Longrightarrow H_2$$

即标准氢电极的电极反应。

规定标准氢电极的电极电势为零:

$$E^{\ominus}_{H^+/H_2} = 0.00\ V$$

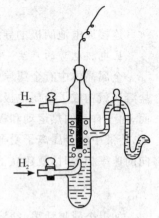

氢电极的电极符号:$Pt \mid H_2(101.325\ kPa) \mid H^+(1\ mol \cdot L^{-1})$

图 4-3 标准氢电极

2. 标准电极电势

标准状态是指测定温度为 298.15 K,组成电极的物质中,气体的分压为 101.325 kPa,溶液中离子的浓度均为 $1\ mol \cdot L^{-1}$,液态或固态物质为纯净状态。标准状态下的电极电势称为标准电极电势,用 $E^{\ominus}_{氧化态/还原态}$ 表示。

在标准状态下,将标准氢电极与其他电极组成原电池,测定原电池的标准电动势($\varepsilon^{\ominus}$),即可求得电极的标准电极电势 $E^{\ominus}_{氧化态/还原态}$。

$$\varepsilon^{\ominus} = E^{\ominus}_{(+)} - E^{\ominus}_{(-)}$$

例如,欲测定锌电极的标准电极电势。将标准状态下的锌电极与标准氢电极组成原电池,测定时,根据电流计指针偏转方向,可确定氢电极为正极,锌电极为负极。

$$(-)Zn \mid ZnSO_4(1\ mol \cdot L^{-1}) \parallel H^+(1\ mol \cdot L^{-1}) \mid H_2(101.325\ kPa) \mid Pt\ (+)$$

测得该原电池的电动势为 0.763 V,则

$$\varepsilon^{\ominus} = E^{\ominus}_{H^+/H_2} - E^{\ominus}_{Zn^{2+}/Zn}$$
$$0.763\ V = 0.00\ V - E^{\ominus}_{Zn^{2+}/Zn}$$
$$E^{\ominus}_{Zn^{2+}/Zn} = -0.763\ V$$

用同样的方法可测得 Cu^{2+}/Cu 电对的标准电极电势。把标准铜电极与标准氢电极组成原电池,测得铜氢原电池的标准电动势为 0.337 V,测定时,根据电流计指针偏转方向,确定铜电极为正极,氢电极为负极。

$$(-)\ Pt \mid H_2(101.325\ kPa) \mid H^+(1\ mol \cdot L^{-1}) \parallel Cu^{2+}(1\ mol \cdot L^{-1}) \mid Cu\ (+)$$
$$\varepsilon^{\ominus} = E^{\ominus}_{Cu^{2+}/Cu} - E^{\ominus}_{H^+/H_2}$$
$$0.337\ V = E^{\ominus}_{Cu^{2+}/Cu} - 0.00\ V$$
$$E^{\ominus}_{Cu^{2+}/Cu} = +0.337\ V$$

在实际测定电极电势时,由于标准氢电极是气体电极,使用不方便,因此,常用饱和甘汞电极或银-氯化银电极作为参比电极,替代标准氢电极。银-氯化银电极是除氢电极外稳定性和

再现性都很好的电极,应用广泛,常在 pH 玻璃电极和其他离子选择性电极中用作内参比电极。

对于与水剧烈反应而不能直接测定的电极,如 Na^+/Na、F_2/F^- 等,其电极电势可通过热力学数据间接计算得到。

3. 标准电极电势表

将标准电极电势按照由低到高的顺序排列成表,称为标准电极电势表(附表5)。常见电极的标准电极电势列在表 4-1 中。

表 4-1　常见电极的标准电极电势(298.15 K,在酸性溶液中)

	电极反应		$E^{\ominus}/V$
最弱的氧化剂	$K^+ + e^- \Longrightarrow K$	最强的还原剂	-2.923
	$Ca^{2+} + 2e^- \Longrightarrow Ca$		-2.87
	$Na^+ + e^- \Longrightarrow Na$		-2.714
	$Zn^{2+} + 2e^- \Longrightarrow Zn$		-0.763
	$Fe^{2+} + 2e^- \Longrightarrow Fe$		-0.44
氧化能力依次增强	$Sn^{2+} + 2e^- \Longrightarrow Sn$	还原能力依次增强	-0.136
	$2H^+ + 2e^- \Longrightarrow H_2$		0.00
	$Cu^{2+} + 2e^- \Longrightarrow Cu$		0.337
	$I_2 + 2e^- \Longrightarrow 2I^-$		0.535
	$Fe^{3+} + e^- \Longrightarrow Fe^{2+}$		0.771
	$Ag^+ + e^- \Longrightarrow Ag$		0.799
	$Br_2(l) + 2e^- \Longrightarrow 2Br^-$		1.065
	$Br_2(g) + 2e^- \Longrightarrow 2Br^-$		1.087
	$Cl_2(g) + 2e^- \Longrightarrow 2Cl^-$		1.36
	$MnO_4^- + 8H^+ + 5e^- \Longrightarrow Mn^{2+} + 4H_2O$		1.51
最强的氧化剂	$F_2 + 2e^- \Longrightarrow 2F^-$	最弱的还原剂	2.87

使用标准电极电势表时应注意以下几点:

(1)表中的电极反应,统一书写为:

$$\text{氧化型} + ne^- \Longrightarrow \text{还原型}$$

(2)$E^{\ominus}_{氧化态/还原态}$ 的大小表示了物质在标准状态下得失电子的倾向。$E^{\ominus}_{氧化态/还原态}$ 越小,氧化还原电对中还原态物质越易失去电子,还原性越强,对应的氧化态物质越难得到电子,氧化性越弱。$E^{\ominus}_{氧化态/还原态}$ 越大,氧化态物质得到电子的能力越强,即氧化性越强,其还原态的还原性越弱。如在铜锌原电池中,因为 $E^{\ominus}_{Zn^{2+}/Zn} < E^{\ominus}_{Cu^{2+}/Cu}$,所以电子从 Zn 转移到 Cu^{2+}。

(3)电极电势没有加和性。即 $E^{\ominus}_{氧化态/还原态}$ 与半电池反应式的计量系数无关,例如:

$$Cl_2(g) + 2e^- \Longrightarrow 2Cl^- \qquad E^{\ominus}_{Cl_2/Cl^-} = +1.36 \text{ V}$$

$$\frac{1}{2}Cl_2(g) + e^- \Longrightarrow Cl^- \qquad E^{\ominus}_{Cl_2/Cl^-} = +1.36 \text{ V}(\text{而不是}\frac{1}{2} \times 1.36 \text{ V})$$

(4)$E^{\ominus}_{氧化态/还原态}$ 与电极反应进行的方向无关。如铜电极无论是按 $Cu^{2+} + 2e^- \Longrightarrow Cu$ 的方向进行,还是按 $Cu \Longrightarrow Cu^{2+} + 2e^-$ 的方向进行,其 $E^{\ominus}_{氧化态/还原态}$ 均为 $+0.337$ V。

(5)溶液的酸碱度对许多电极的 $E^{\ominus}_{\text{氧化态/还原态}}$ 有影响,在不同的介质中,$E^{\ominus}_{\text{氧化态/还原态}}$ 不同,甚至电极反应亦不同,因此标准电极电势表分酸表和碱表。若电极反应在酸性或中性溶液中进行,则在酸表中查找;若电极反应在碱性溶液中进行,则在碱表中查找。

(6)$E^{\ominus}_{\text{氧化态/还原态}}$ 只适于水溶液体系,而不适用于非水溶液。

(7)$E^{\ominus}_{\text{氧化态/还原态}}$ 的大小与反应进行的速率大小无关。

四、影响电极电势的因素

1.能斯特方程

电极电势的大小不但与物质的本性有关,还与电极反应中氧化型与还原型物质的浓度及测定时的温度有关。电极电势与浓度及温度的关系可用能斯特(Nernst)方程表示。

电极反应: $$a\,\text{氧化型}+ne^-\Longleftrightarrow b\,\text{还原型}$$

能斯特方程: $$E_{\text{氧化态/还原态}}=E^{\ominus}_{\text{氧化态/还原态}}+\frac{2.303RT}{nF}\lg\frac{[\text{氧化型}]^a}{[\text{还原型}]^b}$$

式中,$E^{\ominus}_{\text{氧化态/还原态}}$ 为标准电极电势,$E_{\text{氧化态/还原态}}$ 为非标准态时的电极电势,R 为气体常数 $(8.314\ \text{J}\cdot\text{mol}^{-1}\cdot\text{K}^{-1})$;$T$ 为热力学温度(K);n 为电极反应中的得失电子数,F 为法拉第常数 $(96\ 485\ \text{C}\cdot\text{mol}^{-1})$。

当测定时的温度为 298.15 K 时,能斯特方程可以写为:

$$E_{\text{氧化态/还原态}}=E^{\ominus}_{\text{氧化态/还原态}}+\frac{0.059\,2}{n}\lg\frac{[\text{氧化型}]^a}{[\text{还原型}]^b}$$

使用能斯特方程时,应注意以下几点:

(1)[氧化型]和[还原型]是包括参加电极反应的所有物质的浓度。

(2)纯固体或液体及水的浓度均不列入能斯特方程中,如果是气体则用相对分压 $\dfrac{p}{p^{\ominus}}$ 表示,$p^{\ominus}=101.325$ kPa。

[例 4-5]写出下列电对的能斯特方程式。

(1)Fe^{3+}/Fe^{2+};(2)Cl_2/Cl^-;(3)$Cr_2O_7^{2-}/Cr^{3+}$(酸性介质)

解:(1)电极反应: $$Fe^{3+}+e^-\Longleftrightarrow Fe^{2+}$$

能斯特方程: $$E_{Fe^{3+}/Fe^{2+}}=E^{\ominus}_{Fe^{3+}/Fe^{2+}}+0.059\,2\lg\frac{[Fe^{3+}]}{[Fe^{2+}]}$$

(2)电极反应: $$Cl_2+2e^-\Longleftrightarrow 2Cl^-$$

能斯特方程: $$E_{Cl_2/Cl^-}=E^{\ominus}_{Cl_2/Cl^-}+\frac{0.059\,2}{2}\lg\frac{[p_{Cl_2}/p^{\ominus}]}{[Cl^-]^2}$$

(3)电极反应: $$Cr_2O_7^{2-}+14H^++6e^-\Longleftrightarrow 2Cr^{3+}+7H_2O$$

能斯特方程: $$E_{Cr_2O_7^{2-}/Cr^{3+}}=E^{\ominus}_{Cr_2O_7^{2-}/Cr^{3+}}+\frac{0.059\,2}{6}\lg\frac{[Cr_2O_7^{2-}][H^+]^{14}}{[Cr^{3+}]^2}$$

2.浓度对电极电势的影响

[例 4-6]在 MnO_4^-/Mn^{2+} 电对中,若 $[MnO_4^-]=[Mn^{2+}]=1.00$ mol·L^{-1},计算氢离子浓

度分别为 1.00×10^{-3} mol·L^{-1}、1.00 mol·L^{-1}、10.0 mol·L^{-1} 时电对的电极电势。

解:电极反应:

$$MnO_4^- + 8H^+ + 5e^- \rightleftharpoons Mn^{2+} + 4H_2O$$

$$E_{MnO_4^-/Mn^{2+}} = E^{\ominus}_{MnO_4^-/Mn^{2+}} + \frac{0.059\,2}{5} \lg \frac{[MnO_4^-][H^+]^8}{[Mn^{2+}]}$$

$$E_{MnO_4^-/Mn^{2+}} = 1.51 + \frac{0.059\,2}{5} \lg \frac{[MnO_4^-][H^+]^8}{[Mn^{2+}]}$$

当 $[H^+] = 1.00 \times 10^{-3}$ mol·L^{-1} 时

$$E = 1.51 + \frac{0.059\,2}{5} \lg (1.00 \times 10^{-3})^8 = 1.23 \text{ (V)}$$

当 $[H^+] = 1.00$ mol·L^{-1} 时

$$E = 1.51 + \frac{0.059\,2}{5} \lg 1.00^8 = 1.51 \text{ (V)}$$

当 $[H^+] = 10.0$ mol·L^{-1} 时

$$E = 1.51 + \frac{0.059\,2}{5} \lg (10.0)^8 = 1.60 \text{ (V)}$$

通过计算可知,MnO_4^- 氧化性的强弱不仅与氧化还原电对中的离子浓度有关,还与参与电极反应的 H^+ 浓度有关,MnO_4^- 的氧化性随 H^+ 浓度的增大而增强。因此,高锰酸钾通常在强酸性溶液中使用。

凡是有 H^+ 或 OH^- 参加的电极反应,除了氧化态和还原态的浓度变化对电极电势有影响外,酸度也会影响电极电势的大小,而且影响更显著。

[例 4-7] 已知 $Ag^+ + e^- \rightleftharpoons Ag$ 的标准电极电势 $E^{\ominus}_{Ag^+/Ag} = 0.799$ V,若向 Ag^+/Ag 的电极溶液中加入 NaCl,使溶液产生沉淀。当溶液中 Cl^- 的浓度为 1.00 mol·L^{-1} 时,求此时 Ag^+/Ag 电极的电极电势。($K_{sp,AgCl} = 1.8 \times 10^{-10}$)

解:根据 AgCl 的溶度积可求得溶液中 $[Ag^+]$

$$[Ag^+] = \frac{K_{sp,AgCl}}{[Cl^-]} = \frac{1.8 \times 10^{-10}}{1.00} = 1.8 \times 10^{-10} \text{ (mol·L}^{-1}\text{)}$$

$$E_{Ag^+/Ag} = E^{\ominus}_{Ag^+/Ag} + 0.059\,2 \lg [Ag^+]$$

$$E_{Ag^+/Ag} = 0.799 + 0.059\,2 \lg (1.8 \times 10^{-10}) = 0.222 \text{ (V)}$$

从计算结果可以看出,如果向溶液中加入可与氧化还原电对中的离子生成沉淀的物质,由于离子浓度的改变,电对的电极电势就会发生变化。

实际上,如果在 Ag^+/Ag 电极溶液中加入 NaCl,产生 AgCl 沉淀后,就形成了新的电极 AgCl/Ag,其电极反应为:

$$AgCl(s) + e^- \rightleftharpoons Ag(s) + Cl^-$$

AgCl/Ag 电极的标准电极电势 $E^{\ominus}_{AgCl/Ag}$ 即为 0.222 V。

第三节　电极电势的应用

一、判断氧化剂和还原剂的相对强弱

电极电势的大小反映了氧化还原电对中氧化态得电子或还原态失电子能力的强弱,根据电极电势的大小可以判断物质氧化还原性的强弱。

[例 4-8] 根据标准电极电势的大小,选出下列电对中最强的氧化剂和还原剂,并将氧化型物质和还原型物质按氧化性和还原性由强到弱排序。

$$MnO_4^-/Mn^{2+}, \quad F_2/F^-, \quad Cu^{2+}/Cu, \quad Ca^{2+}/Ca$$

解:查表得各电对的标准电极电势分别为:

$$E_{MnO_4^-/Mn^{2+}}^\ominus = 1.51\ V; \quad E_{F_2/F^-}^\ominus = 2.87\ V; \quad E_{Cu^{2+}/Cu}^\ominus = 0.337\ V; \quad E_{Ca^{2+}/Ca}^\ominus = -2.87\ V$$

电对 F_2/F^- 的 $E^\ominus$ 最大,所以在标准状态下,F_2 是最强的氧化剂;电对 Ca^{2+}/Ca 的 $E^\ominus$ 最小,所以 Ca 是最强的还原剂。

氧化剂氧化性由强到弱的顺序为:$F_2 > MnO_4^- > Cu^{2+} > Ca^{2+}$

还原剂还原性由强到弱的顺序为:$Ca > Cu > Mn^{2+} > F^-$

?

想一想

根据标准电极电势的大小,理解金属活泼性顺序表。

二、选择合适的氧化剂和还原剂

在混合体系中,如果要对其中的某一物质进行选择性氧化或还原,而其他物质不被氧化或还原,只有选择适当的氧化剂或还原剂才能达到目的。电极电势的大小是选择氧化剂或还原剂的依据。

[例 4-9] 在含有 Cl^-、Br^-、I^- 三种离子的溶液中,只将 I^- 氧化为 I_2,而 Cl^-、Br^- 不被氧化,选择 $Fe_2(SO_4)_3$ 和 $KMnO_4$ 中的哪一种作为氧化剂?

解:查表得上述氧化还原电对的标准电极电势如下:

$$I_2 + 2e^- \Longrightarrow 2I^- \qquad\qquad E_{I_2/I^-}^\ominus = 0.535\ V$$

$$Fe^{3+} + e^- \Longrightarrow Fe^{2+} \qquad\qquad E_{Fe^{3+}/Fe^{2+}}^\ominus = 0.771\ V$$

$$Br_2 + 2e^- \Longrightarrow 2Br^- \qquad\qquad E_{Br_2/Br^-}^\ominus = 1.087\ V$$

$$Cl_2 + 2e^- \Longrightarrow 2Cl^- \qquad\qquad E_{Cl_2/Cl^-}^\ominus = 1.36\ V$$

$$MnO_4^- + 8H^+ + 5e^- \Longrightarrow Mn^{2+} + 4H_2O \qquad E_{MnO_4^-/Mn^{2+}}^{\ominus} = 1.51 \text{ V}$$

从标准电极电势可知 $E_{Fe^{3+}/Fe^{2+}}^{\ominus} > E_{I_2/I^-}^{\ominus}$，$Fe^{3+}$ 可以将 I^- 氧化为 I_2，而 $E_{Fe^{3+}/Fe^{2+}}^{\ominus} < E_{Br_2/Br^-}^{\ominus} < E_{Cl_2/Cl^-}^{\ominus}$，所以 Fe^{3+} 不能氧化 Br^- 和 Cl^-。高锰酸钾氧化还原电对的标准电极电势最大，它能氧化溶液中的 Cl^-、Br^-、I^-，所以应选择 $Fe_2(SO_4)_3$ 作为氧化剂。

？

想一想

已知 $E_{Fe^{3+}/Fe^{2+}}^{\ominus} = 0.771 \text{ V}$，$E_{Cu^{2+}/Cu}^{\ominus} = 0.337 \text{ V}$，$E_{Sn^{4+}/Sn^{2+}}^{\ominus} = 0.154 \text{ V}$，$E_{Fe^{2+}/Fe}^{\ominus} = -0.44 \text{ V}$，现需将 Cu 氧化成 Cu^{2+}，可选用何种氧化剂？

三、判断氧化还原反应自发进行的方向

大量事实证明，氧化还原反应自发进行的方向总是

$$强氧化剂 + 强还原剂 \Longrightarrow 弱还原剂 + 弱氧化剂$$

即 $E_{氧化态/还原态}^{\ominus}$ 值大的电对中的氧化态物质能氧化 $E_{氧化态/还原态}^{\ominus}$ 值小的电对中的还原态物质。判断氧化还原反应进行的方向，常见有两种方法。

1. 电极电势法

根据电极电势的大小，比较氧化剂和还原剂的相对强弱，即可判断氧化还原反应进行的方向。

[例 4-10] 判断反应 $2Fe^{3+} + Cu \Longrightarrow 2Fe^{2+} + Cu^{2+}$ 在标准状态下进行的方向。

解：查附表 5 得： $E_{Fe^{3+}/Fe^{2+}}^{\ominus} = 0.771 \text{ V}$，$E_{Cu^{2+}/Cu}^{\ominus} = 0.337 \text{ V}$

由于 $E_{Fe^{3+}/Fe^{2+}}^{\ominus} > E_{Cu^{2+}/Cu}^{\ominus}$，得知 Fe^{3+} 是比 Cu^{2+} 更强的氧化剂，Cu 是比 Fe^{2+} 更强的还原剂。因此氧化还原反应自左向右进行。

2. 原电池电动势法

通常原电池电动势大于零的反应，都可自发进行。因此，可以将氧化还原反应看成是原电池反应，氧化剂电对做原电池的正极，还原剂电对做原电池的负极，若 $\varepsilon > 0$，氧化还原反应能正向进行，反之逆向进行。

[例 4-11] 反应：$Sn + Pb^{2+} \Longrightarrow Sn^{2+} + Pb$，$E_{Sn^{2+}/Sn}^{\ominus} = -0.136 \text{ V}$，$E_{Pb^{2+}/Pb}^{\ominus} = -0.126 \text{ V}$，

计算：(1) 在标准状态时，反应进行的方向如何？

(2) 当 $[Pb^{2+}] = 0.10 \text{ mol} \cdot L^{-1}$，$[Sn^{2+}] = 1.0 \text{ mol} \cdot L^{-1}$ 时，反应的方向又如何？

解：(1) 在标准状态下：

正极 $\qquad Pb^{2+} + 2e^- \Longrightarrow Pb$，$\qquad$（还原反应）

负极 $\qquad Sn \Longrightarrow Sn^{2+} + 2e^-$，$\qquad$（氧化反应）

$$\varepsilon^{\ominus} = E_{Pb^{2+}/Pb}^{\ominus} - E_{Sn^{2+}/Sn}^{\ominus} = -0.126 - (-0.136) = +0.01 \text{ V} > 0$$

所以在标准状态下反应自发向右进行。

（2）当$[Pb^{2+}]=0.10\ mol \cdot L^{-1}$，$[Sn^{2+}]=1.0\ mol \cdot L^{-1}$时，则：

$$E_{Pb^{2+}/Pb}=E_{Pb^{2+}/Pb}^{\ominus}+\frac{0.059\ 2}{2}lg[Pb^{2+}]=-0.126+\frac{0.059\ 2}{2}lg0.1=-0.156\ (V)$$

$$\varepsilon=E_{Pb^{2+}/Pb}-E_{Sn^{2+}/Sn}=-0.156-(-0.136)=-0.02\ (V)<0$$

因此，反应逆向进行。

对于非标准状态下进行的反应，也可根据电极电势判断氧化还原反应进行的方向。

①$\Delta E_{氧化态/还原态}^{\ominus}>0.2\ V$时，一般可以用标准电极电势直接判断氧化还原反应进行的方向。

②当电极反应中有H^+或OH^-时，介质的酸碱性对电极电势的影响很大，此时只有当$\Delta E_{氧化态/还原态}^{\ominus}>0.5\ V$时，才可以直接用标准电极电势判断氧化还原反应进行的方向。

［例 4-12］判断反应：$MnO_2+4HCl \Longleftrightarrow MnCl_2+Cl_2+2H_2O$

（1）在标准状态下反应能否正向进行？

（2）通过计算说明，实验室为何可以用MnO_2与浓盐酸（$[H^+]=[Cl^-]=12.0\ mol \cdot L^{-1}$）反应制取氯气？

解：查$E^{\ominus}$表：$MnO_2+4H^++2e^- \Longleftrightarrow Mn^{2+}+2H_2O$ $E_{MnO_2/Mn^{2+}}^{\ominus}=+1.208\ V$

$\qquad\qquad\qquad Cl_2+2e^- \Longleftrightarrow 2Cl^-$ $E_{Cl_2/Cl^-}^{\ominus}=+1.36\ V$

（1）在标准状态下：

$E^{\ominus}=E_{MnO_2/Mn^{2+}}^{\ominus}-E_{Cl_2/Cl^-}^{\ominus}=1.208-1.36=-0.152(V)<0$

所以在标准状态下反应不能正向进行。

（2）在浓盐酸中，$[H^+]=[Cl^-]=12.0\ mol \cdot L^{-1}$，假定$[Mn^{2+}]=1\ mol \cdot L^{-1}$，$p_{Cl_2}=101.325\ kPa=1\ atm$。则：

$$E_{MnO_2/Mn^{2+}}=E_{MnO_2/Mn^{2+}}^{\ominus}+\frac{0.059\ 2}{n}lg\frac{[H^+]^4}{[Mn^{2+}]}=1.208+\frac{0.059\ 2}{2}lg\frac{12^4}{1}=1.336\ (V)$$

$$E_{Cl_2/Cl^-}=E_{Cl_2/Cl^-}^{\ominus}+\frac{0.059\ 2}{n}lg\frac{p_{Cl_2}/p^{\ominus}}{[Cl^-]^2}=1.36+\frac{0.059\ 2}{2}lg\frac{1}{12^2}=1.296\ (V)$$

$$\varepsilon=E_{MnO_2/Mn^{2+}}-E_{Cl_2/Cl^-}=1.336-1.296=0.04(V)>0$$

反应可以正向进行，即可用MnO_2与浓盐酸反应制取氯气。

练一练

　　$KMnO_4$在酸性溶液中作氧化剂时，能否用盐酸调节酸度？

四、判断氧化还原反应进行的次序

在含有多个氧化还原电对的氧化还原体系中，最强的氧化剂首先氧化最强的还原剂，然后按还原性的大小依次氧化其他还原剂；反之，最强的还原剂首先还原最强的氧化剂，然后按氧化性的大小依次还原其他氧化剂。在例 4-9 中，如果选用$KMnO_4$作氧化剂，能将Cl^-、Br^-、

I^- 三种离子氧化，但它们不是同时被氧化，而是先氧化还原性最强的 I^-，然后依次氧化 Br^- 和 Cl^-。

应该说明的是，有些氧化还原反应，虽然电动势较大，但进行的速度较慢，所以在实验中观察到的氧化还原反应进行的次序与根据电极电势判断的次序有时不符，这时还要考虑氧化还原反应进行的速度。

知识窗

测定溶液 pH 时以玻璃电极作指示电极，饱和甘汞电极作参比电极。两电极插入试液中，组成的原电池为：

$(-)Ag,AgCl(s)|HCl(0.1\ mol\cdot L^{-1})|$玻璃膜$|H^+$试液$\|KCl$（饱和）$|Hg_2Cl_2,Hg(+)$原电池的电动势（298.15 K）：

$$\varepsilon = E_{甘汞} - E_{玻璃} = E_{甘汞} - (K - 0.059\ 2\ pH) = E_{甘汞} - K + 0.059\ 2\ pH$$

式中，K 为常数，为玻璃电极的离子选择性系数。$E_{甘汞}$ 在一定条件下亦为一定值。故

$$\varepsilon = K' + 0.059\ 2\ pH$$

由上式可见，若 K' 已知，则由测得的 ε 就能计算出被测溶液的 pH，但实际上 K' 很难求得。在实际工作中，用已知 pH 的标准缓冲溶液作为基准，通过比较由待测溶液和标准溶液组成的两个原电池的电动势，确定待测溶液的 pH。

$$\varepsilon_s = K' + 0.059\ 2\ pH_s$$

$$\varepsilon_x = K' + 0.059\ 2\ pH_x$$

两式联立：$pH_x = pH_s + (\varepsilon_x - \varepsilon_s)/0.059\ 2$

式中 pH_s 已知，实验测出 ε_x 和 ε_s 后，即可计算出试液的 pH_x。所以电位法测定溶液 pH 时，先用标准缓冲溶液定位（校正），然后可直接在 pH 计上读出试液的 pH。使用时，应尽量使温度保持恒定，并选用与待测溶液 pH 接近的标准缓冲溶液进行校正。

本 章 小 结

1.氧化还原反应的本质是有电子得失或偏移，其特征是反应前后元素的氧化数发生变化。反应中元素氧化数升高的物质是还原剂，发生氧化反应，自身被氧化；氧化数降低的物质是氧化剂，发生还原反应，自身被还原。

2.原电池是将化学能转变成电能的装置，原电池的正极发生还原反应，负极发生氧化反应，每一个电极就是一个电对，电对用"氧化态/还原态"表示。任一氧化还原反应理论上都可以设计成原电池。

3.电极电势代表氧化还原电对中氧化态和还原态物质氧化还原能力的相对强弱。电极电势越高，电对中的氧化态物质的氧化能力越强，而还原态物质的还原能力越弱。反之则反。

4.电极电势的绝对值目前无法测量。一般以标准氢电极作为标准,将标准氢电极的电极电势规定为 0 V,测定其他电极相对于标准氢电极的电极电势。

当电极反应不是标准状态时,电极电势可用能斯特方程求得:

电极反应:
$$a\ 氧化型 + ne^- \Longleftrightarrow b\ 还原型$$

$$E = E^\ominus + \frac{0.059\ 2}{n}\lg\frac{[氧化型]^a}{[还原型]^b}$$

5.利用电极电势可以判断物质氧化还原性的强弱、选择合适的氧化剂和还原剂、判断氧化还原反应进行的方向等。

思考与练习

一、判断题

1.氧化数在数值上就是元素的化合价。

2.NH_4^+ 中,氮原子的氧化数为 -3;ClO^- 中,氯原子的氧化数为 $+7$。

3.两根银丝分别插入盛有 $0.1\ mol \cdot L^{-1}$ 和 $1\ mol \cdot L^{-1}$ $AgNO_3$ 溶液的烧杯中,且用盐桥和导线将两只烧杯中的溶液连接起来,便可组成一个原电池。

4.在设计原电池时,$E^\ominus$ 值大的电对应是正极,而 $E^\ominus$ 值小的电对应为负极。

5.原电池中盐桥的作用是盐桥中的电解质中和两个半电池中过剩的电荷。

6.标准电极电势表中的 $E^\ominus$ 值是以标准氢电极作参比电极而测得的标准电极电势值。

7.电极电势大的氧化态物质氧化能力强,其还原态物质还原能力弱。

8.在一定温度下,电动势 $\varepsilon^\ominus$ 只取决于原电池的两个电极,而与电池中各物质的浓度无关。

9.在自发进行的氧化还原反应中,总是发生标准电极电势高的氧化态物质被还原的反应。

10.对于一个反应物与生成物都确定的氧化还原反应,由于写法不同,反应转移的电子数就不同,则按能斯特方程计算而得的电极电势值也不同。

11.电对 MnO_4^-/Mn^{2+} 和 $Cr_2O_7^{2-}/Cr^{3+}$ 的电极电势随着溶液 pH 减小而增大。

12.溶液中同时存在几种氧化剂,若它们都能被某一还原剂还原,一般来说,电极电势差越大的氧化剂与还原剂之间越先反应。

二、选择题

1.下列离子中 S 的氧化数最高的是(   )。

A.S^{2-} B.$S_4O_6^{2-}$ C.$S_2O_3^{2-}$ D.HSO_4^-

2.根据标准电极电势判断,下述电对中氧化态氧化能力最强的是(   )。

A.Fe^{3+}/Fe^{2+} B.Cu^{2+}/Cu C.MnO_4^-/Mn^{2+} D.Fe^{2+}/Fe

3.实验室配制 $FeSO_4$ 溶液时,为防止 Fe^{2+} 被空气氧化,较好的方法是加入(   )。

A.Fe 屑   B.Sn 粒   C.Ag 片   D.不能处理

4.将 I^- 加入含有 Fe^{3+} 的酸性溶液中,则生成(   )。

A.Fe^{2+} 和 I_2 B.$Fe(OH)_3$ C.FeI_3 D.Fe 和 I_2

5.已知:$E^\ominus_{Fe^{3+}/Fe^{2+}} = +0.771\ V$,$E^\ominus_{Sn^{2+}/Sn} = -0.136\ V$,$E^\ominus_{Sn^{4+}/Sn^{2+}} = +0.154\ V$,$E^\ominus_{Fe^{2+}/Fe} =$

-0.44 V。在标准状态下,下列各组物质中能共存的是(   )。

    A. Fe^{3+}、Sn^{2+} B. Fe、Sn^{2+} C. Fe^{2+}、Sn^{2+} D. Fe^{3+}、Sn

  6.其他条件不变,$Cr_2O_7^{2-}$ 在下列哪种条件下氧化能力最强(   )。

    A. $pH=0$ B. $pH=1$ C. $pH=3$ D. $pH=7$

  7.含有 Br^-、I^- 的混合液($[Br^-]=[I^-]=1\ mol \cdot L^{-1}$),欲使 I^- 被氧化为 I_2,而 Br^- 不被氧化,应选择的氧化剂是(   )。

    A. Cl_2 B. Fe^{3+} C. Cl^- D. Fe^{2+}

  8.已知 $E_{Cu^{2+}/Cu}^{\ominus}=+0.337$ V,$E_{Fe^{2+}/Fe}^{\ominus}=-0.44$ V,$E_{Fe^{3+}/Fe^{2+}}^{\ominus}=0.771$ V,当铁片投入 $CuSO_4$ 溶液中所发生的现象是(   )。

    A. 铁片不溶解   B. 形成 Fe^{2+} 而溶解

    C. 形成 Fe^{3+} 而溶解   D. 同时形成 Fe^{2+} 和 Fe^{3+} 而溶解

三、填空题

  1.在 NH_3、$NaNO_2$ 和 $NaCN$ 中,N 的氧化数分别为_____、_____和_____。

  2.原电池是_____的装置,由两个_____、_____和导线组成。

  3.原电池中,电极电势高的电极是_____极,电极电势低的电极是_____极,每个电极都由同种元素不同氧化数的两种物质构成,其中氧化数高的物质叫_____态,氧化数低的物质叫_____态。

  4.铜锌原电池中,_____为正极,发生的是_____反应;_____为负极,发生的是_____反应;原电池的符号为_____。

  5.氧化还原反应中,氧化剂是 E 值_____的电对中的_____物质;还原剂是 E 值_____的电对中的_____物质。

  6.能斯特方程式为_____,它描述了电极电势与温度和电对中有关物质浓度的关系。

  7.随着金属离子浓度的增加,金属电极的电极电势_____,金属的还原能力_____;随着非金属离子浓度的减小,其电极电势_____,非金属的氧化能力_____。

  8.反应 $2I^-+2Fe^{3+} \Longleftrightarrow 2Fe^{2+}+I_2$,$Br_2+2Fe^{2+} \Longleftrightarrow 2Fe^{3+}+2Br^-$ 均按正反应方向进行,由此可判断反应中有关氧化还原电对的电极电势由大到小的排列顺序是_____。

  9.电对 H^+/H_2 的电极电势随溶液 pH 的增大而_____,电对 O_2/OH^- 的电极电势随溶液的 pH 增大而_____。

  10.原电池中常装有盐桥,其作用是_____,其成分是_____。

四、问答题

  1.解释下列概念

  氧化数;氧化还原反应;原电池;标准电极电势;能斯特方程

  2.指出下列物质中画线元素的氧化数。

  $\underline{As}_2O_3$;$K_2\underline{O}_2$;$\underline{S}_4O_6^{2-}$;$\underline{Cl}O_4^-$;$\underline{Cl}_2O$;$\underline{Cl}O_2^-$

  3.将锌片和铁片分别浸入稀 H_2SO_4 中,它们都被溶解并放出氢气。如果将这两种金属同时浸入稀 H_2SO_4 中,两端用导线连接,这时有什么现象发生?是否两种金属都溶解了?氢气在哪一片金属上析出?说明理由。

4.标准状态下,把下列氧化还原反应装配成原电池,写出电极反应式和原电池符号。

(1)$Zn+2Ag^+ \Longrightarrow 2Ag+Zn^{2+}$

(2)$Zn+FeSO_4 \Longrightarrow ZnSO_4+Fe$

(3)$Fe^{2+}+Ag^+ \Longrightarrow Fe^{3+}+Ag$

5.写出下列各电池的电极反应和电池反应。

(1)$(-)Mg|Mg(NO_3)_2 \parallel Pb(NO_3)_2|Pb (+)$

(2)$(-)Pb|Pb(NO_3)_2 \parallel Cu(NO_3)_2|Cu(+)$

(3)$(-)Cu(NO_3)_2|Cu \parallel AgNO_3|Ag(+)$

6.标准状态下,Cl^-、Fe^{2+}、Sn^{2+}哪种离子能被 pH=0 的 1 mol·L^{-1} $KMnO_4$ 溶液氧化? 由它们与 MnO_4^-/Mn^{2+} 组成的原电池的标准电动势是多少?

$Cl_2+2e^- \Longrightarrow 2Cl^-$ $\qquad$ $E^{\ominus}_{Cl_2/Cl^-}=1.36$ V

$Sn^{4+}+2e^- \Longrightarrow Sn^{2+}$ $\qquad$ $E^{\ominus}_{Sn^{4+}/Sn^{2+}}=0.154$ V

$Fe^{3+}+e^- \Longrightarrow Fe^{2+}$ $\qquad$ $E^{\ominus}_{Fe^{3+}/Fe^{2+}}=0.771$ V

$MnO_4^-+8H^++5e^- \Longrightarrow Mn^{2+}+4H_2O$ $\qquad$ $E^{\ominus}_{MnO_4^-/Mn^{2+}}=1.51$ V

7.根据电对的标准电极电势,判断下列各组电对中,哪一种物质是最强的氧化剂? 哪一种物质是最强的还原剂? 写出二者之间的反应方程式。

(1)MnO_4^-/Mn^{2+};Fe^{3+}/Fe^{2+};Cl_2/Cl^-

(2)Br_2/Br^-;Fe^{3+}/Fe^{2+};I_2/I^-

(3)O_2/H_2O_2;H_2O_2/H_2O;O_2/H_2O

8.根据标准电极电势,判断下列反应自发进行的方向。

(1)$2FeSO_4+Br_2+H_2SO_4 \Longrightarrow Fe_2(SO_4)_3+2HBr$

(2)$2FeSO_4+I_2+H_2SO_4 \Longrightarrow Fe_2(SO_4)_3+2HI$

(3)$2FeCl_3+Pb \Longrightarrow 2FeCl_2+PbCl_2$

(4)$2KI+SnCl_4 \Longrightarrow SnCl_2+2KCl+I_2$

9.根据标准电极电势表:

(1)选择一种合适的氧化剂使 Sn^{2+} 氧化变成 Sn^{4+},Fe^{2+} 氧化变成 Fe^{3+},而不能使 Cl^- 氧化变成 Cl_2;

(2)选择一种合适的还原剂使 Cu^{2+} 还原变成 Cu,Ag^+ 还原变成 Ag,而不能使 Fe^{2+} 还原变成 Fe。

五、计算题

1.求电极反应 $MnO_4^-+8H^++5e^- \Longrightarrow Mn^{2+}+4H_2O$ 在 pH=5 的溶液中的电极电势(其他条件同标准状态)。

2.25℃时,将铜片插入 0.10 mol·L^{-1} $CuSO_4$ 溶液中,把银片插入 0.01 mol·L^{-1} $AgNO_3$ 溶液中组成原电池。

(1)计算原电池的电动势;

(2)写出电极反应式和电池反应式;

(3)写出原电池的符号。

3.设计一套装置,说明如何用铁将铜从硫酸铜溶液中置换出来,又不把铁溶解在硫酸铜溶液中。画出该装置示意图,写出电极反应式。

4.金属钴浸入 $1.0 \text{ mol} \cdot \text{L}^{-1} \text{Co}^{2+}$ 的溶液中组成电极,铂片浸入 $1.0 \text{ mol} \cdot \text{L}^{-1} \text{Cl}^{-}$ 的溶液中,并不断向溶液中通入 Cl_2,使 Cl_2 的分压为 101.325 kPa,组成电极。实验测得两个电极组成的原电池的电动势为 1.63 V,钴电极为负极。已知 $E^{\ominus}_{\text{Cl}_2/\text{Cl}^-} = 1.36 \text{ V}$

(1)写出电池反应及电池符号;

(2)计算钴电极的标准电极电势;

(3)其他组分浓度、分压不变,当 Co^{2+} 的浓度变为 $0.010 \text{ mol} \cdot \text{L}^{-1}$ 时,计算原电池的电动势。

第五章

物质结构基础知识

🍁 知识目标

- 掌握四个量子数的取值、含义和核外电子运动状态的关系。
- 熟练掌握基态原子电子排布遵循的三个原理。
- 理解核外电子排布与元素周期系的关系。
- 了解离子键与共价键的特征及区别;理解极性共价键、非极性共价键、配位共价键的特点。
- 掌握杂化轨道理论。
- 了解各种分子间力和氢键。

🍁 能力目标

- 能熟练书写 1～4 周期各元素原子或离子的核外电子排布式、原子实表示式、价电子构型。
- 能熟练运用 σ 键和 π 键理论解释一些化合物的性质及反应特征。
- 能熟练利用元素周期律比较和判断主族元素单质、化合物性质的变化规律。
- 能判断常见物质的杂化方式和空间构型。
- 能解释分子间力、氢键对物质物理性质的影响。

迄今已发现 118 种元素,正是这些元素的原子组成了千千万万种性质不同的物质。原子由原子核和核外电子构成。在化学反应中,原子核并不发生变化,只是核外电子的数目和运动状态发生了改变,因此研究原子的核外电子运动状态,以及原子间相互结合的方式,对我们深入了解物质的性质、化学变化规律以及性质和结构之间的关系是十分必要的。本章在认识原子结构的基础上,重点讨论原子核外电子运动状态、核外电子排布、元素的基本性质及其周期性的变化规律,化学键及分子间力的形成和特征。

 第一节 原子核外电子的运动状态

人类对原子结构的认识是逐渐加深的,经历了道尔顿"实心硬球"原子模型(1808 年)、汤姆逊"葡萄干布丁"原子模型(1897年)、卢瑟福"行星系统"原子模型(1911年)、玻尔"定态有核"原子模型(1913年),直到原子结构的近代理论。

一、核外电子的运动特征

微观粒子与宏观物体的性质和运动规律不同,它既具有波动性又具有粒子性(即波粒二象性),并且不可能同时准确测定微粒的位置和动量。

1. 电子的波粒二象性

光的波粒二象性启发了法国物理学家德布罗意(Louis de Broglie),1924年,他大胆提出微观粒子具有波粒二象性。德布罗意的假设由两位美国科学家戴维逊(Davisson C J)和革末(Germer L H)的电子衍射实验所证实。其他微观粒子如质子、中子等也具有波粒二象性。

2. 波函数与原子轨道

1926年奥地利物理学家薛定谔(Schrdinger E)建立了著名的微观粒子的波动方程(即薛定谔方程)。薛定谔方程是描述核外电子运动状态、变化规律的基本方程。它的解是一个含有三个变量 x、y、z 和三个参数 n、l、m 的函数式,叫作波函数 ψ,表示为 $\psi(x,y,z)$。波函数是描述核外电子运动状态的数学函数式。每一个合理的波函数表示电子的一种运动状态,并对应一个能量值,波函数 ψ 又称为"原子轨道"。但此处的"原子轨道"不是指电子在核外运动遵循的轨迹,而是指原子中电子的空间运动状态,它不同于宏观物体的运动轨道。如图5-1所示。

3. 几率密度与电子云

电子在核外空间某处单位体积内出现的几率,称为几率密度,用波函数 $|\psi|^2$ 表示。$|\psi|^2$ 值越大,表明了单位体积内电荷密度越大,反之亦然。

为了形象地表示核外电子运动的几率密度分布情况,化学上习惯用小黑点的密度表示电子出现的几率密度的相对大小。用这种方法描述电子在核外出现的几率密度分布所得到的空间图形称为电子云。电子出现几率密度大的地方,电子云密一些,几率密度小的地方,电子云稀薄一些(图5-2)。

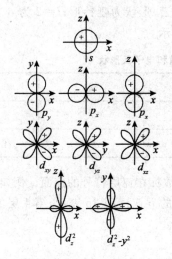

图 5-1 s,p,d 原子轨道角度分布图(平面图)

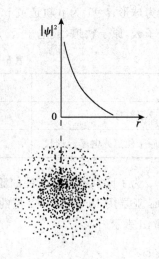

图 5-2 氢原子 1s 电子云

二、四个量子数

原子中各电子在核外的运动状态,是指电子所在的电子层和原子轨道的能级、形状、伸展方向,可用薛定谔方程中的三个量子数 n、l、m 来确定。其中 n 为主量子数,l 为角量子数,m 为磁量子数。但要全面描述电子的空间运动状态,还需引入一个描述电子自旋运动特征的自旋磁量子数 m_s。

1. 主量子数(n)

主量子数 n 又叫能量量子数。它只能取 1,2,3,4,…,n 等正整数。

(1)n 是决定电子能量高低的重要因素。

电子离核越近,其能量越低,因此电子的能量随 n 的增大而升高。

(2)n 表示核外电子离核平均距离的远近,与电子层相对应。

例如,$n=1$ 代表电子离核最近,属第 1 电子层;$n=2$ 代表电子离核的距离比第 1 层稍远,属于第 2 电子层,依此类推。通常用光谱符号 K,L,M,N,O,P 表示电子层。

2. 角量子数(l)

电子绕核运动时,不仅具有一定的能量,而且具有一定的角动量,即同一电子层(n 相同)还可分为若干个能量稍有差别、原子轨道形状不同的亚层,用角量子数 l 描述。取值为 0,1,2,3,…,$(n-1)$,l 受主量子数 n 的限制,最大不能超过 n。亚层用光谱符号 s,p,d,f,…表示。

(1)表示电子的亚层或能级   由角量子数的取值可见,对应一个 n 值,可能有几个 l 值,这表示同一电子层中包含有几个不同的亚层,不同的亚层能级有所差别。当 $n=1$,$l=0$,表明第一电子层只有一个亚层;$n=2$,$l=0$、1,表明第二电子层有两个亚层,依此类推。

同一电子层中,随着 l 数值的增大,原子轨道能量也依次升高,即 $E_{ns}<E_{np}<E_{nd}<E_{nf}$。在多电子原子中,主量子数和角量子数共同决定电子的能级。但与主量子数相比,角量子数的能量差要小得多。

(2)表示原子轨道(或电子云)的形状 $l=0$ 为 s 轨道或 s 电子云,原子轨道(或电子云)形状为球形;$l=1$ 为 p 轨道或 p 电子云,原子轨道(或电子云)形状为哑铃形;$l=2$ 为 d 轨道或 d 电子云,原子轨道(或电子云)形状为花瓣形,如表 5-1 所示。

表 5-1   角量子数 l 对应的原子轨道和电子云形状

l	0	1	2	3
亚层符号	s	p	d	f
原子轨道或电子云形状	球形	哑铃形	花瓣形	花瓣形

为了区别不同电子层的亚层,常把电子层的主量子数标在亚层符号的前面。例如,第 1 层的 s 亚层用 1s 表示,第 2 层的 s 亚层用 2s 表示,第 3 层的 p 亚层用 3p 表示,第 4 层的 d 亚层用 4d 表示。

知识窗

（1）l 的取值每次都是从 0 开始，说明每个电子层都有 s 亚层。

（2）对于现有元素的基态原子来说，目前只有 s，p，d，f 四个亚层，g，h 亚层还没有电子。s 亚层的电子称为 s 电子，p 亚层的电子称为 p 电子，d 亚层的电子称为 d 电子。

3.磁量子数(m)

磁量子数 m 决定原子轨道（电子云）在空间的不同伸展方向。m 值受 l 值的限制，可取 0，±1，±2……$\pm l$，共 $2l+1$ 个正整数。即一个亚层中，m 有几个可能的取值，此亚层就有几个不同伸展方向的同类原子轨道。n，l 值相同，m 不同的原子轨道，其能量是相同的，又称等价轨道（或简并轨道）。

当 $l=0$ 时，$m=0$，表示 s 亚层在空间只有一个轨道，即 s 轨道；

当 $l=1$ 时，m 的取值为 $+1$，0，-1，表示 p 亚层中有 3 个伸展方向，分别沿直角坐标系的 x，y，z 轴方向伸展，称为 p_x，p_y，p_z 轨道；

当 $l=2$ 时，m 的取值为 $+2$，$+1$，0，-1，-2，表明 d 亚层有五个不同伸展方向的轨道，分别为 d_{xy}、d_{xz}、d_{yz}、d_{z^2}、$d_{x^2-y^2}$。

知识窗

n，l 和 m 的关系可总结为下表：

主量子数 n	1	2		3			4			
电子层符号	K	L		M			N			
角量子数 l	0	0	1	0	1	2	0	1	2	3
电子亚层符号	1s	2s	2p	3s	3p	3d	4s	4p	4d	4f
磁量子数 m	0	0	$+1,0,-1$	0	$+1,0,-1$	$+2,+1,$ $0,-1,-2$	0	$+1,0,-1$	$+2,+1,$ $0,-1,-2$	$+3,+2,+1,$ $0,-1,-2,-3$
亚层轨道数 ($2l+1$)	1	1	3	1	3	5	1	3	5	7
电子层轨道数 n^2	1	4		8			16			

4.自旋量子数(m_s)

自旋量子数 m_s 是描述核外电子自旋运动的量子数。m_s 取值为 $+\dfrac{1}{2}$ 和 $-\dfrac{1}{2}$，分别表示电子的两种自旋方向——顺时针方向和逆时针方向，用符号"↑"和"↓"表示。

综上所述，只有用四个量子数才能确定核外电子的运动状态。

[例 5-1] 某一多电子原子，试讨论在其第三电子层中：

（1）亚层数是多少？

（2）各亚层上的轨道数是多少？该电子层上的轨道总数是多少？

（3）哪些是等价轨道？

解：第三电子层，即主量子数 $n=3$。

（1）亚层数是由角量子数 l 的取值数确定的。$n=3$ 时，l 的取值可有 0，1，2。所以第三电子层中有 3 个亚层，分别是 3s，3p，3d。

（2）各亚层上的轨道数是由磁量子数 m 的取值确定的。各亚层中可能有的轨道是：

当 $n=3$，$l=0$ 时，$m=0$，即只有一个 3s 轨道。

当 $n=3$，$l=1$ 时，$m=0$，-1，$+1$，即可有 3 个 3p 轨道。

当 $n=3$，$l=2$ 时，$m=0$，±1，±2，即可有 5 个 3d 轨道。

由上可知，第三电子层中总共有 9 个轨道。

（3）等价轨道（或简并轨道）是能量相同的轨道，轨道能量主要决定于 n，其次是 l，所以，n，l 相同的轨道具有相同的能量。故等价轨道分别为 3 个 3p 轨道和 5 个 3d 轨道。

第二节　原子核外电子的排布

一、原子的近似能级图

美国著名化学家鲍林（Pauling W）总结出原子轨道的近似能级图（图 5-3）。近似能级图按照能量由低到高的顺序排列，并将能量相近的轨道划归一组，称为能级组。同一能级组内的原子轨道能量差很小，相邻能级组之间能量相差比较大。整个原子轨道划分成 7 个能级组：

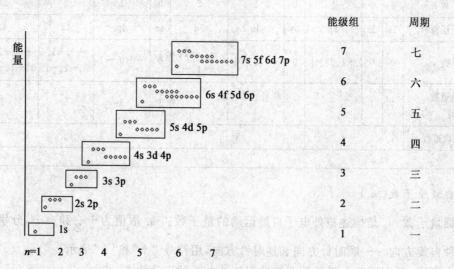

图 5-3　原子轨道近似能级图

从图 5-3 可以看出：

(1)每个能级组(除第一能级组)都是从 s 轨道开始,于 p 轨道终止。能级组数等于核外电子层数。

(2)同一原子中的同一电子层内,各亚层之间的能量次序为：

$$ns < np < nd < nf$$

(3)同一原子的不同电子层内,相同类型亚层之间的能量次序为：

$$1s < 2s < 3s < \cdots$$

(4)同一原子中的第 3 层以上的电子层中,不同类型的亚层之间,在能级组中常出现能级交错现象。例如：

$$4s < 3d < 4p; 5s < 4d < 5p; 6s < 4f < 5d < 6p$$

二、核外电子排布的原理

1. 保里不相容原理

在同一原子中不可能有 4 个量子数(即运动状态)完全相同的电子。或者说,每一个原子轨道中最多只能容纳 2 个自旋不同的电子。由于每个电子层中原子轨道中的总数为 n^2,所以,各电子层中电子的最大容量为 $2n^2$ 个。例如,s 轨道数为 1 个,所以最多能容纳 2 个电子;p 轨道数为 3 个,所以最多能容纳 6 个电子。

2. 能量最低原理

在不违背保里不相容原理的前提下,基态(处于能量最低的稳定态)原子的核外电子总是优先进入能量最低的轨道,然后再依次占据能量较高的轨道,可依鲍林近似能级图逐级填入。

知识窗

实验结果或理论推导都证明：原子在失去电子时的顺序与填充时并不对应。基态原子外层电子填充顺序为 $ns \rightarrow (n-2)f \rightarrow (n-1)d \rightarrow np$;而基态原子失去外层电子的顺序为 $np \rightarrow ns \rightarrow (n-1)d \rightarrow (n-2)f$。

例如,Fe 的最高能级组电子填充的顺序为：先填 4s 轨道上的 2 个电子,再填 3d 轨道上的 6 个电子。而在失去电子时,却是先失 2 个 4s 电子(成为 Fe^{2+}),再失 1 个 3d 电子(成为 Fe^{3+})。

3. 洪特规则

电子分布在等价轨道上时,尽量分占不同的轨道,且自旋方向相同。即在等价轨道中自旋相同的单电子越多,体系就越稳定。洪特规则也叫作等价轨道原理。

[例5-2]基态 O 原子核外电子如何排布?

解:基态 O 原子的 8 个电子 $1s^2 2s^2 2p^4$,根据洪特规则,其轨道上电子排布为

1s 2s 2p

而不是

1s 2s 2p

知识窗

根据洪特规则及量子力学计算,当等价轨道处于全充满(p^6,d^{10},f^{14}),半充满(p^3,d^5,f^7)或全空(p^0,d^0,f^0)的状态时,具有较低的能量,比较稳定。这一规律通常又称为洪特规则的特例。

三、基态原子的电子排布

根据核外电子排布的三原理和近似能级图,核外电子首先排布在能量最低的 1s 轨道,再按能量由低到高的顺序,逐一填充到各个轨道,直到填充的电子数与原子序数相等(图5-4)。

(1)电子填充是按近似能级图自能量低向能量高的轨道排布的,但书写电子排布式时,要把同一电子层(n 相同)的轨道写在一起,如:

原子序数为 47 的银(Ag)原子:

填充电子顺序:$1s \rightarrow 2s \rightarrow 2p \rightarrow 3s \rightarrow 3p \rightarrow 4s \rightarrow 3d \rightarrow 4p \rightarrow 5s \rightarrow 4d$

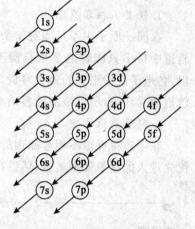

图5-4 基态原子核外电子分布顺序图

书写顺序:$1s^2 2s^2 2p^6 3s^2 3p^6 3d^{10} 4s^2 4p^6 4d^{10} 5s^1$

即不能将相同电子层的轨道分开书写,且应保证 n 最大的轨道在最右侧。

(2)为了避免电子排布式书写过长,通常把内层电子已达到稀有气体结构的部分写成"原子实",并以稀有气体的元素符号外加方括号表示。

[例5-3]用原子实写出 25 号元素锰原子核外电子排布式。

解:25 号元素锰原子的电子排布式为:$1s^2 2s^2 2p^6 3s^2 3p^6 3d^5 4s^2$

内层 $1s^2 2s^2 2p^6 3s^2 3p^6$,为氩(Ar)的电子排布式,因此,以原子实表示的锰原子核外电子排布式为:$[Ar]3d^5 4s^2$。

又如 35 号元素溴原子的电子排布式可写为 $[Ar]3d^{10} 4s^2 4p^5$。

知识窗

电子排布通常有以下两种表达方式：

1. 电子排布式：在亚层（能级）符号的右上角用数字注明排列的电子数，例如

$$_{11}Na: 1s^2 2s^2 2p^6 3s^1$$

2. 轨道表示式：按电子在核外原子轨道中的分布情况，用一个圆圈或一个方格表示一个原子轨道，用向上或向下箭头表示电子的自旋状态。例如：

$_{11}$Na

1s   2s   2p   3s

练一练

写出 K、O、F、P、Fe、Cr、Zn、Ag 等元素的核外电子排布式。

第三节　元素性质的周期性变化

一、周期与族

从元素周期表可发现，随着原子序数的递增，原子最外层电子排布呈现周期性的变化，即最外层电子构型重复着从 ns^1 开始到 $ns^2 np^6$ 结束的周期性变化，而这种变化又使元素的性质（如原子半径、电离能、电子亲和能、电负性等）呈现周期性变化。元素性质随原子序数的递增而呈现周期性变化的规律称为元素周期律。

1. 周期与能级组

周期表中有 7 个周期，包括 1 个超短周期（2 种元素）、2 个短周期（8 种元素）、2 个长周期（18 种元素）、1 个超长周期（32 种元素）和 1 个不完全周期。每一个周期对应能级近似图中的一个能级组，由于每一个能级组中具有的能级数目不同，所填充的电子数目也不同。每一周期中的元素的电子构型由 ns^1 开始到 np^6 结束（第 1 周期例外），最外层电子数最多不超过 8 个，次外层最多不超过 18 个，即从活泼的碱金属开始，逐渐过渡到稀有气体为止（表 5-2）。

表 5-2　周期与能级组

周期名称	周期	能级组序数	能级组中所含能级	能级组内最大的电子容量	各周期中的元素数目
特短周期	1	1	1s	2	2
短周期	2	2	2s2p	8	8
	3	3	3s3p	8	8
长周期	4	4	4s 3d 4p	18	18
	5	5	5s 4d 5p	18	18
特长周期	6	6	6s 4f 5d 6p	32	32
不完全周期	7	7	7s 5f 6d 7p	(32)	(32)

2. 族和价电子构型

价电子是指原子参加化学反应时,能用于形成化学键的电子;价电子所在的亚层统称为价电子层,简称价层。价层电子的排布式又称为价电子构型。

周期表将性质相近的元素排成纵行,称为族,共有 18 个纵行,分成 16 个族,即 7 个主族(ⅠA～ⅦA)、7 个副族(ⅠB～ⅦB)、一个零族(稀有气体)、一个Ⅷ族(有三个纵行)。

元素在周期表中的族数是根据原子的价电子结构而划分的,同一族元素具有相同的价电子数,因此同族元素的性质非常相似。

元素的族数和元素的价电子构型的关系为:

(1)主族　主族元素的族数=最外层电子数(价电子数)。

(2)副族　副族元素有三种情况。

①ⅠB族、ⅡB族的族数=最外层电子数(ns 电子数);

②ⅢB～ⅦB 的族数=$(n-1)$d+ns 电子数(镧系、锕系除外);

③Ⅷ族元素的族数=$(n-1)d^{6\sim10}+ns^{0\sim2}$,电子总数为 8,9,10。

(3)零族:除氦元素外,最外层电子数=8(ns^2 np^6)。

[例 5-4]已知某元素的原子序数是 25,写出该元素原子的电子排布式,并指出该元素的名称、符号以及所属的周期和族。

解:根据原子序数为 25,可知该元素的原子核外有 25 个电子,其排布式为[Ar]$3d^5 4s^2$,属过渡元素,最高能级组数为 4,有 7 个价电子。故该元素是第四周期ⅦB族的锰,元素符号为 Mn。

练一练

已知某元素在周期表中位于第四周期、ⅥA 族位置上。试写出该元素基态原子的电子排布式、元素的名称、符号和原子序数。

二、电负性

元素电负性是指元素的原子在分子中吸引成键电子的能力。用 χ 表示。元素的电负性越大，表示原子吸引成键电子形成负离子的倾向越大，反之，则越弱。指定最活泼的非金属元素氟的电负性为 4.0，然后通过计算得出其他元素电负性的相对值（表 5-3）。

表 5-3　元素的电负性

H																	
2.1																	
Li	Be											B	C	N	O	F	
1.0	1.5											2.0	2.5	3.0	3.5	4.0	
Na	Mg											Al	Si	P	S	Cl	
0.9	1.2											1.5	1.8	2.1	2.5	3.0	
K	Ca	Sc	Ti	V	Cr	Mn	Fe	Co	Ni	Cu	Zn	Ca	Ge	As	Se	Br	
0.8	1.0	1.3	1.5	1.6	1.6	1.5	1.8	1.9	1.9	1.9	1.6	1.6	1.8	2.0	2.4	2.8	
Rb	Sr	Y	Zr	Nb	Mo	Tc	Ru	Rh	Pd	Ag	Cd	In	Sn	Sb	Te	I	
0.8	1.0	1.2	1.4	1.6	1.8	1.9	2.2	2.2	2.2	1.9	1.7	1.7	1.8	1.9	2.1	2.5	
Cs	Ba	La~Lu	Hf	Ta	W	Re	Os	Ir	Pt	Au	Hg	Tl	Pb	Bi	Po	At	
0.7	0.9	1.0~1.2	1.3	1.5	1.7	1.9	2.2	2.2	2.2	2.4	1.9	1.8	1.9	1.9	2.0	2.2	
Fr	Ra	Ac~No															
0.7	0.0	1.1~1.3															

三、元素的金属性和非金属性

电负性是判断元素是金属或非金属及了解元素化学性质的主要参数。$\chi = 2$ 是标志金属和非金属的近似分界线，除 Ru、Rh、Pd、Os、Ir、Pt 外，金属元素的电负性均小于 2.0，大多数活泼金属元素的电负性小于 1.5；除 Si 外，非金属元素的电负性均大于 2.0，活泼非金属元素的电负性大于 2.5。

电负性差值大的元素之间易形成离子键，电负性相等或相近非金属元素以共价键结合，电负性相近的金属元素之间形成金属键。

练一练

根据表 5-3 总结出主族元素同周期从左到右，同族从上到下电负性的变化规律。

第四节 化 学 键

自然界中,除稀有气体以单原子形式存在之外,其他物质均以分子形式存在。分子是保持物质化学性质的最小微粒,分子中相邻原子之间强烈的相互作用力称为化学键。化学键主要有三种类型,分别为离子键、共价键、金属键。化学键的类型和强弱是决定物质化学性质的重要因素。本节主要讨论离子键和共价键。

一、离子键

1.离子键的形成

当电负性小的金属原子和电负性大的非金属原子化合时,金属原子把电子转移给非金属原子,形成8电子结构的阳离子和阴离子,相邻的阴、阳离子之间通过静电吸引而形成的化学键即为离子键。阴、阳离子分别是键的两极,故离子键呈强极性。

例如钠在氯气中燃烧,形成离子化合物 $NaCl$,钠原子失去1个电子成为 Na^+,氯原子得到1个电子成为 Cl^-:

$$\underset{1s^22s^22p^63s^1}{Na\times} + \underset{1s^22s^22p^63s^23p^5}{\overset{\cdot\cdot}{\underset{\cdot\cdot}{Cl}}\colon} \longrightarrow \underset{1s^22s^23p^6}{Na^+} \quad \underset{1s^22s^22p^63s^23p^6}{\left[\times\overset{\cdot\cdot}{\underset{\cdot\cdot}{Cl}}\colon\right]^-}$$

带相反电荷的 Na^+ 和 Cl^- 因静电引力形成离子键:

$$Na^+ + Cl^- = NaCl$$

2.离子键的特征

离子键没有方向性和饱和性。因为离子电荷的分布是球形对称的,可以从任何方向吸引带相反电荷的离子,故无方向性。此外,只要空间条件允许,每个离子将尽可能多地吸引异电荷离子,使体系处于尽可能低的能量状态,因此离子键无饱和性。

二、共价键

1.共价键的形成

通过共用电子对形成的化学键,称为共价键。例如:

$$H\cdot + \times H \longrightarrow H\times H$$

当两个 H 原子相互靠近时,出现两种情况:

(1)两个 H 原子中的电子自旋方向相反　两个 H 原子相互吸引,1s 轨道发生重叠,核间电子云密度增大,体系能量降低,因而能形成稳定 H_2 分子,这种状态称基态(图 5-5a)。

(2)两个 H 原子中的电子自旋方向相同　两个 H 原子相互排斥,核间距越小,排斥力越大,体系能量升高,两核间电子云密度稀疏,处于不稳定状态,称为排斥态(图 5-5b)。

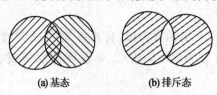

(a)基态　　　　(b)排斥态

图 5-5　氢分子两种状态示意图

2. 价键理论的要点(成键原理)

(1)电子配对原理　只有具有自旋相反未成对电子的两个原子相互靠近时,才能形成共价键。即 A、B 两个键合原子互相接近时,各提供 1 个自旋方向相反的电子彼此配对,形成共价单键。一个原子有几个单电子,就可以形成几个共价键。

(2)原子轨道最大重叠原理　成键时原子轨道尽可能达到最大重叠,以使体系能量最低。

3. 共价键的特征

(1)共价键的饱和性　根据电子配对原理,原子间形成的共价键数受原子核外电子中未成对的电子数的限制,这种性质称为共价键的饱和性。例如 H 原子仅有一个电子,故 H_2 是单键,N 原子有三个未成对的电子,N_2 为三键。

?

想一想

　两个氯原子各有 1 个未成对的电子,它们能配对成单键的 Cl_2,能形成 Cl_3 吗?两个氧原子如何成键?

(2)共价键的方向性　根据原子轨道最大重叠原理,在形成共价键时,原子间总是尽可能地沿原子轨道最大重叠的方向成键,称为共价键的方向性。

例如,在形成 HCl 分子时,Cl 原子中一个未成对的 p_x 电子与 H 原子的 1s 电子形成共价键时,s 电子只有沿 p_x 轨道的对称轴方向(x 轴)才能最大程度地重叠,形成稳定的共价键,见图 5-6。

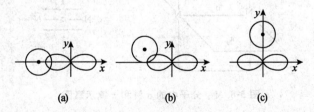

(a)　　　　　(b)　　　　　(c)

图 5-6　氯化氢分子形成示意图

4. 共价键的类型

(1)σ 键和 π 键　根据原子轨道重叠的方式不同可将共价键分为 σ 键和 π 键。

①σ 键　原子轨道沿两核连线方向,以"头碰头"的方式进行重叠形成的共价键。σ 键重叠部分沿键轴呈圆柱形对称。形成 σ 键的电子称为 σ 电子。

可重叠形成 σ 键的原子轨道有 s-s、p_x-s、p_x-p_x 等,如 H—H 键、H—Cl 键,Cl—Cl 键均为 σ 键,如图 5-7a 所示。

②π 键 原子轨道沿垂直于键轴方向以"肩并肩"的方式重叠形成的共价键。π 键重叠部分以通过键轴的平面呈对称分布(图 5-7b)。可重叠形成 π 键的原子轨道有 p_y-p_y、p_z-p_z、p-d 等。

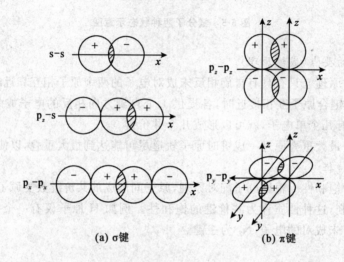

(a) σ键   (b) π键

图 5-7 σ 键和 π 键形成示意图

π 键形成时原子轨道重叠程度小于 σ 键,故 π 键没有 σ 键牢固,一般容易参加反应。

原子轨道在重叠时,受原子轨道伸展方向的限制,每一个原子只能有一个原子轨道形成 σ 键,其余形成 π 键。

例如,N 原子有 3 个未成对的 2p 电子,当 2 个 N 原子形成 N_2 分子时,每个 N 原子可形成一个 σ p_x-p_x 键,垂直于 σ 键键轴的 $2p_y$、$2p_z$,分别以"肩并肩"的方式重叠,形成 π p_y-p_y 键和 π p_z-p_z 键。即 N_2 分子中有 1 个(且只能有 1 个)σ 键和 2 个 π 键(图 5-8)。

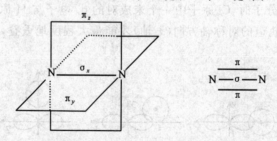

图 5-8 N_2 分子中的 σ 键和 π 键示意图

(2)非极性共价键和极性共价键 根据共价键的极性情况,可分为极性共价键和非极性共价键(简称极性键和非极性键)。

①非极性共价键。由同种原子组成的共价键,如 H_2、O_2、N_2、Cl_2 等单质分子中的共价键,由于元素的电负性相同,电子云在两核中间均匀分布。

②极性共价键。由不同元素的原子形成的化合物,如 HCl、H_2O、NH_3、CH_4、H_2S 等分子

中,由于元素的电负性不同,共用电子对偏向电负性较大元素的原子,其电子云密度大,显负电性;电负性较小的一端,呈正电性。

三、配位共价键

配位共价键简称配位键,是由一个原子提供一对电子与另一个有空轨道的原子(或离子)共享而形成的。在配位键中,提供电子对的原子称为电子给予体;接受电子对的原子称为电子接受体。配位键的符号用箭头"→"表示,箭头指向电子接受体。

第五节　杂化轨道理论

价键理论比较简单地阐明了共价键的形成过程和本质,并成功地解释了共价键的方向性、饱和性等特点,但无法解释很多分子的空间构型。例如,甲烷(CH_4)分子,按照价键理论推断,C 原子的价电子构型为 $2s^2 2p_x^1 2p_y^1$,C 原子只有 2 个单电子,只能形成 2 个共价键,并且两个碳氢键之间的夹角约为 $90°$。但实验证明,甲烷的分子式是 CH_4 而不是 CH_2,在 CH_4 分子中有 4 个性质相同的 C—H 键,空间构型为正四面体,C 原子位于四面体的中心,4 个 H 原子占据四面体的 4 个顶点。键角∠HCH 为 $109.5°$,4 个 C—H 键的强度相同,键能为 411 kJ·mol^{-1}。

为了解决上述矛盾,鲍林于 1931 年在价键理论的基础上,提出了杂化轨道理论。

一、杂化轨道理论的基本要点

1. 杂化和杂化轨道

杂化是指原子在形成共价键的过程中,由于原子间的相互影响,同一原子的若干不同类型、能量相近的原子轨道"混合"起来,重新组成能量、形状和方向与原来不同的新的原子轨道。这种轨道重新组合的过程叫作杂化,所形成的新轨道称为杂化轨道。

2. 杂化轨道的特性

(1)只有能量相近的轨道才能杂化,即 2s 轨道、2p 轨道可以发生杂化,而 1s 轨道与 2p 轨道由于能量相差较大,是不能发生杂化的。另外,杂化只是在形成分子时才发生,孤立的原子是不会发生杂化的。

(2)杂化轨道数目等于参加杂化的原子轨道总数。

(3)杂化后轨道的形状、伸展方向均发生改变。不同类型的杂化,杂化轨道空间伸展方向不同,杂化轨道的空间伸展方向决定了分子的空间构型。

(4)杂化轨道的电子云分布集中,成键时轨道重叠程度大,故杂化后的轨道成键能力大于未杂化轨道,形成的分子更加稳定。

二、杂化的类型

只有 s 轨道和 p 轨道参加的杂化称为 sp 型杂化。根据参与杂化的轨道的数目不同，sp 型杂化分为三种杂化方式，sp 杂化、sp^2 杂化和 sp^3 杂化。sp 型杂化轨道中，s 成分越多，能量越低，其成键能力越强。

1. sp 杂化

由 1 个 ns 轨道和 1 个 np 轨道进行杂化而形成的杂化轨道称为 sp 杂化。每个杂化轨道含 $\frac{1}{2}$ s 轨道成分和 $\frac{1}{2}$ p 轨道成分，2 个 sp 杂化轨道的夹角为 180°，呈直线型(图 5-9)。

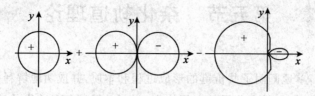

图 5-9 sp 杂化轨道形成示意图

例如，$BeCl_2$ 分子形成时，Be 原子的 2s 中的 1 个电子在 Cl 原子的影响下激发到 2p 轨道形成 2 个 sp 杂化轨道，再分别和 Cl 原子的 1s 轨道重叠，形成 $BeCl_2$ 分子(图 5-10)。

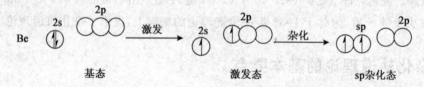

图 5-10 $BeCl_2$ 分子中 Be 的杂化轨道形成示意图

练一练

利用 sp 杂化理论说明 CO 和 C_2H_2 分子的空间构型。

2. sp^2 杂化

由 1 个 ns 轨道和 2 个 np 轨道进行杂化而形成的杂化轨道称为 sp^2 杂化。每个杂化轨道含 $\frac{1}{3}$ s 轨道成分和 $\frac{2}{3}$ p 轨道成分，3 个 sp^2 杂化轨道在同一平面内，夹角 120°，空间构型呈平面三角形。

例如 BF_3 分子形成时，B 原子的 1 个 2s 电子激发到 2p 空轨道中，1 个 2s 轨道和 2 个 2p 轨道采取 sp^2 杂化，形成 3 个 sp^2 杂化轨道，分别和 3 个 F 原子形成 σ 键，空间构型为平面三角形(图 5-11)。

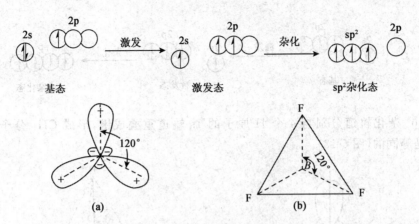

图 5-11　sp² 杂化轨道和 BF₃ 的空间构型

又如,形成乙烯($CH_2=CH_2$)分子时,C 原子的 1 个 2s 电子激发到 2p 空轨道中,1 个 2s 轨道和 2 个 2p 轨道采取 sp² 杂化,另一个未杂化的 2p 轨道垂直于 sp² 杂化轨道平面。

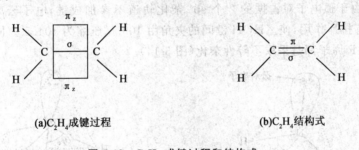

成键时,两个 C 原子分别用 2 个 sp² 杂化轨道与氢原子的 s 轨道重叠成键(C—H σ 键),两个 C 原子各用剩余的 1 个 sp² 杂化轨道相互重叠成键(C—C σ 键),未杂化的 1 个 2p 轨道"肩并肩"重叠形成 1 个 π 键(C—C π 键),见图 5-12。

（a）C₂H₄ 成键过程　　　　　　　　　　（b）C₂H₄ 结构式

图 5-12　C₂H₄ 成键过程和结构式

3. sp³ 杂化

由 1 个 ns 轨道和 3 个 np 轨道进行杂化而形成的杂化轨道称为 sp³ 杂化轨道。每个杂化轨道含 $\frac{1}{4}$ s 轨道和 $\frac{3}{4}$ p 轨道成分,4 个 sp³ 杂化轨道的电子云指向正四面体的 4 个顶点,夹角为 109.5°。

例如,在甲烷(CH_4)分子形成过程中,基态 C 原子价电子层的 1 个 2s 电子被激发到 2p 能级的空轨道中,1 个 2s 轨道和 3 个 2p 轨道杂化形成 4 个能量相等的 sp³ 杂化轨道。

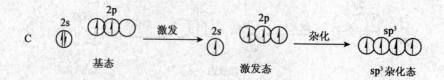

4个 sp^3 杂化轨道分别与 4 个 H 原子的 1s 轨道重叠成键,形成 CH_4 分子,所以 4 个 C—H 键是等同的(图 5-13)。

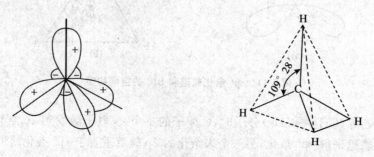

图 5-13 sp^3 杂化轨道和 CH_4 空间结构

4. 不等性杂化

前面提到的杂化中,每个杂化轨道都是等同的(能量相等、成分相同),这种杂化称为等性杂化。当杂化轨道中有不参加成键的孤对电子存在,使得各杂化轨道的成分不同,能量不同,这类杂化称不等性杂化。

例如,在 H_2O 分子中,O 原子的最外层电子构型是 $2s^2 2p^4$,成键时 4 个 sp^3 杂化轨道中,有 2 个 sp^3 杂化轨道被 2 对孤电子对所占据,另 2 个 sp^3 杂化轨道分别与 2 个 H 原子的 1s 电子重叠成键。由于孤电子对占据的 2 个 sp^3 杂化轨道不参加成键,电子云离核较近,对其余 2 个成键轨道有排斥作用,使 $\angle HOH$ 键间的夹角由 109.5° 压缩为 104.5°。同样在 NH_3、PCl_3 等分子中的 N、P 原子都是采取不等性杂化(图 5-14)。

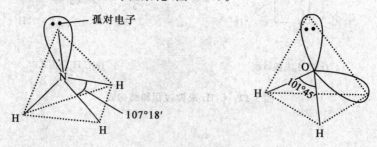

图 5-14 NH_3 和 H_2O 的空间结构

第六节   分子间力和氢键

分子之间存在着比化学键弱得多的相互作用力,这种力称为分子间力。气态物质能凝聚成液态,液态物质能凝固成固态,正是分子间力作用的结果。分子间作用力也称范德华力,它是决定物质熔点、沸点、溶解度等物理性质的一个重要因素。

一、分子的极性和极化作用

1.分子的极性

分子有无极性取决于整个分子的正、负电荷的分布。正、负电荷中心重合的分子称为非极性分子,反之,则为极性分子。分子的极性与键的极性、分子空间结构有关,存在以下三种情况:

(1)分子中的化学键均为非极性共价键,则分子无极性。如双原子分子中的 H_2、O_2、N_2、Cl_2 等,都是非极性分子。

(2)分子中的化学键有极性,但空间构型对称,键的极性相互抵消,则分子无极性,是非极性分子。例如,CO_2 分子中的 C—O 键虽为极性键,但由于 CO_2 分子是直线形,结构对称,两侧键的极性相互抵消,所以 CO_2 是非极性分子。

(3)分子中的化学键有极性,且空间构型不对称,键的极性不能抵消,则分子有极性。如 H_2O 分子中,H—O 键为极性键,分子为 V 形结构,分子的正、负电荷中心不重合,故水分子是极性分子。异核双原子均属于此种情况。

2.分子的极化(变形性)

任何分子都有变形的可能性。分子在外电场的作用下,正、负电荷中心位置发生改变,分子发生变形,分子的极性随之发生改变,这个过程称为分子的极化(变形性)。

(1)诱导偶极 非极性分子受到外电场的作用,分子中的正、负电荷中心发生相对位移,分子发生了变形,使分子产生了诱导偶极。当外界电场取消,偶极也随之消失,分子重新变成非极性分子(图 5-15)。

图 5-15 非极性分子在电场中的变形极化

(2)永久偶极 极性分子本来就具有偶极称为永久偶极。

在外电场作用下,极性分子的正极被引向负电极,负极被引向正电极,进行定向排列,这种作用称为取向作用。显然,在电场作用下极性分子也会发生变形,产生诱导偶极,分子的极性增强。所以,极性分子在外电场的偶极是永久偶极与诱导偶极之和。外电场消失,诱导偶极消失,永久偶极不变,如图 5-16 所示。

(3)瞬间偶极 由于分子中原子核和电子都在不停地运动,不断地改变它们的相对位置,没有外电场存在时,在某一瞬间,分子的正电荷中心和负电荷中心会发生不重合现象,这时所产生的偶极叫作瞬间偶极。瞬间偶极的大小同分子的变形性有关,分子越大,越容易变形,瞬间偶极也越大。

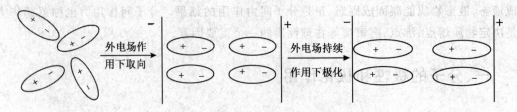

图 5-16　极性分子在电场中的变形极化

二、分子间力

分子间存在三种作用力,即色散力、诱导力和取向力,统称范德华力。

1. 色散力

当两个或多个非极性分子在一定条件下相互靠近时,就会由于瞬时偶极而发生异极相吸的作用,这种由于瞬时偶极而产生的相互作用力,称为色散力(图 5-17)。这种作用力虽然是短暂的,瞬间即逝。但原子核和电子时刻在运动,瞬时偶极不断出现,异极相邻的状态也时刻出现,所以分子间始终维持这种作用力。色散力不仅是非极性分子之间的作用力,极性分子与非极性分子,以及极性分子之间也存在着色散力。

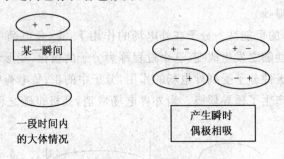

图 5-17　非极性分子间的相互作用

2. 诱导力

当极性分子与非极性分子相互靠近时,非极性分子在极性分子永久偶极的影响下,正、负电荷中心分离产生诱导偶极,诱导偶极与极性分子永久偶极之间的相互作用力称为诱导力。诱导力存在于极性分子之间、极性分子与非极性分子之间。

3. 取向力

当两个极性分子相互靠近时,由于永久偶极作用,会产生同极相斥、异极相吸的取向(或有序)排列,由于永久偶极之间的取向而引起的分子间力称为取向力。取向力只存在于极性分子间。

分子间力有以下特点:

(1)分子间力是永远存在于分子或原子间的一种作用力。

(2)分子间力本质是静电作用力,没有方向性和饱和性。作用范围很小,只有 $300\sim500$ pm。

（3）分子间力比较弱，其能量比化学键能小 1～2 个数量级。所以分子间力主要影响物理性质。

（4）色散力在这三种力中是主要的，只有极性大的分子（如 H_2O）中取向力才占比较大的比重。

4.分子间力对物质性质的影响

分子间力直接影响物质的许多物理性质，如熔点、沸点、溶解度、黏度、表面张力、硬度等。分子质量增大，分子体积增大，因而变形性增大，分子间的色散力增强，因此分子间力随分子质量增大而增大。例如，卤素单质在常温下的状态，F_2、Cl_2 为气态，Br_2 为液态，而 I_2 为固态，从 F_2 到 I_2 熔、沸点依次升高。

分子间力也影响到物质的溶解情况。物质溶解的"相似相溶"规律，即极性物质易溶于极性溶剂，非极性物质易溶于非极性溶剂，是因为溶解前后分子间力变化较小的缘故。例如，乙醇和水互溶，非极性 I_2 在四氯化碳中易溶，而在水中却很难溶解。"相似相溶"规律是选择合适溶剂进行溶解或萃取分离的主要依据，当然各物质的溶解度与多方面因素有关，分子间力只是诸多影响因素之一。

三、氢键

对于结构相似的同系列物质的熔点、沸点，一般随相对分子质量的增大而升高。但 H_2O、NH_3、HF 的熔点、沸点比相应同族的氢化物都高得多。此外 HF 的酸性比其他氢卤酸显著地减小。这是因为在这些物质的分子之间还存在另一种作用力——氢键。

1.氢键的形成

当氢原子与电负性很大、半径较小的 X 原子（如 F、O、N）以极性共价键结合时，X—H 键的共用电子对强烈地偏向 X 原子，使 H 原子几乎成为赤裸的质子。这种体积很小、带正电性的氢原子能吸引另一个电负性大的 Y 原子（F、O、N）中的孤对电子，这种静电引力就叫氢键。因此，氢键的形成必须具备两个条件：

（1）分子中有电负性大的原子和 H 原子直接相连；

（2）另一分子（或同一分子）中应有另一个电负性大并具有孤对电子的原子。

氢键通常可用 X—H…Y 表示。虚线表示氢键，X 和 Y 代表 F、O、N 等电负性大，而且原子半径较小的原子。氢键中 X 和 Y 可以是两种相同的元素（如 O—H…O，F—H…F 等），也可以是两种不同的元素（如 N—H…O 等）。氢键既可在同种分子或不同分子之间形成，又可在分子内形成，如邻硝基苯酚等（图 5-18）。

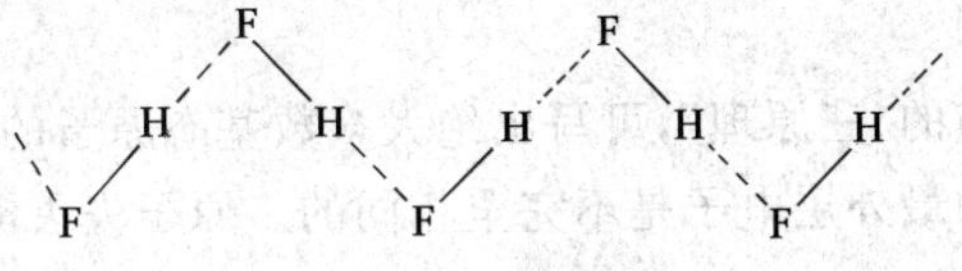

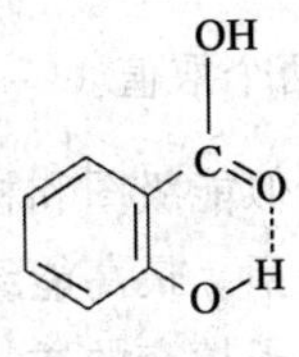

图 5-18　分子间氢键和分子内氢键

2. 氢键的特点

(1)键能小　氢键的键能比化学键键能小得多,稍大于范德华力大。其键能在 10～40 kJ·mol^{-1}。

(2)具有方向性和饱和性　每个 X—H 只能与一个 Y 原子相互吸引形成氢键;Y 与 H 形成氢键时,尽可能采取 X—H 键轴的方向,使 X—H…Y 在一条直线上。由于 H 比 X 和 Y 的半径小得多,因此,当氢键 X—H…Y 形成后,另一个 Y 要想和 H 再形成氢键时,必须克服这个 H 两端的 X、Y 的电子云对其的排斥作用,这就决定了氢键具有饱和性。

(3)氢键是一种静电引力。

3. 氢键对物质性质的影响

氢键的存在很广泛,许多化合物如水、醇、酚、羧酸、氨、胺、氨基酸、蛋白质、碳水化合物中都存在氢键。氢键对物质性质的影响主要表现在以下几个方面:

(1)对物质熔点、沸点的影响　当分子间存在氢键时,分子间的结合力增大,熔点、沸点升高。因为由固态转化为液态,或由液态转化为气态,除需克服分子间力外,还需破坏比分子间力大的氢键,要多消耗能量,所以 H_2O、NH_3、HF 的熔点、沸点都高于同族氢化物。

分子内形成氢键时,其熔点、沸点低于同类化合物,如邻硝基苯酚的熔点为 318 K,而间位、对位异构体分别为 369 K 和 387 K。因为邻硝基苯酚已形成分子内氢键,物质在熔化或沸腾时并不破坏分子内氢键,间位或邻位由于形成分子间氢键,故熔、沸点较高。

(2)对物质溶解度的影响　在极性溶剂中,如果溶质分子与溶剂分子之间形成氢键,则溶质的溶解度增大,如 HF、NH_3 极易溶于水,乙醇也易溶于水,羧酸在水中溶解度也较大。如果溶质分子形成分子内氢键,则在极性溶剂中的溶解度减小,而在非极性溶剂中溶解度增大。

(3)对物质酸性的影响　分子内形成氢键,促进氢的离解,往往使酸性增强。

(4)对蛋白质构型的影响　蛋白质和 DNA 分子内或分子间的氢键是十分普遍的,由于氢键的存在使得蛋白质中某些构型得以稳定,因而使它们具有不同的生理功能。

本 章 小 结

1. 原子中的电子是微观粒子,它的运动具有量子化特征和波粒二象性,只能用统计规律进行研究。以电子的几率分布情况来描述其运动状态。

2. 原子中电子的运动是由 4 个量子数确定的。主量子数 n 确定轨道的能级和电子离核的平均距离,取值为 1,2…,光谱符号为 K、L、M、N、O、P;角量子数 l 确定轨道的形状,取值为 0,1,…,$(n-1)$,光谱符号为 s,p,d,f;磁量子数 m 确定轨道的空间伸展方向,取值为 0,±1,…,s 轨道为球形对称分布,p 轨道有 3 个空间取向,d 轨道有 5 个空间取向,f 轨道有 7 个空间取向。m_s 只有 $\pm\frac{1}{2}$ 两个取值。

3. 根据近似能级图和核外电子排布的"三原理",可写出绝大多数基态原子的电子排布式、原子的电子构型。最高能级组的电子和最外层电子是不完全相同的。原子失去电子的顺序也不是原子的电子填充的逆过程。

4. 离子键的本质是阴、阳离子的静电作用。离子键没有饱和性和方向性。离子的半径、电荷和电子构型的不同是造成离子化合物之间性质差异的原因。

5.共价键的形成是其原子轨道相互重叠的结果。共价键有饱和性和方向性。由于重叠的方式不同,共价键有 σ 键和 π 键之分。

6.同一原子中能量相近的不同原子轨道混合起来,重新分配能量,重新确定空间方向,组成一组新轨道的过程叫杂化。轨道杂化后电子云分布更加集中,键角分布更加合理,增强了成键能力。杂化轨道理论能很好地解释分子的空间构型。

7.分子间力又叫范德华力,包括色散力、诱导力和取向力。色散力存在于一切分子之间,分子间力对物质的熔点、沸点、溶解度等物理性质有决定作用。氢键有分子间和分子内两种。

思考与练习

一、判断题

1.主量子数为 1 时,有两个方向相反的轨道。

2.主量子数为 2 时,有 2s、2p 两个轨道。

3.主量子数为 2 时,有 4 个轨道,即 2s、2p、2d、2f。

4.因为 H 原子中只有 1 个电子,故它只有 1 个轨道。

5.当主量子数为 2 时,其角量子数只能取 1 个值,即 $l=1$。

6.任何原子中,电子的能量只与主量子数有关。

7.非极性分子中只有非极性共价键。

8.共价分子中的化学键都有极性。

9.形成离子晶体的化合物中不可能有共价键。

10.全由共价键结合形成的化合物只能形成分子晶体。

11.相对分子质量越大,分子间力越大。

12.色散力只存在于非极性分子之间。

13.σ 键比 π 键的键能大。

二、选择题

1.下列不存在的能级是(　　)。

A. 3s　　　　　　　B. 2p　　　　　　　C. 3f　　　　　　　D. 4d

2.下列原子轨道中,属于等价轨道的是(　　)。

A. 2s,3s　　　　　B. $2p_x$,$3p_x$　　　　C. $3p_x$,$3p_y$　　　　D. 3d,4d

3.在 $l=3$ 的电子亚层中可容纳的电子数是(　　)。

A. 2　　　　　　　B. 10　　　　　　　C. 14　　　　　　　D. 6

4.Fe 原子的核外电子排布式是 $1s^2 2s^2 2p^6 3s^2 3p^6 3d^6 4s^2$,$Fe^{2+}$ 的未成对电子数是(　　)。

A. 4　　　　　　　B. 0　　　　　　　C. 2　　　　　　　D. 3

5.下列化合物中,具有共价键和配位键的离子化合物是(　　)。

A. NaOH　　　　　B. $CaCl_2$　　　　　C. H_2O　　　　　D. NH_4Cl

6.下列分子中,属于非极性分子的是(　　)。

A. CO　　　　　　B. $CaCl_2$　　　　　C. BBr_3　　　　　D. $CHCl_3$

7.C_2H_2 分子是直线形,说明 C 原子杂化方式是(　　)。

A. sp　　　　　　　B. sp^2　　　　　　C. sp^3　　　　　　D. 没有杂化

8.下列关于 NH_3 分子的杂化方式和空间构型的叙述中,正确的是(　　)。

A.平面三角形,sp^2 杂化 　　　　　　B.直线形,sp 杂化

C.V 形,sp^2 杂化 　　　　　　　　　D.三角锥形,sp^3 不等性杂化

9.下列化学键中极性最小的是(　　)。

A.H—F 　　　　　　　B.C—F 　　　　　　　C.O—F 　　　　　　　D.N—F

10.比较下列各组物质的沸点,正确的是(　　)。

A.$CH_3OH < CH_3CH_2OH$ 　　B.$Cl_2 < F_2$ 　　　　C.$H_2O < H_2S$ 　　　D.$SiH_4 < CH_4$

三、填空题

1.原子核外电子运动具有_____、_____的特征,其运动规律可用_____来描述。

2.当主量子数为 3 时,具有 _____、_____、_____三个亚层,各亚层分别含有_____、_____、_____个轨道,最多能容纳_____、_____、_____个电子。

3.基态多电子原子中,$E_{3d} > E_{4s}$ 的现象称为_____。

4.s、p、d 轨道形状分别为_____、_____、_____。

5.原子序数为 29 的元素,其基态原子的核外电子排布为_____,价电子构型为_____,该元素位于元素周期表中第_____周期,第_____族,元素符号是_____。

6.等价轨道处于_____、_____、_____状态时,能量较低,比较稳定。

7.填充合理量子数:

(1)$n =$ _____,$l = 2$,$m = 0$,$m_s = +1/2$

(2)$n = 2$,$l =$ _____,$m = \pm 1$,$m_s = -1/2$

(3)$n = 3$,$l = 0$,$m =$ _____,$m_s = +1/2$

(4)$n = 4$,$l = 3$,$m = 0$,$m_s =$ _____。

8.原子间通过_____形成的化学键叫作共价键,共价键的本质是_____,只有_____的两个原子_____才能成键。σ 键是_____重叠,π 键是_____重叠。

9.完成下表:

原子序数(Z)	电子排布式	价层电子构型	未成对电子数	周期	族	金属或非金属
	$[Ne]3s^2 3p^5$					
		$3d^5 4s^1$				
				四	ⅡB	
33						

10.填充下表:

分子式	中心原子杂化轨道类型	中心原子未成键的孤对电子数	分子空间构型	键是否有极性	分子的极性	分子间力的种类
CH_4						
H_2O						
CO_2						
CH_3Cl						

四、问答题

1.有无以下的电子运动状态？为什么？

(1)$n=1,l=1,m=0$

(2)$n=2,l=0,m=\pm 1$

(3)$n=3,l=3,m=\pm 3$

(4)$n=4,l=3,m=\pm 3$

2.在下列电子构型中,哪种属于原子的基态？哪种属于原子的激发态？哪种纯属错误？

(1)$1s^2 2s^2 2p^1$ (2)$1s^2 2p^2$

(3)$1s^2 2s^3$ (4)$1s^2 2s^2 2p^6 3s^1 3d^1$

(5)$1s^2 2s^2 2p^5 4f^1$ (6)$1s^2 2s^1 2p^1$

3.下列基态原子核外各电子排布中,违反了哪些原则或规则？正确的排布如何？

(1)硼:$1s^2 2s^3$

(2)氮:$1s^2 2s^2 2p_x^2 2p_y^1$

(3)铍:$1s^2 2p^2$

4.不查表,写出下列原子的电子排布式:

C N P Sc Ni Zn Ga As

5.写出下列离子的电子排布式:

V^{3+} Cr^{3+} Fe^{3+} Fe^{2+} Co^{2+} Co^{3+} Ni^{2+}

6.指出下列各原子中的未成对的电子数:

(1)As (2)Sn (3)Mn (4)Ba

7.有第4周期的A、B、C、D四种元素,其价电子数依次为1、2、2、7,其原子序数依A、B、C、D的顺序增大。已知A与B的次外层电子数为8,而C与D为18,根据原子结构判断:

(1)哪些是金属元素？

(2)D与A的简单离子是什么？

(3)哪一个元素的氢氧化物碱性最强？

(4)B与D两原子间能形成何种化合物？写出化学式。

8.从原子结构解释为什么锰和氯都属于第Ⅶ族元素,它们的金属性和非金属性不同,而最高化合价却相同？

9.指出下列说法的错误:

(1)CCl_4的熔、沸点低,所以分子不稳定;

(2)凡是含氢的化合物,都能产生氢键。

10.根据杂化轨道理论回答下列问题:

分子	CH_4	H_2O	NH_3	CO_2	C_2H_6
键角	109.5°	104.5°	107°	180°	120°

(1)上表中的各物质的中心原子是否用杂化轨道成键？为什么？以何种杂化轨道成键？

(2)NH_3、H_2O的键角为什么比CH_4小？CO_2的键角为什么是180°？乙烷为什么取120°的键角？

11. 请指出下列分子中哪些是极性分子,哪些是非极性分子?

CCl_4　　$CHCl_3$　　CO_2　　BCl_3　　H_2S　　HI

12. 说明下列各组分子之间存在着什么形式的分子间力(取向力、诱导力、色散力、氢键)。

(1)苯和四氯化碳;(2)甲醇和水;(3)HBr 和水;(4)He 和水;(5)$NaCl$ 和水;(6)甲醇和 CCl_4。

13. 说明下列现象产生的原因:

(1)CH_4 和 CF_4 是气体,CCl_4 是液体,CI_4 是固体(在室温下);

(2)HF 的熔点高于 HCl。

14. 下列物质哪些易溶于水?哪些难溶于水?试根据分子的结构简单说明之。

HCl,NH_3,CH_4,I_2,甲醇。

第六章

配位化合物

🍁 **知识目标**

- 掌握配位化合物的定义、组成和命名。
- 理解配位化合物稳定常数的意义,理解酸度等因素对配位平衡的影响。
- 掌握螯合物的结构特征及其应用。

🍁 **能力目标**

- 能够熟练书写配位化合物的化学式和名称。
- 能够熟练找出配位化合物的中心离子、配位体、配位原子和配位数。
- 能够运用配位平衡的知识计算配合物溶液中各种离子的浓度。

配合物是组成较为复杂的一类化合物,广泛存在于自然界中。配合物可以是典型的无机物(如$[Cu(NH_3)_4]SO_4$、$[Ag(NH_3)_2]Cl$ 等),也可以是金属有机化合物(如$[Cu(en)_2]SO_4$、$[Fe(Phen)_3]Cl_2$ 等),或是生物大分子(如生物体内的酶、叶绿素、血红蛋白等)。

目前,配合物在工农业生产、食品加工、环保及医学等领域都有广泛的应用。金属的分离和提取、电镀工艺、腐蚀的控制、分析检验、医药工业、食品工业等都与配合物密切相关。配合物在动植物体的生理生化过程中也起着重要作用。本章主要学习配合物的基本概念和知识。

◆◆◆ 第一节 配位化合物的基本概念 ◆◆◆

一、配合物的定义

向 $CuSO_4$ 溶液中缓慢加入浓氨水,先有浅蓝色的碱式硫酸铜沉淀生成:

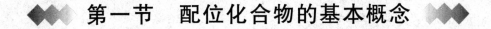

$$2Cu^{2+} + SO_4^{2-} + 2NH_3 + 2H_2O = Cu_2(OH)_2SO_4 \downarrow + 2NH_4^+$$

继续加入过量的氨水,沉淀逐渐溶解,得到深蓝色的溶液:

$$Cu_2(OH)_2SO_4+6NH_3+2NH_4^+=2[Cu(NH_3)_4]^{2+}+SO_4^{2-}+2H_2O$$

向此溶液加入 NaOH 溶液,没有蓝色 $Cu(OH)_2$ 沉淀出现,说明 $[Cu(NH_3)_4]^{2+}$ 中没有足量游离态的 Cu^{2+} 和 NH_3 存在,若向此深蓝色溶液加入乙醇,可得到深蓝色晶体。经分析,该晶体为 $[Cu(NH_3)_4]SO_4$。在 $[Cu(NH_3)_4]^{2+}$ 结构中,每个 NH_3 分子的 N 原子各提供一对孤对电子填充到 Cu^{2+} 的空轨道中并与 Cu^{2+} 共用,两者牢固结合。像这种两原子间的共用电子对由一个原子提供所形成的化学键称为配位键,形成的化合物叫配位化合物(简称配合物)。

由此可知,配合物是由可给出孤对电子的一定数目的离子或分子(称为配位体)和具有接受孤对电子的原子或离子(统称中心原子)按一定的组成和空间构型所形成的化合物。

配合物和复盐不同,如明矾 $[KAl(SO_4)_2 \cdot 12H_2O]$ 是一种常见的复盐,尽管其组成复杂,但它的晶体和水溶液中仅存在 K^+、Al^{3+} 和 SO_4^{2-} 等简单离子,而没有配离子,其性质犹如 K_2SO_4 和 $Al_2(SO_4)_3$ 的混合物。

二、配合物的组成

配合物一般由内界和外界两部分组成。内界为配合物的特征部分,由中心离子(或中心原子)和配位体(简称配体)构成配离子,一般用方括号括起来。处于内界以外的其他离子称为外界,内外界之间以离子键结合。如 $[Cu(NH_3)_4]SO_4$ 中,中心离子 Cu^{2+} 和配位体 NH_3 以配位键结合组成内界,SO_4^{2-} 为配合物的外界。$K_4[Fe(CN)_6]$ 中,中心离子 Fe^{2+} 和配位体 CN^- 组成内界,K^+ 为配合物的外界。

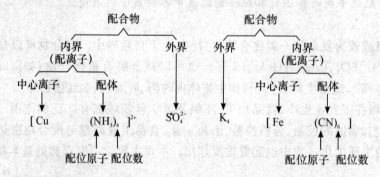

但中性分子配合物如 $[CoCl_3(NH_3)_2]$、$[Ni(CO)_4]$ 等没有外界:

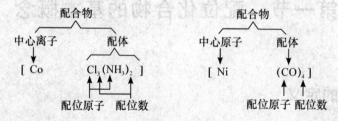

1.中心离子(中心原子)

中心离子(或中心原子)是配合物的核心,位于配合物的中心,一般为金属阳离子或某些金属原子。常见的中心离子(或中心原子)为过渡金属元素的离子或原子,如 Fe^{2+}、Fe^{3+}、Cu^+、Co^{2+}、Ni^{2+} 和 Zn^{2+} 等;有时为阴离子或高氧化数的非金属元素,但较少,如 $[SiF_6]^{2-}$ 中的 Si(Ⅳ),$[BF_4]^-$ 中的 B(Ⅲ)等。

2.配位体和配位原子

配合物中与中心离子(或中心原子)结合的中性分子或阴离子称为配位体。配位体位于中心离子的周围,按一定的空间构型与中心离子(或中心原子)结合。配位体可以是阴离子,如 X^-(卤素离子)、OH^-、SCN^-、CN^-、$RCOO^-$、$C_2O_4^{2-}$、PO_4^{3-} 等;也可以是中性分子,如 NH_3、H_2O 等。

在配位体中可提供孤对电子与中心离子(或中心原子)以配位键结合的原子称为配位原子。配位原子通常是电负性较大的非金属元素的原子,如 O、S、N、P、C 和卤素原子等,其价电子层中有未成键的孤对电子。如在 $[Cu(NH_3)_4]^{2+}$ 中,NH_3 是配位体,而 NH_3 分子中的 N 原子则是配位原子。

根据配位体中所含配位原子的数目,可将配位体分为单基配位体和多基配位体。只含有一个配位原子的配位体称为单基配位体,如 X^-(卤素离子)、NH_3、H_2O、CN^- 等。含有两个或两个以上配位原子的配位体称为多基配位体,如乙二胺 $NH_2—CH_2—CH_2—NH_2$(缩写为 en)为二基配位体,乙二胺四乙酸 H_4Y(简写为 EDTA)为六基配位体。常见的配位体见表 6-1 和表 6-2。

表 6-1 常见的单基配位体

中性分子配位体及其名称		阴离子配位体及其名称			
H_2O	水	F^-	氟	NH_2^-	氨基
NH_3	氨	Cl^-	氯	NO_2^-	硝基
CO	羰基	Br^-	溴	ONO^-	亚硝酸根
NO	亚硝酰基	OH^-	羟基	SCN^-	硫氰酸根
CH_3NH_2	甲胺	CN^-	氰	NCS^-	异硫氰酸根
C_5H_5N	吡啶(缩写 Py)	O^{2-}	氧	$S_2O_3^{2-}$	硫代硫酸根

表 6-2 常见的多基配位体

乙二胺 (en)   1,10-邻二氮菲   氨基三乙酸 (NTA)   乙二胺四乙酸 (EDTA)

3.配位数

与中心离子(或中心原子)直接以配位键结合的配位原子的总数称为该中心离子(或中心原子)的配位数。

当中心离子(或中心原子)与单基配位体结合时,其配位数就等于配位体个数。例如

$[Cu(NH_3)_4]^{2+}$ 中 Cu^{2+} 的配位数等于 4。

当中心离子(或中心原子)与多基配位体结合时,其配位数=配位体个数×配位体基数。例如 $[Co(en)_3]^{3+}$ 中 Co^{3+} 的配位数等于 $3×2=6$,而不是 3。

中心离子(或中心原子)的配位数一般取决于中心离子(或中心原子)和配位体的性质,如中心离子(或中心原子)的半径、电荷、核外电子排布等性质,以及形成配合物时的条件,如浓度、温度等。目前已经知道,配合物的配位数可以从 1 到 12,一般为 2、4、6、8,最常见的是 4 和 6。一些常见金属离子的配位数见表 6-3。

表 6-3　常见金属离子的配位数

1 价金属离子		2 价金属离子		3 价金属离子	
Cu^+	2,4	Ca^{2+}	6	Al^{3+}	4,6
Ag^+	2	Fe^{2+}	6	Sc^{3+}	6
Au^+	2,4	Co^{2+}	4,6	Cr^{3+}	6
		Ni^{2+}	4,6	Fe^{3+}	6
		Cu^{2+}	4,6	Co^{3+}	6
		Zn^{2+}	4,6	Au^{3+}	4

想一想

　　配位数与配位体的个数是同一个概念吗? 请指出下列配合物中配位体的个数及中心离子的配位数:

　　(1)$[Cu(NH_3)_4]^{2+}$,(2)$[Cu(en)_2]^{2+}$,(3)$[CaY]^{2-}$,(4)$[CoCl(SCN)(en)_2]NO_2$

　　4.配离子的电荷

配离子的电荷数等于中心离子与配位体总电荷的代数和。如 $K_4[Fe(CN)_6]$,其配离子的电荷为 $(+2)+(-6)=-4$。同理可推算出中性配合物的电荷,如 $[Fe(CO)_5]$ 的电荷是 0,铁是中性原子。

三、配合物的命名

配合物的系统命名与无机盐命名规则相同,即阴离子名称在前,阳离子名称在后。如果酸根为简单阴离子时称"某化某";如果酸根为复杂阴离子时称"某酸某"。配合物的命名主要是内界的命名,可按照下列原则:

　　1.内界的命名

内界命名的顺序是:配位体数(以数字一、二、三、四等表示,"一"常省略)→配位体名称(有不同配位体时,相互间用小圆点"·"隔开)→合→中心离子名称→中心离子氧化数(加圆括号,用罗马数字Ⅰ、Ⅱ、Ⅲ等表示)。如$[Cu(NH_3)_4]^{2+}$命名为四氨合铜(Ⅱ)配离子。

2. 配位体的排列顺序

如果内界含有两种或两种以上配位体,配位体名称的排列顺序遵循以下原则:

(1)无机配位体排列在前,有机配位体排列在后。

(2)阴离子配位体排列在前,中性分子配位体排列在后。

(3)同类配位体的名称,可按配位原子元素符号的英文字母顺序排列。例如NH_3与H_2O同为配位体时,氨排列在前,水排列在后。又如Br^-,Cl^-同为配位体时,溴排列在前,氯排列在后。

3. 配合物的命名

(1)配离子为阴离子的配合物

命名顺序为:配位体→中心离子→外界阳离子。如:

$K_3[Fe(CN)_6]$	六氰合铁(Ⅲ)酸钾
$K_4[Fe(CN)_6]$	六氰合铁(Ⅱ)酸钾
$H_2[PtCl_6]$	六氯合铂(Ⅳ)酸
$K[PtCl_5(NH_3)]$	五氯·一氨合铂(Ⅳ)酸钾

(2)配离子为阳离子的配合物

命名顺序为:外界阴离子→配位体→中心离子。如:

$[Cu(NH_3)_4]SO_4$	硫酸四氨合铜(Ⅱ)
$[CoCl(SCN)(en)_2]NO_2$	亚硝酸一氯·一硫氰酸根·二(乙二胺)合钴(Ⅲ)
$[Co(NH_3)_5(H_2O)]Cl_3$	氯化五氨·一水合钴(Ⅲ)
$[Pt(Py)_4][PtCl_4]$	四氯合铂(Ⅱ)酸四吡啶合铂(Ⅱ)

(3)中性配合物

$[Ni(CO)_4]$	四羰基合镍(0)
$[PtCl_4(NH_3)_2]$	四氯·二氨合铂(Ⅳ)
$[Co(NO_2)_3(NH_3)_3]$	三硝基·三氨合钴(Ⅲ)

练一练

命名下列配合物:

(1)$[Ag(NH_3)_2]Cl$　　　　(2)$[Cu(en)_2]SO_4$　　　　(3)$K_2[SiF_6]$

(4)$[Fe(CO)_5]$　　　　(5)$[Cr(H_2O)_4Br_2]Br·2H_2O$　　　　(6)$(NH_4)_3[CoCl_6]$

除系统命名外,有些配合物至今仍沿用习惯名称。如$K_3[Fe(CN)_6]$称为铁氰化钾(俗称赤血盐),$K_4[Fe(CN)_6]$称为亚铁氰化钾(俗称黄血盐),$[Cu(NH_3)_4]^{2+}$称为铜氨配离子。

第二节 配位平衡

一、配位平衡及稳定常数

在 $[Cu(NH_3)_4]SO_4$ 溶液中,加入 $BaCl_2$ 溶液会产生 $BaSO_4$ 白色沉淀,说明在 $[Cu(NH_3)_4]SO_4$ 溶液中含有大量的 SO_4^{2-},其内界和外界之间以离子键结合,在水中几乎完全离解:

$$[Cu(NH_3)_4]SO_4 = [Cu(NH_3)_4]^{2+} + SO_4^{2-}$$

若加入 $NaOH$ 溶液,得不到 $Cu(OH)_2$ 沉淀;但加入 Na_2S 溶液时,便有黑色的 CuS 沉淀生成。这说明 $[Cu(NH_3)_4]^{2+}$ 溶液中有少量的 Cu^{2+} 存在,Cu^{2+} 与 S^{2-} 反应,生成了溶解度很小的 CuS 沉淀。因此,在 $[Cu(NH_3)_4]SO_4$ 溶液中存在着如下平衡:

$$Cu^{2+} + 4NH_3 \underset{离解}{\overset{配位}{\rightleftharpoons}} [Cu(NH_3)_4]^{2+}$$

当配位反应与离解反应速率相等时,体系达到平衡状态,称为配位离解平衡,简称配位平衡。平衡时,则有

$$K_稳 = \frac{[Cu(NH_3)_4^{2+}]}{[Cu^{2+}][NH_3]^4}$$

式中,$K_稳$ 为配离子(或配合物)的稳定常数。稳定常数的大小反映了配离子稳定性的大小。附表 6 所示为一些常见配离子的稳定常数。

二、配离子平衡常数的应用

1. 比较配离子的稳定性

$K_稳$ 的大小反映了配离子稳定性的大小,同类型配离子相比较,$K_稳$ 越大,配离子越稳定。如,$K_{稳,[Ag(CN)_2]^-} = 1.26 \times 10^{21} > K_{稳,[Ag(NH_3)_2]^+} = 1.62 \times 10^7$,配离子 $[Ag(CN)_2]^-$ 的稳定性大于配离子 $[Ag(NH_3)_2]^+$ 的稳定性。不同类型的配离子不能直接用 $K_稳$ 来比较其稳定性的大小,而应通过计算说明。

2. 计算平衡体系中有关离子的浓度

[例 6-1] 计算 $0.1\ mol \cdot L^{-1} [Cu(NH_3)_4]SO_4$ 溶液中 Cu^{2+}、NH_3 和 SO_4^{2-} 的浓度。
(已知 $K_{稳,[Cu(NH_3)_4]SO_4} = 2.1 \times 10^{13}$)。

解:$[Cu(NH_3)_4]SO_4$ 在水溶液中完全电离,即

$$[Cu(NH_3)_4]SO_4 = [Cu(NH_3)_4]^{2+} + SO_4^{2-}$$

故 $\qquad [Cu(NH_3)^{2+}] = [SO_4^{2-}] = 0.1\ mol \cdot L^{-1}$

$[Cu(NH_3)_4]^{2+}$ 部分电离,设平衡时 $[Cu^{2+}]=x$ $mol \cdot L^{-1}$

$$Cu^{2+}+4NH_3 \rightleftharpoons [Cu(NH_3)_4]^{2+}$$

平衡浓度/(mol·L^{-1})　　x　　　$4x$　　　$0.1-x$

$$K_稳 = \frac{[Cu(NH_3)_4^{2+}]}{[Cu^{2+}][NH_3]^4} = \frac{0.1-x}{x(4x)^4} = 2.1 \times 10^{13}$$

由于 $K_稳$ 较大,配离子很稳定,离解程度很小, x 很小,所以 $0.1-x \approx 0.1$

解得　　　　　　$x=4.5 \times 10^{-4}$

$$[Cu^{2+}]=x=4.5 \times 10^{-4} \ mol \cdot L^{-1}$$

$$[NH_3]=4x=4 \times 4.5 \times 10^{-4}=1.8 \times 10^{-3}(mol \cdot L^{-1})$$

[例6-2] 在 1 mL 0.04 $mol \cdot L^{-1}$ 硝酸银溶液中加入 1 mL 2 $mol \cdot L^{-1}$ 的氨水,计算平衡时 Ag^+ 的浓度。

解:两溶液等体积混合后浓度均减半:

即　　　　　　　$c_{Ag^+}=0.02 \ mol \cdot L^{-1}$　　　$c_{NH_3}=1 \ mol \cdot L^{-1}$

因为氨水过量,可认为 Ag^+ 几乎全部与 NH_3 反应生成了 $[Ag(NH_3)_2]^+$,

消耗 NH_3:　　　$2 \times 0.02=0.04 \ mol \cdot L^{-1}$

反应后剩余 NH_3:　$1-0.04=0.96 \ mol \cdot L^{-1}$

假设平衡时 $[Ag^+]$ 为 x $mol \cdot L^{-1}$,则

$$Ag^+ + 2NH_3 \rightleftharpoons [Ag(NH_3)_2]^+$$

起始浓度/(mol·L^{-1})　　　0　　0.96　　　0.02

平衡浓度/(mol·L^{-1})　　　x　$0.96+2x$　　$0.02-x$

由　　　　　　$\frac{[Ag(NH_3)_2^+]}{[Ag^+][NH_3]^2}=K_稳$

得　　　　　　$\frac{0.02-x}{x(0.96+2x)^2}=1.62 \times 10^7$

因 $K_稳$ 很大,则 x 很小: $0.02-x \approx 0.02$, $0.96+2x \approx 0.96$

即有　　　　　　$\frac{0.02}{x \times 0.96^2}=1.62 \times 10^7$

$$x=1.25 \times 10^{-9} \ mol \cdot L^{-1}$$

即平衡时 Ag^+ 浓度为 $1.25 \times 10^{-9} \ mol \cdot L^{-1}$。

三、影响配位平衡的因素

配位平衡像其他化学平衡一样,若改变平衡体系的条件,平衡将发生移动。

1. 配位平衡与酸碱平衡

(1)配位体的酸效应　配合物的配位体多为弱酸根或弱碱,如 F^-,CN^-,SCN^-、NH_3 等。

当溶液酸度增大时,它们可与 H^+ 结合生成对应的弱酸,引起配位体浓度下降,使配位平衡向配离子离解的方向移动,导致配离子的稳定性降低,这种现象称为配位体的酸效应。如:

$$Fe^{3+} + 6F^- \rightleftharpoons [FeF_6]^{3-}$$

达到平衡后,若增大酸度,由于 H^+ 与 F^- 结合生成弱电解质 HF,使溶液中 F^- 浓度降低,配位平衡将向 $[FeF_6]^{3-}$ 离解的方向移动:

$$Fe^{3+} + 6F^- \rightleftharpoons [FeF_6]^{3-}$$
$$+$$
$$6H^+ \quad | \text{平衡移动方向} \atop \Downarrow \quad \downarrow$$
$$6HF$$

(2)中心离子的水解效应 许多金属离子(中心离子)在水中有不同程度的水解,若溶液的酸度降低,则可能发生水解生成氢氧化物沉淀,从而使配离子的离解程度增大,稳定性降低,这种现象称为中心离子的水解效应。如:

$$Fe^{3+} + 6F^- \rightleftharpoons [FeF_6]^{3-}$$
$$+$$
$$3OH^- \quad | \text{平衡移动方向} \atop \Downarrow \quad \downarrow$$
$$Fe(OH)_3$$

可见,酸度对配位平衡的影响是多方面的,既要考虑配位体的酸效应,同时又要考虑中心离子的水解效应。每种配离子都有其最适宜的酸度范围,在实际工作中,可通过调节溶液的 pH 使配合物生成或破坏。

2.配位平衡与沉淀平衡

配位平衡和沉淀溶解平衡的关系,可看成是沉淀剂和配位剂共同争夺金属离子的过程。

例如,在 AgCl 沉淀中加入 $NH_3 \cdot H_2O$ 后,AgCl 沉淀消失,向该溶液加入 KBr 溶液,则有淡黄色 AgBr 沉淀生成,再加入 $Na_2S_2O_3$ 溶液,淡黄色沉淀消失,接着加入 KI 溶液,则有黄色沉淀 AgI 生成,加入 KCN 溶液,黄色沉淀消失,最后,加入 Na_2S 溶液,又有黑色 Ag_2S 沉淀生成。

$$AgCl \downarrow (白色) \xrightarrow{NH_3 \cdot H_2O} [Ag(NH_3)_2]^+ \xrightarrow{KBr} AgBr \downarrow (淡黄色) \xrightarrow{Na_2S_2O_3}$$
$$K_{sp}=1.8 \times 10^{-10} \qquad K_{稳}=1.62 \times 10^7 \qquad K_{sp}=5.0 \times 10^{-13}$$

$$[Ag(S_2O_3)_2]^{3-} \xrightarrow{KI} AgI \downarrow (黄色) \xrightarrow{KCN} [Ag(CN)_2]^- \xrightarrow{Na_2S} Ag_2S \downarrow (黑色)$$
$$K_{稳}=2.9 \times 10^{13} \qquad K_{sp}=9.3 \times 10^{-17} \qquad K_{稳}=1.26 \times 10^{21} \qquad K_{sp}=2.0 \times 10^{-49}$$

根据反应可见,平衡朝着沉淀的 K_{sp} 减小,配合物的稳定性增大的方向移动。

因此,一些难溶盐的沉淀可因形成配离子而溶解,也有一些配离子却因加入沉淀剂生成沉淀而被破坏。

?

想一想

你能实现下列物质之间的转化吗？

(1)$[Fe(SCN)_6]^{3-} \longrightarrow [FeF_6]^{3-}$，(2)$AgCl \longrightarrow AgBr \longrightarrow AgI$，(3)$[Cu(NH_3)_4]^{2+} \longrightarrow CuS$

3. 配位平衡与氧化还原平衡

在配位平衡体系中加入可与中心离子或配位体发生氧化还原反应的氧化剂或还原剂，则会改变其浓度，配位平衡发生移动。例如，金不溶于盐酸也不溶于硝酸，金只能溶于王水（浓硝酸与浓盐酸的体积比 1：3），这是因为 Au^{3+} 和 Cl^- 生成了配离子 $AuCl_4^-$，使 Au 的还原能力增强，浓硝酸更易将其氧化。

又如在$[Fe(SCN)_3]$溶液中加入 $SnCl_2$ 时，溶液的血红色会消失，这是因为发生了下列反应：

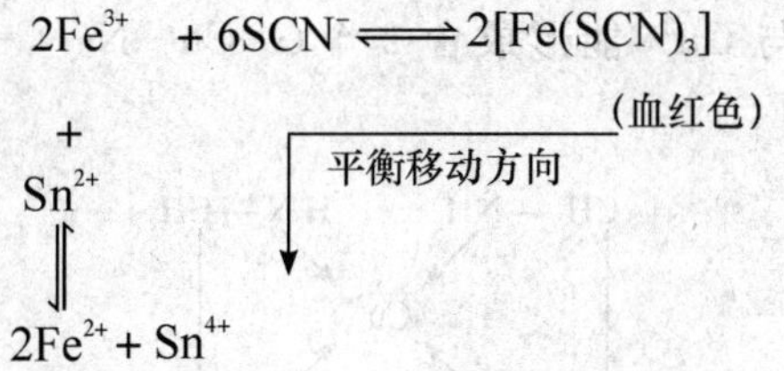

$$2Fe^{3+} + 6SCN^- \Longrightarrow 2[Fe(SCN)_3]$$

$$+ \qquad\qquad\qquad\qquad \text{（血红色）}$$

$$Sn^{2+} \qquad \downarrow\text{平衡移动方向}$$

$$2Fe^{2+} + Sn^{4+}$$

4. 配合物之间的转化和平衡

配离子之间的转化是向着生成更稳定配离子的方向进行的。两种配离子的稳定常数相差越大，转化就越完全。如，在含有 $[Fe(SCN)_6]^{3-}$ 的溶液中加入过量 NaF 时，由于 $K_{稳,[Fe(SCN)_6]^{3-}} = 1.3 \times 10^9 < K_{稳,[FeF_6]^{3-}} = 2.0 \times 10^{15}$，故 F^- 能夺走$[Fe(SCN)_6]^{3-}$中的 Fe^{3+} 而形成更稳定的$[FeF_6]^{3-}$，溶液由血红色转变为无色，转化反应为：

$$[Fe(SCN)_6]^{3-} + 6F^- \Longrightarrow [FeF_6]^{3-} + 6SCN^-$$

✏

练一练

向含有$[Ag(NH_3)_2]^+$的溶液中加入 KCN，判断下列反应能否发生：

$$[Ag(NH_3)_2]^+ + 2CN^- \Longrightarrow [Ag(CN)_2]^- + 2NH_3$$

?

查一查

配位化合物在食品、饲料、药物、生物化学或分析化学等领域有哪些应用？

第三节　螯　合　物

一、螯合物的结构

由中心离子与多基配位体形成的具有环状结构的配合物称为螯合物，也称内配合物。螯合物结构中的环叫螯环，能形成螯环的配位体称为螯合剂。一般常见的螯合剂是有机化合物。

螯合剂必须同时具备两个条件：

①同一配位体中必须含有两个或两个以上配位原子，主要是 N、O、S、P 等配位原子。

②同一配位体中，两个配位原子间应间隔两个或三个其他原子，以形成稳定的五元环或六元环。

例如，2 个乙二胺（en）与 Cu^{2+} 能形成含 2 个（—Cu—N—C—C—N—）五元环的螯合物（图 6-1）。

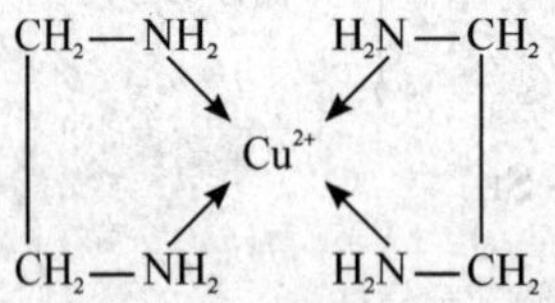

CH_2—NH_2
H_2N—CH_2
Cu^{2+}
CH_2—NH_2
H_2N—CH_2

图 6-1　乙二胺与 Cu^{2+} 形成的螯合物

又如，乙二胺四乙酸（EDTA）能与 Ca^{2+} 等许多金属离子形成 1∶1 的立体结构螯合物。图 6-2 为 EDTA-Ca^{2+} 螯合物的结构式，结构中有五个五元环。

2-
O
C
O
CH_2
O
C
CH_2
O
N
CH_2
Ca
CH_2
O
N
C
CH_2
CH_2
O
O
C
O

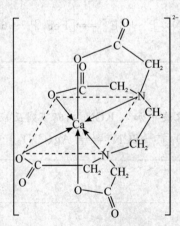

图 6-2　EDTA 与 Ca^{2+} 形成的螯合物

乙二胺、EDTA、氨基三乙酸（NTA）、1，10-邻二氮菲、氨基乙酸等是常见的螯合剂。

而联氨（H_2NNH_2）虽有两个配位原子 N，但中间没有间隔其他原子，与金属离子配合将形成一个三元环，这是一个不稳定结构，故不能形成螯合物。

二、螯合物的一般性质

1.螯合物的稳定性

螯合物具有很高的稳定性，极少有逐级离解现象。螯合物的稳定性是由环状结构产生的，具有五元环、六元环的螯合物稳定性最高。另外，螯合物所含环的数目越多，螯合物越稳定。如叶绿素、血红蛋白等卟啉类配合物非常稳定，见图 6-3。

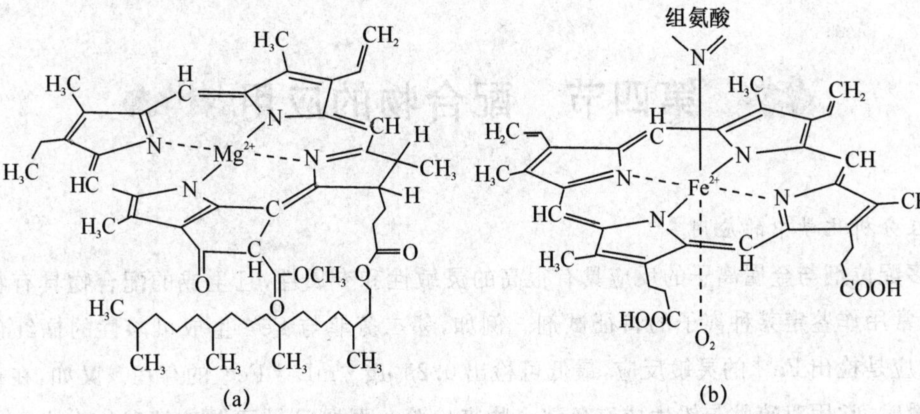

图 6-3 叶绿素分子结构(a)和血红素分子结构(b)

2.螯合物的颜色

不少螯合物还具有特殊的颜色。如丁二肟在弱碱性条件下能与 Ni^{2+} 形成鲜红色的螯合物，此螯合物难溶于水而溶于乙醚等有机溶剂，是鉴定 Ni^{2+} 的灵敏反应：

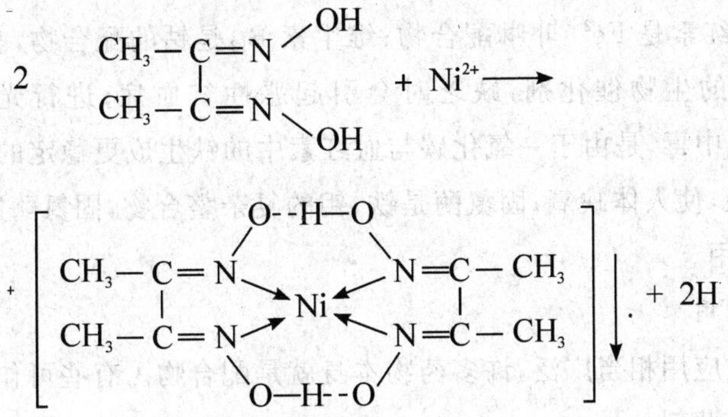

二（丁二肟）合镍（Ⅱ）

又如，1,10-邻二氮菲与 Fe^{2+} 形成的螯合物呈橙红色，可用于鉴定 Fe^{2+}。

$$\text{Fe}^{2+} + 3 \quad \left[\begin{array}{c}\text{N}\\\text{N}\end{array}\right] = \left[\left[\begin{array}{c}\text{N}\\\text{N}\end{array}\right]_3 \text{Fe}\right]^{2+}$$

再如,二乙氨基二硫代甲酸钠 $\left[(C_2H_5)_2N-C\begin{array}{c}\text{S}\\\text{SNa}\end{array}\right]$ 在碱性溶液中与 Cu^{2+} 形成棕黄色

螯合物,溶于四氯化碳中,可用于 Cu^{2+} 的定量测定。

第四节   配合物的应用

1. 在分析化学中的应用

许多配位剂与金属离子的反应具有很高的灵敏性和专属性,且生成的配合物具有特征颜色,因而常用作鉴定某种离子的特征试剂。例如,邻二氮菲与 Fe^{2+} 生成可溶性的橘红色螯合物,该反应是检出 Fe^{2+} 的灵敏反应,最低可检出 $0.25\ \mu g \cdot mL^{-1}\ Fe^{2+}$ 的存在。又如,在检验尿中铅含量时,常用双硫腙与铅生成红色螯合物来检验。再如 Fe^{3+} 可与硫氰酸盐生成血红色配合物,即使是少量的 Fe^{3+} 也能检出。

2. 在生命科学中的应用

在生命科学中,配位化学起着非常重要的作用,许多生命现象均与配合物有关。已知的1 000 多种生物酶中,有许多是 Fe^{2+}、Zn^{2+}、Mg^{2+}、Co^{2+}、Fe^{3+}、Mo^{2+}、Mn^{2+}、Cu^{2+} 和 Ca^{2+} 等金属离子的复杂配合物,这些金属所在部位往往是酶的活性中心;运载氧的肌红蛋白和血红蛋白都含有血红素,而血红素是 Fe^{2+} 卟啉配合物;维生素 B_{12} 是钴的配合物,它参与蛋白质和核酸的合成,是造血过程的生物催化剂,缺乏时会引起恶性贫血症;进行光合作用的叶绿素是 Mg^{2+} 的配合物;煤气中毒,是由于一氧化碳与血红素中的铁生成更稳定的羰基配合物,从而失去了输送氧气的功能,使人体缺氧;固氮酶是铁、钼的复杂螯合物,固氮酶能将游离态的氮转变为氨,被植物吸收利用。

3. 在医药中的应用

配合物在医药上应用相当广泛,许多药物本身就是配合物。有些可作为高效解毒剂,有些可作为抗凝血剂和抑菌剂。

例如,柠檬酸铁配合物临床上用于治疗缺铁性贫血;酒石酸锑钾可以治疗糖尿病;20 世纪70 年代以来,配合物作为抗癌药物的研究也备受关注。

知识窗

CO和氰化物中毒

人体中的血红蛋白(Hb)是以 Fe^{2+} 为中心离子的复杂螯合物。此螯合物既能与 O_2 配位生成 O_2Hb，也能和 H_2O 配位生成 H_2OHb。在人体中，血红蛋白在肺部结合 O_2 后，随血液循环到达体内的需氧部位。由于配位在 Fe^{2+} 上的 O_2 和 H_2O 是可互换的，在需氧部位，O_2 就被 H_2O 取代而释放出来。所以，血红蛋白在人体内起着输送 O_2 的作用。

一些基团，如 CO 和 CN^- 等，也可取代血红蛋白中的 O_2，且与 Fe^{2+} 的配位能力远远强于 O_2，如 CO 的配位能力是 O_2 的 230～270 倍。当有这些基团存在时，血红蛋白的 O_2 很快被其置换，而失去输送 O_2 的能力。实验证明，当 CO 浓度达到 O_2 浓度的 0.5% 时，血红蛋白中的 O_2 就可能被 CO 取代，生物体会因得不到 O_2 而窒息，即造成 CO 中毒。

在医院中，CO 中毒的急救措施之一是将患者送入高压氧舱，就是增加 O_2 的浓度，以利于 O_2 取代 CO 而与血红蛋白结合。

本 章 小 结

1.配位化合物由内界和外界组成，内、外界之间以离子键结合。配离子是配合物的核心部分，由中心离子(或中心原子)和配位体组成，中心离子(或中心原子)和配位体之间以配位键结合。

2.配离子在溶液中存在配位离解平衡，符合化学平衡的一般规律。配位平衡常数用 $K_稳$ 表示。利用 $K_稳$ 的大小可以比较同类型配合物的稳定性，$K_稳$ 愈大，配合物愈稳定。利用 $K_稳$ 也可以计算配离子溶液中有关离子的浓度、配位反应进行的方向。酸度、沉淀反应、氧化还原反应可使配位离解平衡发生移动。

3.螯合物是由多基配位体与中心离子形成的具有环状结构的配合物。其中具有五元环、六元环结构的螯合物最稳定。螯合物具有稳定性高、有特征颜色、难溶于水而易溶于有机溶剂等重要特性。

思考与练习

一、判断题

1.配合物在水溶液中全部电离成外界离子和配离子，配离子在水溶液中也能全部离解为中心离子和配位体。

2.中心离子的配位数等于配合物中配位体的数目。

3.复盐就是配合物。

4.配合物转化为沉淀时，难溶电解质的溶解度愈小，则愈易转化。

5.配离子在任何情况下都能转化为另一种配离子。

6.酸度对配合物稳定性无影响。

7.配合物转化为沉淀时,配合物的稳定常数越大越易转化。

二、选择题

1.AgCl 在下列哪种溶液中(浓度均为 1 mol·L^{-1})溶解度最大(　　)。

　A. NH$_3$·H$_2$O　　　　B. Na$_2$S$_2$O$_3$　　　　C. NaNO$_2$　　　　D. NaSCN

2.配合物内、外界间的化学键是(　　)。

　A.共价键　　　　　　B.配位键　　　　C.离子键　　　　D.金属键

3.配合物的中心离子与配位体之间的化学键是(　　)。

　A.共价键　　　　　　B.配位键　　　　C.离子键　　　　D.金属键

4.下列关于螯合物的叙述中,不正确的是(　　)。

　A.有两个以上配位原子的配位体均可形成螯合物

　B.螯合物通常比具有相同配位原子的简单配合物稳定

　C.形成螯环的数目越多,螯合物的稳定性越高

　D.起螯合作用的配位体一般为多基配位体,称螯合剂

5.在 FeCl$_3$ 溶液中滴加 KCNS 试剂,溶液变红的原因是(　　)。

　A.FeCl$_3$ 溶液被稀释　　　　　　　　B.生成了[Fe(CNS)$_6$]$^{3-}$

　C.Fe^{3+} 被还原　　　　　　　　　　D.生成了 Fe(CNS)$_3$沉淀

6.下列说法中错误的是(　　)。

　A.配合物的形成体通常是过渡金属元素　B.配位键是稳定的化学键

　C.配位体的配位原子必须具有孤电子对　D.配位键的强度可以与氢键相比较

7.下列命名正确的是(　　)。

　A.[Co(ONO)(NH$_3$)$_5$Cl]Cl$_2$亚硝酸根二氯·五氨合钴(Ⅲ)

　B.[Co(NO$_2$)$_3$(NH$_3$)$_3$]三亚硝基·三氨合钴(Ⅲ)

　C.[CoCl$_2$(NH$_3$)$_3$]Cl 氯化二氯·三氨合钴(Ⅲ)

　D.[CoCl$_2$(NH$_3$)$_4$]Cl 氯化四氨·氯气合钴(Ⅲ)

三、填空题

1.中心离子是配合物的_____,它位于配合物的_____,一般为_____离子。

2.配位体中具有_____、直接与中心离子以_____键结合的原子称为配位原子。如 NH$_3$ 分子中的 N 原子。

3.在配合物中直接与中心离子结合的_____的数目称为该中心离子的_____。

4.根据配位体中所含配位原子的数目,可将配位体分为_____配位体和_____配位体。

5.由配阳离子或配阴离子所形成的配合物在水溶液中_____电离,而配离子在水溶液中_____电离,存在着_____平衡。

6.利用 $K_稳$ 的大小可以比较同类型配合物的稳定性,$K_稳$ 越大,配合物越_____。

7.当配离子中的配位体能与 H$^+$ 结合形成弱酸时,溶液的酸度越大,配离子的稳定性越_____,这种现象称为配位体的_____。

8.当某些配离子的中心离子易水解时,溶液的酸度降低,则中心离子可能水解生成氢氧化物沉淀,从而使配离子的稳定性_____,这种现象称为中心离子的_____。

9.当一种配离子转化为另一种配离子时,反应物中配离子的 $K_稳$ 越_____,生成物中配离子的 $K_稳$ 越_____,这种转化越完全。

10.配合物 $[Cr(NH_3)(en)_2Cl]SO_4$ 的中心离子是_____,配位体是_____,中心离子的配位数是_____,配合物的名称是_____。

四、问答题

1.解释配合物、中心离子、配位体、配位原子和配位数等概念。

2.将 SCN^- 加入到铁铵矾 $[NH_4Fe(SO_4)_2 \cdot 12H_2O]$ 溶液中出现红色,但加入到赤血盐 $K_3[Fe(CN)_6]$ 溶液中并不出现红色,为什么?

3.检查无水酒精中是否含水,可往酒精中投入白色硫酸铜(固体),如果变蓝色,说明酒精中含水。解释现象并写出反应方程式。

4.什么是螯合物?形成螯合物的条件是什么?

5.指出下列配离子的中心离子的氧化数和配位数。

(1) $[Cr(NH_3)_6]^{3+}$　　　　(2) $[Co(H_2O)_6]^{2+}$　　　　(3) $[PtCl_5(NH_3)]^-$

(4) $[Mn(CN)_6]^{4-}$　　　　(5) $[Cr(en)_2]^{3+}$　　　　(6) $[Pt(CN)_4(NO_2)(I)]^{2-}$

6.指出下列配合物的中心离子、配位体及配合物名称。

(1) $K_4[Fe(CN)_6]$　　　　(2) $Na_3[AlF_6]$　　　　(3) $[CoCl_2(NH_3)_3(H_2O)]Cl$

(4) $[Zn(NH_3)_4](OH)_2$　　　　(5) $[PtCl_4(NH_3)_2]$　　　　(6) $(NH_4)_2[FeCl_5(H_2O)]$

(7) $Na_3[Ag(S_2O_3)_2]$　　　　(8) $[Co(en)_3]Cl_3$　　　　(9) $[Co(NO_2)_3(NH_3)_3]$

7.写出下列配合物的化学式。

(1)氯化二氯·三氨·一水合钴(Ⅲ)

(2)四硫氰酸根·二氨合铬(Ⅲ)酸铵

(3)硫酸一氯·一氨·二(乙二胺)合铬(Ⅲ)

(4)三氯·一氨合铂(Ⅱ)酸钾

8.有两个化合物 A 和 B 具有同一实验式:$Co(NH_3)_3(H_2O)_2ClBr_2$,在一干燥器干燥后,1 mol A 很快失去 1 mol H_2O,但在同样条件下,B 不失 H_2O;将 $AgNO_3$ 溶液加入上述化合物的溶液中,1 mol A 沉淀出 1 mol AgBr,而 1 mol B 沉淀出 2 mol AgBr。写出 A 和 B 的化学式并命名。

五、计算题

1.已知 CuY^{2-} 与 $Cu(en)_2^{2+}$ 的稳定常数分别为 6.33×10^{18} 与 1.0×10^{20},假定这两种配离子的浓度都为 $0.1\ mol \cdot L^{-1}$。通过计算比较 CuY^{2-} 与 $Cu(en)_2^{2+}$ 的稳定性大小。

2.在 $1\ L\ [Cu(NH_3)_4]^{2+}$ 的溶液中,$[Cu^{2+}] = 4.8 \times 10^{-17}\ mol \cdot L^{-1}$,加入 $0.001\ mol$ NaOH,有无 $Cu(OH)_2$ 沉淀生成?若加入 $0.001\ mol\ Na_2S$,有无 CuS 沉淀生成?(假设溶液体积不变)

3.$10\ mL\ 0.05\ mol \cdot L^{-1}[Ag(NH_3)_2]^+$ 溶液与 $10\ mL\ 0.1\ mol \cdot L^{-1}$ NaCl 溶液混合,问此混合溶液含有 NH_3 浓度多大时,才能防止 AgCl 沉淀生成?

第七章

定量分析概论

🍁 **知识目标**

- 明确学习定量分析的目的,了解定量分析的方法分类和定量分析的一般程序。
- 熟悉定量分析误差的来源、分类和减免措施。
- 熟悉准确度和精密度、误差和偏差的含义及表示方法。
- 理解有效数字的含义和运算规则及正确取舍可疑值的原则。
- 了解滴定分析方法,熟悉滴定分析对滴定反应的要求及基准物质应具备的条件。

🍁 **能力目标**

- 熟练掌握绝对误差、相对误差、绝对偏差、相对偏差、平均偏差、相对平均偏差的计算。
- 掌握减少系统误差和随机误差的方法。
- 熟练掌握标准溶液的配制方法和计算。
- 熟练掌握滴定分析的有关计算。

分析化学是鉴定物质的化学组成和测定有关组分的含量及结构、研究测定方法及其有关理论的一门学科。根据分析化学的原理,一般可分为化学分析法和仪器分析法两大类。

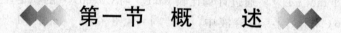

◆◆◆ 第一节 概　述 ◆◆◆

一、分析化学的任务和作用

分析化学是鉴定物质的化学组成和测定有关组分的含量及结构、研究测定方法及其有关理论的一门学科。它包括定性分析、定量分析、结构分析。

定性分析的任务是检出和鉴定物质是由哪些元素、离子、官能团或化合物组成;定量分析的任务是测定有关组分的含量;结构分析的任务是研究物质的分子结构或晶体结构。

分析化学在国民经济建设中有十分重要的意义,在生产和科学研究中起着十分重要的作用。如工业生产中原材料、中间产品和产品的检验;在农牧业生产中土壤肥力的测定,灌溉用水的化验,农药残留量的分析,污染状况的监测,肥料、农药、饲料和农产品品质的测定,畜禽的科学饲养和临床分析、药物理化检验;商品的检验和检疫等,都广泛地应用到分析化学的理论和技术。

分析化学是农业科学的重要基础之一,农业类院校的许多专业基础课和专业课,如土壤学、肥料学、生理生化、药物学、微生物学、农化分析、植物保护、病理分析、饲料分析、卫生检验、食品分析等,都要用到分析化学的原理和实验方法、操作技术。在科学研究中,要经常运用分析手段获取分析数据和结果。

分析化学是一门实践性很强的学科,实验部分占有很大的比重。必须在理论联系实际的基础上,加强基本操作技术的训练,熟练而正确地掌握分析的基本操作方法。在学习过程中,建立正确的"量"的概念,养成严谨的科学态度和良好的工作习惯。

鉴于在一般的科研和生产中,分析试样的来源、主要组成往往是已知的,故本章重点讨论分析化学中定量分析的理论和方法。

二、定量分析方法的分类

定量分析方法可根据分析对象、试样用量、测定原理的不同进行分类。

1. 无机分析和有机分析

无机分析的对象是无机物,主要是鉴定物质的组成和测定其含量。

有机分析的对象是有机物,主要是进行官能团分析和结构分析。

2. 常量分析、半微量分析、微量分析和超微量分析

根据分析时所需试样的用量不同可分为:常量分析、半微量分析、微量分析和超微量分析等,如表 7-1 所示。

表 7-1　定量分析方法的分类

方法	试样质量/g	试样体积/mL
常量分析	>0.1	>10
半微量分析	$0.01\sim0.1$	$1\sim10$
微量分析	$0.000\,1\sim0.01$	$0.01\sim1$
超微量分析	$<0.000\,1$	<0.01

另外,根据被测组分的质量分数,又可分为常量组分($>1\%$)、微量组分($0.01\%\sim1\%$)和痕量组分($<0.01\%$)的分析。

3. 化学分析和仪器分析

(1)化学分析　以物质的化学反应为基础的分析方法称为化学分析法。

按操作方法的不同,化学分析主要有重量分析法和滴定分析法(又叫容量分析法)。重量分析法是根据反应产物的重量来确定待测组分的含量;滴定分析法是根据所消耗滴定剂的浓

度和体积来求算待测组分的含量。化学分析法多用于常量分析,但也可进行半微量和微量分析。

(2)仪器分析 仪器分析法是以待测物质的物理或物理化学性质并借助于特定仪器来确定待测物质含量的分析方法。根据测定原理的不同,主要有光学分析法、电化学分析法、色谱分析法、质谱分析法等。仪器分析法具有快速、操作简便、灵敏度高的特点,适用于微量和痕量组分的测定。

◆◆◆ 第二节 定量分析的误差 ◆◆◆

定量分析的目的是通过一系列分析步骤来获取被测组分的准确含量,只有准确、可靠的分析结果才能在生产和科研中起到作用。不准确的分析结果可能导致经济损失,资源浪费,甚至得出错误结论。

误差是分析结果与真实值之间的差值。在定量分析中,由于受分析方法、测量仪器、所用试剂和分析工作者主观条件等多种因素的限制,使得分析结果与真实值不完全一致,即误差是客观存在,不可避免的。因此,必须了解分析过程中误差产生的原因,以便采取相应的措施减小误差,使测定结果尽量接近客观真实值。

一、误差的分类

1.系统误差

系统误差是指在分析过程中某些经常性的、重复出现的原因所造成的误差。系统误差按其产生的原因,可分为以下几种:

(1)方法误差 由于分析方法本身不够完善造成的误差。例如,在重量分析中,沉淀的溶解损失或沉淀吸附某些杂质而产生的误差;在滴定过程中反应进行得不完全,滴定终点与化学计量点不完全符合等,如滴定碘时,碘的挥发造成的误差属于方法误差。

(2)仪器和试剂误差 由于仪器本身不够准确或试剂不纯所引起的误差。例如,天平的砝码、滴定管的刻度等测量仪器精度不够,或试剂、蒸馏水不纯,这些因素都会造成一定的误差。

(3)操作误差 在正常操作的情况下,因操作人员主观因素所造成的误差。例如,个体分辨颜色的敏锐程度不同等。

系统误差的特点:

(1)单向性 由测定过程中某些确定的原因所造成的误差。它常使测定结果偏高或偏低。

(2)重现性 同一条件下重复测定时会重复出现。

(3)可测性 大小、正负是可测的,因此又称可测误差。

但是,操作过程中由于操作人员的粗心大意,或不遵守操作规程造成的差错,例如,器皿不干净,丢失试液,加错试剂,看错砝码,记录及计算错误等,属于操作错误,必须予以纠正。

2.随机误差

随机误差是指分析过程中由于某些偶然或意外因素造成的误差,也叫偶然误差或不定误差。例如,测量时环境温度、湿度及气压的微小变动等原因引起的测量数据的波动。它的特点是大小、正负不固定,具可变性。

随机误差虽不固定,但对一个试样进行多次重复测定,将所得结果进行数据统计发现,随机误差的出现符合正态分布规律,如图 7-1 所示。即小误差出现的次数多,大误差出现的次数少;正误差与负误差出现的概率相等。

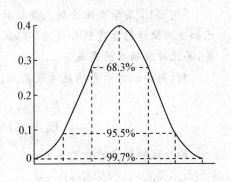

图 7-1　偶然误差的正态分布曲线

3.误差的减免方法

(1)减少系统误差的方法

①对照试验。在相同条件下,用标准试样(或纯净物)与被测试样同时进行测定,通过对标准试样的分析结果与其标准值的比较,可以判断分析方法是否存在误差。也可用不同的方法或由不同的分析人员进行测定相互对照。

②空白试验。由试剂或蒸馏水、器皿带有杂质所造成的系统误差,一般可用空白试验检验和校正。空白试验就是不加待测试样,按照与试样分析相同的操作步骤和条件进行试验。试验所得结果称为"空白值"。从试样测定结果中减去空白值,就可得到较可靠的测定结果。若空白值较高,则应更换或提纯所用试剂。

③校准仪器。仪器不准确引起的系统误差,可通过校准仪器来减小。例如,在精确的分析过程中,要对滴定管、移液管、容量瓶、砝码等进行校准。

④方法校正。某些分析方法的系统误差可用其他方法直接校正,选用公认的标准方法与所采用的方法进行比较,从而找出校正数据,消除方法误差。

(2)减小随机误差的方法　根据随机误差的特点,在消除系统误差的前提下,平行测定次数越多,平均值越接近真实值,随机误差越小。

在一般化学分析中,对同一试样,通常要求平行测定 3～4 次,以获得较准确的分析结果。

二、误差的表示方法

分析结果的优劣,用准确度和精密度来表示。

1.准确度与误差

准确度是指测定值与真实值的接近程度,用误差表示。误差愈小,分析结果准确度越高。误差的大小可用绝对误差(E)和相对误差(E_r)来表示。

绝对误差(E)表示测定值(x_i)与真实值(T)之差:

$$E = x_i - T$$

相对误差(E_r)是绝对误差在真实值中所占的百分率:

$$E_r = \frac{E}{T} \times 100\%$$

绝对误差和相对误差都有正值和负值,分别表示分析结果的偏高或偏低。

[例 7-1] 某学生用分析天平称取两个试样,测定值分别为(甲)0.175 4 g,(乙)1.754 2 g,已知这两试样的真实值分别为(甲)0.175 5 g,(乙)1.754 3 g。试分别求其绝对误差和相对误差,并比较准确度的高低。

解:两个试样称量的绝对误差为:

$$E_甲=0.175\ 4-0.175\ 5=-0.000\ 1\ (g)$$

$$E_乙=1.754\ 2-1.754\ 3=-0.000\ 1\ (g)$$

两个试样称的相对误差:

$$E_{r,甲}=\frac{E_甲}{T_甲}\times100\%=\frac{0.000\ 1}{0.175\ 5}\times100\%=-0.057\%$$

$$E_{r,乙}=\frac{E_乙}{T_乙}\times100\%=\frac{0.000\ 1}{1.754\ 3}\times100\%=-0.005\ 7\%$$

两者的绝对误差相同,但相对误差却不同。显然,$E_{r,乙}$仅相当于$E_{r,甲}$的 1/10,说明乙的准确度比甲高。

因此,用相对误差来衡量分析结果的准确度更为确切。

2. 精密度与偏差

在实际工作中,真实值往往并不知道,人们总是对样品进行多次平行测定,求得它们的算术平均值($\overline{x}$),作为接近真实值的最合理的值。

精密度是指同一试样多次平行测定结果相互接近的程度,它体现了测定结果的重复性。精密度的高低通常用偏差、相对平均偏差、标准偏差来表示。

(1)绝对偏差(d)和相对偏差(d_r) 绝对偏差(d)是个别测定值(x_i)与多次测定的算术平均值($\overline{x}$)之差:

$$d=x_i-\overline{x}$$

相对偏差(d_r)是绝对偏差在平均值中所占的百分率:

$$d_r=\frac{d}{\overline{x}}\times100\%$$

[例 7-2] 测量某试样中铁的含量,五次平行测定结果为:57.64%,57.58%,57.54%,57.60%,57.55%。其算术平均值($\overline{x}$)为:

$$\overline{x}=\frac{57.64+57.58+57.54+57.60+57.55}{5}\times100\%=57.58\%$$

所以 d 分别为:+0.06%,0,-0.04%,+0.02%,-0.03%;d_r 分别为:+0.1%,0,-0.07%,+0.04%,-0.05%。

(2)平均偏差($\overline{d}$)和相对平均偏差(d_r) 一组数据的精密度,可以用平均偏差和相对平均偏差来衡量。

平均偏差 $\overline{d}$ 是指各次偏差绝对值的平均值:

$$\overline{d}=\frac{\sum_{i=1}^{n}x}{n}=\frac{|d_1|+|d_2|+\cdots+|d_n|}{n}$$

式中，n 为测定次数。

相对平均偏差 $\overline{d}_r$ 是平均偏差在平均值中所占的百分率：

$$\overline{d}_r = \frac{\overline{d}}{\overline{x}} \times 100\%$$

（3）标准偏差　当多次平行测定的数据的分散程度较大时，仅以平均偏差和相对平均偏差还不能说明精密度的高低，采用标准偏差（s）则可以突出较大偏差的影响。当测定次数不多（$n \leqslant 20$）时，标准差 s 为：

$$s = \sqrt{\frac{\sum\limits_{i=1}^{n}(x_i - x)^2}{n-1}} = \sqrt{\frac{d_1^2 + d_2^2 + \cdots + d_n^2}{n-1}} = \sqrt{\frac{1}{n-1}\sum\limits_{i=1}^{n} d_i^2}$$

标准差将单项测定的偏差平方之后，较大的偏差能更显著地反映出来，因而能更清楚地说明数据的离散程度。s 愈小，各数据的符合程度愈好，精密度愈高。

三、准确度与精密度的关系

在分析工作中评价一项分析结果的优劣，应考虑分析结果的准确度和精密度两个因素。例如，某样品由四位实验者测定，结果如图 7-2 所示。

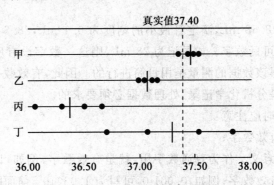

图 7-2　定量分析结果的准确度和精密度的关系

由图 7-2 可见，甲所测结果精密度和准确度都好，结果可靠；乙所测结果精密度高、准确度低，说明在测定过程中存在系统误差；丙所测结果精密度和准确度均不高，结果不可靠；丁所测结果精密度非常低，尽管由于较大的正、负误差相互抵消而使平均值接近真实值，但结果并不可靠。

因此，精密度是保证准确度的先决条件。精密度高的一组数据，只能说明测定的随机误差小，并不说明数据与真实值接近，因为可能存在着系统误差。所以准确度高必须以精密度高为前提，在高精密度的保证下，准确度高才是好的实验结果。

◆◆◆ 第三节 分析结果的数据处理 ◆◆◆

为了得到准确的分析结果,不仅要准确地测定各种数据,还要正确地记录和计算。分析数据所表达的不仅仅是被测成分的含量,而且还反映测定的准确程度。在实验数据的记录和计算中,保留几位数字不是任意的,要根据测量仪器、分析方法的准确度来决定。

一、有效数字及其运算规则

1.有效数字

有效数字是指实验能测量到的数字。在有效数字中,包括所有准确数字和最后一位不准确的数字(可疑数字)。有效数字不仅表示数值的大小,而且反映测量仪器的精密程度以及数据的可靠程度。

例如,用万分之一分析天平称得试样重为 0.372 1 g,为 4 位有效数字,其中 0.372 是准确数值,最后一位"1"是不确定的数值,可能有一定的误差。该样品的质量为 0.372 0~0.372 2 g,因此万分之一分析天平最大有±0.000 1 g 的误差。而用台秤进行称量,应记录为 0.3 g,有效数字为 1 位。

又如,滴定管读数 28.58 mL,滴定管最小的刻度为 0.1 mL,28.5 是准确的,而第四位数字"8"是估读出来的,是可疑数字。如果记为 28 mL,则这一数字没有反映出滴定管的准确程度,会使别人误以为获得该数据的测量是用量筒进行的。因此,有效数字保留的位数是与所用仪器的精度有关的,也是分析化学记录、处理数据必须要求的。

确定有效数字位数时应注意:

(1)非零数字都是有效数字;

(2)数字"0"有两种意义。作为普通数字用,就是有效数字,例如,10.10 mg 中两个"0"都是测量所得数字,都是有效数字;例如,0.001 0,可写为 1.0×10^3,前面的 3 个"0"起定位作用,不是有效数字,后面的 1 个"0"是有效数字。

(3)整数末位为"0"的数字,应根据测量精度写成指数形式来确定有效数字,如 5 600,应根据测量精度分别记录为 5.600×10^3(4 位),5.60×10^3(3 位),5.6×10^3(2 位)。

(4)在对数运算中,所取有效数字的位数取决于小数部分的位数,因为整数只代表该数的方次。例如,pH=2.50(2 位有效数字),$[H]^+ = 3.2$ mol·L^{-1}。

(5)有效数字不因单位的改变而变化。如 10.0 g,若以 mg 为单位时则应表示为 1.00×10^4 mg。若表示为 10 000 mg,就会被误解为 5 位有效数字。

(6)大多数情况,误差或偏差的有效数字只有 1 到 2 位,故在计算相对误差或相对偏差时,只取 1 位,最多取 2 位有效数字。

(7)定量分析的结果,高含量组分(>10%)一般保留 4 位有效数字;中等含量组分(1%~10%)一般保留 3 位有效数字;微量组分(<1%)一般保留 2 位有效数字。

2.有效数字的运算规则

在处理测量数据时,应按照下列有效数字的运算规则,合理地取舍各数据的有效数字的位数。

(1)有效数字的修约规则

①"四舍六入五留双"规则。有效数字位数确定后,舍弃多余的尾数进行数字的修约。该规则规定:当多余尾数的首位≤4时,舍去;当多余尾数的首位≥6时,进位;等于5时,若5后数字不为0,一律进位;若5后没有其他数字或为0时,5前是奇数则进位,5前为偶数则将5舍去,总之5取舍后最后一位数字应保留"偶数"。且只能对原测量值一次修约至所需位数,不得分次修约。下列数据取4位有效数字为:

$$3.142\,4 \longrightarrow 3.142$$
$$3.142\,6 \longrightarrow 3.143$$
$$5.623\,5 \longrightarrow 5.624$$
$$5.624\,5 \longrightarrow 5.624$$
$$5.624\,56 \longrightarrow 5.625$$

②计算有效数字时,若第一位有效数字≥8,则其有效数字可多算1位。如8.37虽只有3位,但可看作4位有效数字。

③在大量数据的运算过程中,运算前各数据的有效数字位数可多保留1位,称安全数字,计算完成后再舍去多余的数字。

(2)有效数字的运算规则

①加减运算。几个数字相加或相减时,它们的和或差的有效数字的保留,应以小数点后位数最少(即绝对误差最大)的数为准,将多余的数字按取舍规则取舍后,再进行加减运算。

例如,0.012 1,25.64,1.058 72三数相加。

不正确的计算	正确的计算
0.012 1	0.01
25.64	25.64
+ 1.057 82	+ 1.06
26.709 92	26.71

②乘除运算。几个数相乘或相除时,它们的积或商的有效数字的保留,应以有效数字位数最少(即相对误差最大)的数为准,将多余的数字取舍后再进行乘除。

例如,0.012 1,25.64,1.057 82三数相乘。

三个数中,0.012 1有效数字位数最少(3位),相对误差最大,故应以此数为准,将其他各数处理成3位有效数字,然后相乘得:

$$0.012\,1 \times 25.6 \times 1.06 = 0.328$$

二、可疑值的取舍

可疑值也称离群值,是指在一组平行测定中,常有个别测定值比其他同组测定值明显偏大或偏小。这些可疑值不能随意保留和剔除,必须通过统计检验决定其取舍。如果是实验技术上的过失或计算错误造成的,则应该舍去。

检验可疑值的方法很多,比较严格而又简单的处理方法是 Q 检验法(舍弃商法)。

Q 检验法按下列步骤进行:

(1)将测定数据从小到大排列,求出最大值与最小值之差(极差)$x_{max} - x_{min}$;

(2)求出可疑值与其最邻近值之间的差:$x_i - x_{i-1}$ 或 $x_2 - x_1$;

(3)求出 Q(舍弃商)值:

$$Q = \frac{x_i - x_{i-1}}{x_{max} - x_{min}} \text{ 或 } Q = \frac{x_2 - x_1}{x_{max} - x_{min}}$$

(4)根据测定次数和要求的置信度,查表 7-2,得出 $Q_{表}$;

(5)比较 Q 与 $Q_{表}$,若 $Q \geqslant Q_{表}$(分析化学通常用 $Q_{0.90}$),则应舍弃,否则应予保留。即 Q 值越大,说明可疑值偏离其他值越远。

表 7-2 Q 值表

测定次数/n	3	4	5	6	7	8	9	10
$Q_{0.90}$	0.94	0.76	0.64	0.56	0.51	0.47	0.44	0.41
$Q_{0.95}$	0.97	0.84	0.73	0.64	0.59	0.54	0.51	0.49

[例 7-3] 某样品测定的 5 次结果为 55.95%,56.00%,56.04%,56.08%,56.23%,用 Q 检验法确定 56.23% 是否应舍去(置信度 90%)?

解:
$$Q = \frac{56.23\% - 56.08\%}{56.23\% - 55.95\%} = 0.54$$

查表,$n = 5$ 时,$Q_{0.90} = 0.64$。因 $0.54 < 0.64$,故 56.23% 应予保留。

第四节 滴定分析概述

滴定分析法又称容量分析法,是用一种已知准确浓度的试剂溶液(标准溶液),通过滴定管滴加到待测溶液中,直到所加试剂与被测物质按化学计量式恰好完全反应,再根据标准溶液的浓度和体积,计算出被测物质的含量的方法。

在滴定分析中,已知准确浓度的溶液为标准溶液,也称为滴定剂。将标准溶液从滴定管逐渐滴加到被测物质的溶液中,这个操作过程称为滴定。当滴加的标准溶液的物质的量与被测物的物质的量按化学计量式完全反应时,称反应达到化学计量点。

在实际滴定中,一般需要借助指示剂的颜色变化来判断化学计量点的到达,指示剂颜色变化而终止滴定,称为滴定终点,简称终点。指示剂并不一定恰好在化学计量点时变色,因此,化学计量点和滴定终点不一定恰好符合,由此而造成的分析误差,称终点误差。

滴定分析法是实验室常用的基本方法之一,主要用来测定物质中的常量组分(质量分数在 1% 以上)。该法具有操作简便、测定迅速、准确度较高、设备简单、应用广泛等优点。

根据滴定反应类型的不同,滴定分析方法可分为四类:酸碱滴定法(又称中和法)、氧化还原滴定法、沉淀滴定法、配位滴定法。

一、滴定反应的条件和滴定方式

1.滴定反应的条件

(1)反应必须定量完成 即反应按一定的化学反应式进行,没有副反应,而且进行完全(≥99.9%)。这是定量计算的基础。

(2)反应必须迅速完成 滴定反应要求在瞬间完成,对速度慢的反应,通常可用加热或加入催化剂等方法来加快反应速度。

(3)有简便合适的、可靠的确定终点的方法,如有适当的指示剂可供选择。

2.滴定方式

(1)直接滴定法 凡符合上述条件的反应都可用直接滴定法,即用标准溶液直接滴定被测物质。例如,用 HCl 标准溶液滴定 NaOH 溶液。

(2)返滴定法 当反应速度较慢或被测物是固体时,可先准确加入过量的一种标准溶液,待其反应完全后,再用另一种标准溶液滴定剩余的前一种标准溶液,这种滴定方式称为返滴定法,又叫回滴法。例如,用 HCl 测定 $CaCO_3$,可先加入过量、定量的 HCl 标准溶液,待 HCl 和 $CaCO_3$ 反应后,再用 NaOH 标准溶液滴定过剩的 HCl。

(3)置换滴定法 若被测物和标准溶液之间没有定量关系或伴有副反应,可先用适当试剂与被测物质反应,使其置换出另一种能被定量滴定的物质,再用标准溶液滴定此生成物,这种滴定方式称为置换滴定法。例如,$Na_2S_2O_3$ 不能直接滴定 $K_2Cr_2O_7$ 及其他强氧化剂,因为在酸性溶液中强氧化剂将 $S_2O_3^{2-}$ 氧化为 $S_4O_6^{2-}$ 和 SO_4^{2-},反应没有一定的计量关系。但在 $K_2Cr_2O_7$ 酸性溶液中加入过量 KI,I^- 被氧化产生定量的 I_2,然后用 $Na_2S_2O_3$ 标准溶液滴定 I_2,从而间接求出 $K_2Cr_2O_7$ 的量。

(4)间接滴定法 有些物质不能直接与标准溶液反应,可通过另一化学反应使其转化为可被滴定的物质,再用标准溶液进行滴定,达到间接测定的目的。例如,$KMnO_4$ 不能和 Ca^{2+} 直接反应,可加入 $(NH_4)_2C_2O_4$ 将它沉淀为 CaC_2O_4,过滤、洗涤后以 HCl 溶解,再用 $KMnO_4$ 标准溶液滴定 $C_2O_4^{2-}$,从而间接测定 Ca^{2+} 的含量。

返滴定法、置换滴定法、间接滴定法等的应用,使滴定分析的应用范围更加广泛。

二、标准溶液的配制和浓度表示方法

1.基准物质

能用于直接配制或标定标准溶液的物质称为基准物质。基准物质应符合下列条件:

(1)纯度高 一般要求纯度在 99.9% 以上,杂质含量少到可以忽略不计。

(2)组成恒定 试剂的组成与化学式完全相符。若含结晶水,其结晶水的含量应固定并符合化学式。

(3)性质稳定 在配制和贮存中不会发生化学变化。例如,烘干时不分解,称量时不吸湿,不吸收空气中的 CO_2,在空气中不被氧化等。

(4)具有较大的摩尔质量 摩尔质量愈大,称取的质量就愈大,称量的相对误差愈小。

在滴定分析法中常用的基准物质见表 7-3。

表 7-3 常用基准物质的干燥条件及其应用

基准物质		干燥后的组成	干燥条件/℃	标定对象
名称	分子式			
无水碳酸钠	Na_2CO_3	Na_2CO_3	$270\sim300$	酸
硼砂	$Na_2B_4O_7 \cdot 10H_2O$	$Na_2B_4O_7 \cdot 10H_2O$	放在装有 NaCl 和蔗糖饱和溶液的密闭器皿中(湿度 70%)	酸
二水合草酸	$H_2C_2O_4 \cdot 2H_2O$	$H_2C_2O_4 \cdot 2H_2O$	室温空气干燥	碱或 $KMnO_4$
邻苯二甲酸氢钾	$KHC_8H_4O_4$	$KHC_8H_4O_4$	$110\sim120$	碱
重铬酸钾	$K_2Cr_2O_7$	$K_2Cr_2O_7$	$140\sim150$	还原剂
溴酸钾	$KBrO_3$	$KBrO_3$	150	还原剂
碘酸钾	KIO_3	KIO_3	130	还原剂
铜	Cu	Cu	室温干燥器中保存	还原剂
三氧化二砷	As_2O_3	As_2O_3	室温干燥器中保存	氧化剂
草酸钠	$Na_2C_2O_4$	$Na_2C_2O_4$	130	氧化剂
碳酸钙	$CaCO_3$	$CaCO_3$	110	EDTA
锌	Zn	Zn	室温干燥器中保存	EDTA
氧化锌	ZnO	ZnO	$900\sim1\,000$	EDTA
氯化钠	NaCl	NaCl	$500\sim600$	$AgNO_3$
氯化钾	KCl	KCl	$500\sim600$	$AgNO_3$
硝酸银	$AgNO_3$	$AgNO_3$	$220\sim250$	氯化物

2.标准溶液的配制

标准溶液的配制通常采用直接配制和间接配制两种方法。

(1)直接法 准确称取一定量的基准物质,用适量的溶剂溶解后,定量地转移至容量瓶中,稀释至刻度。根据称取的物质质量和定容的体积计算出标准溶液的准确浓度。例如,若要配制 1 L 0.100 0 mol · L^{-1} $K_2Cr_2O_7$ 标准溶液,用分析天平称取 29.418 0 g $K_2Cr_2O_7$,将其溶解后定容到 1.0 L 容量瓶中即可。

(2)间接法(也称标定法) 不符合基准物质要求的试剂,如 NaOH 纯度不高且易吸收空气中的 CO_2 和水分;又如 $KMnO_4$ 或 $Na_2S_2O_3$ 试剂不纯且易分解,这类试剂不能直接配制标准溶液,应采用间接法配制。即先配成接近所需浓度的溶液,再用基准物质或另一种标准溶液来测定它的准确浓度,这种确定标准溶液浓度的过程称为标定。例如,若要配制 1 L 0.1 mol · L^{-1} HCl 标准溶液,先将浓 HCl 稀释配制成浓度约为 0.1 mol · L^{-1} 的 HCl 溶液,然后准确称取一定量的基准物质 $Na_2B_4O_7 \cdot 10H_2O$ 进行标定,根据 $Na_2B_4O_7 \cdot 10H_2O$ 的质量和消耗 HCl 的体积计算出 HCl 的准确浓度。

?

想一想

下列物质中哪些可以用直接法配制标准溶液？哪些只能用间接法配制？

H_2SO_4，HCl，$NaOH$，$KMnO_4$，$K_2Cr_2O_7$，$Na_2S_2O_3$，Na_2CO_3，$EDTA$

3. 标准溶液浓度的表示方法

在滴定分析中，标准溶液的浓度通常采用物质的量浓度或滴定度。

（1）物质的量浓度（c_B）

$$c_B = \frac{n_B}{V} = \frac{m_B}{M_B V}$$

（2）滴定度（T） 在实际工作中常用滴定度来表示标准溶液的浓度。滴定度是指每毫升标准溶液相当于被测物质的质量，用 $T_{被测物/滴定剂}$ 来表示。例如，$T_{Fe/K_2Cr_2O_7} = 0.005\ 585\ g \cdot mL^{-1}$，表示 $1.00\ mL$ $K_2Cr_2O_7$ 标准溶液相当于 $0.005\ 585\ g$ Fe。在生产实践中对固定试样的分析，采用滴定度便于计算。

三、提高滴定分析结果准确度的方法

在滴定分析中，由于仪器性能的限制，称量和滴定过程中都会引起误差。例如，一般分析天平的称量有 $\pm 0.000\ 1\ g$ 的误差，以差减法称量，可能引起的最大绝对误差为 $\pm 0.000\ 2\ g$，为了使测量的相对误差小于 0.1%，则：

$$试样质量 = \frac{绝对误差}{相对误差} = \frac{0.000\ 2}{1\%} = 0.2(g)$$

可见试样称取的质量必须在 $0.2\ g$ 以上。

又如，滴定管读数有 $\pm 0.01\ mL$ 的绝对误差，在一次滴定中，需读数两次，可造成最大的绝对误差为 $\pm 0.02\ mL$，为使测量体积的相对误差小于 0.1%，则消耗滴定剂的体积为：

$$滴定剂体积 = \frac{绝对误差}{相对误差} = \frac{0.02}{0.1\%} = 20(mL)$$

在实际操作中，消耗滴定剂的体积可控制在 $20 \sim 30\ mL$，这样既减小了测量的误差，又节省试剂和时间。

四、滴定分析的计算

［例7-4］中和 $20.00\ mL$ $0.189\ 0\ mol \cdot L^{-1}NaOH$ 用去硫酸 $18.90\ mL$，计算：

（1）硫酸溶液的 $c_{\frac{1}{2}H_2SO_4}$。

(2)25.00 mL 此硫酸中含 H_2SO_4 的质量。

解:(1)

$$NaOH + \frac{1}{2}H_2SO_4 = \frac{1}{2}Na_2SO_4 + H_2O$$

根据等物质的量规则,有

$$c_{NaOH}V_{NaOH} = c_{\frac{1}{2}H_2SO_4}V_{H_2SO_4}$$

$$c_{\frac{1}{2}H_2SO_4} = \frac{c_{NaOH}V_{NaOH}}{V_{H_2SO_4}}$$

$$= \frac{0.189\,0 \times 20.00}{18.90}$$

$$= 0.200\,0 \,(mol \cdot L^{-1})$$

$$c_{H_2SO_4} = \frac{1}{2}c_{\frac{1}{2}H_2SO_4} = 0.100\,0 \,mol \cdot L^{-1}$$

(2)设 25.00 mL 硫酸中含 H_2SO_4 质量为 m,根据等物质的量规则,有

$$m = n_{\frac{1}{2}H_2SO_4}M_{\frac{1}{2}H_2SO_4} = c_{\frac{1}{2}H_2SO_4}V_{H_2SO_4}M_{\frac{1}{2}H_2SO_4}$$

$$= 0.200\,0 \times 25.00 \times 10^{-3} \times \frac{1}{2} \times 98.08$$

$$= 0.245\,2 \,(g)$$

[例 7-5]用无水碳酸钠标定盐酸溶液的浓度,若称取 0.132 5 g 无水碳酸钠,滴定所消耗的盐酸溶液体积为 25.00 mL,求 c_{HCl}。

解:反应方程式为

$$Na_2CO_3 + 2HCl = H_2CO_3 + 2NaCl$$

由等物质的量规则知

$$n_{Na_2CO_3} = n_{2HCl} = \frac{1}{2}n_{HCl}$$

即

$$\frac{m_{Na_2CO_3}}{M_{Na_2CO_3}} = \frac{1}{2}c_{HCl}V_{HCl}$$

故

$$c_{HCl} = \frac{2m_{Na_2CO_3}}{M_{Na_2CO_3}V_{HCl}} = \frac{2 \times 0.132\,5}{106 \times 25.00 \times 10^{-3}}$$

$$= 0.100\,0 \,(mol \cdot L^{-1})$$

[例 7-6]用邻苯二甲酸氢钾($KHC_8H_4O_4$)标定浓度约为 0.1 mol·L^{-1} NaOH 溶液,如果滴定消耗 NaOH 溶液 20~30 mL,问应称取邻苯二甲酸氢钾多少克?

解:反应方程式为

化学计量点时有

$$n_{NaOH} = n_{KHC_8H_4O_4}$$

即

$$c_{NaOH}V_{NaOH} = \frac{m_{KHC_8H_4O_4}}{M_{KHC_8H_4O_4}}$$

当消耗 NaOH 溶液 20 mL 时

$$m_{KHC_8H_4O_4} = c_{NaOH}V_{NaOH}M_{KHC_8H_4O_4} = 0.1 \times 20 \times 10^{-3} \times 204$$
$$= 0.408 \text{ (g)}$$

消耗 NaOH 溶液 30 mL 时

$$m_{KHC_8H_4O_4} = c_{NaOH}V_{NaOH}M_{KHC_8H_4O_4} = 0.1 \times 30 \times 10^{-3} \times 204$$
$$= 0.612 \text{(g)}$$

[例 7-7] 不纯的碳酸钾试样 0.500 0 g 完全中和时耗去 0.106 4 mol·L^{-1} HCl 27.31 mL,计算试样中 K$_2$CO$_3$ 的质量分数。

解:

$$K_2CO_3 + 2HCl = 2KCl + CO_2 + H_2O$$

化学计量点时

$$n_{K_2CO_3} = n_{2HCl} = \frac{1}{2}n_{HCl} = \frac{1}{2}c_{HCl}V_{HCl}$$

$$m_{K_2CO_3} = n_{K_2CO_3}M_{K_2CO_3} = \frac{1}{2}c_{HCl}V_{HCl}M_{K_2CO_3}$$

$$w_{K_2CO_3} = \frac{m_{K_2CO_3}}{m_s} = \frac{\frac{1}{2}c_{HCl}V_{HCl}M_{K_2CO_3}}{m_s} \times 100\%$$

$$= \frac{\frac{1}{2} \times 0.106\ 4 \times 27.31 \times 10^{-3} \times 138.21}{0.500\ 0} \times 100\%$$

$$= 40.16\%$$

[例 7-8] 已知某一浓度为 0.017 80 mol·L^{-1} 的 K$_2$Cr$_2$O$_7$ 标准溶液,计算以 $T_{Fe/K_2Cr_2O_7}$ 和 $T_{Fe_2O_3/K_2Cr_2O_7}$ 表示的滴定度。

解:

$$6Fe^{2+} + Cr_2O_7^{2-} + 14H^+ = 6Fe^{3+} + 2Cr^{3+} + 7H_2O$$

则

$$6n_{K_2Cr_2O_7} = n_{Fe} \qquad 6n_{K_2Cr_2O_7} = 2n_{Fe_2O_3}$$

$$T_{Fe/K_2Cr_2O_7} = \frac{6c_{K_2Cr_2O_7}}{V_{K_2Cr_2O_7}}M_{Fe} = \frac{6 \times 0.017\ 80 \times 10^{-3}}{1.00} \times 55.85$$

$$= 5.965 \times 10^{-3} \text{ (g · mL}^{-1}\text{)}$$

$$T_{Fe_2O_3/K_2Cr_2O_7} = \frac{3c_{K_2Cr_2O_7}}{V_{K_2Cr_2O_7}}M_{Fe_2O_3} = \frac{3 \times 0.017\ 80 \times 10^{-3}}{1.00} \times 159.69$$

$$= 8.528 \times 10^{-3} \text{ (g · mL}^{-1}\text{)}$$

本 章 小 结

1. 分析化学的任务是进行物质的成分分析,包括定性分析和定量分析。定量分析的任务是测定有关组分的含量。测定结果的准确性和可靠性是非常重要的。定量分析的误差来源有两个方面——系统误差和随机误差。对一种分析方法来说,应该设法消除或校正存在的系统误差。随机误差可以通过多次平行测定加以减少。

2. 准确度是指测定值与真值相符合的程度,测定值与真值之差称为误差。精密度是指在相同条件下,平行测定结果的相互符合程度,用偏差和相对偏差表示。准确度和精密度既有区别又有联系。精密度好,不一定准确度高,但准确度高,精密度一定要好。

3. 测定所得的数据要正确记录和计算,必须遵守有效数字的计算规则。

4. 滴定分析法是化学分析的重要方法。滴定分析是用标准溶液滴定被测物质,根据指示剂颜色变化来判断滴定终点。根据等物质的量规则,可依据标准溶液的用量和浓度计算待测物质的含量。标准溶液的配制有直接法和间接法两种,直接法是用基准物质直接配制;间接法是配成近似浓度,然后标定出准确浓度。

思考与练习

一、判断题

1. NaOH 标准溶液可用直接配制法配制。

2. 偶然误差是由一些偶然因素的变动引起的,无法减小。

3. 试剂误差可通过空白试验减免。

4. 滴定时,操作者不慎从锥形瓶中溅失少许试液,属于系统误差。

二、选择题

1. 0.030 40 的有效数字的位数是(　　　)。

A. 5　　　　　　　　B. 4　　　　　　　　C. 2　　　　　　　　D. 3

2. 下列物质能用直接法配制标准溶液的是(　　　)。

A. $K_2Cr_2O_7$　　　　B. $KMnO_4$　　　　C. NaOH　　　　D. HCl

3. 减小随机误差常用的方法是(　　　)。

A. 空白实验　　　　B. 对照实验　　　　C. 标准实验　　　　D. 多次平行测定

4. 滴定分析中,通常控制消耗标准溶液的体积为(　　　)。

A. 15～20 mL　　　B. 10～20 mL　　　C. 20～30 mL　　　D. 30 mL 以上

三、填空题

1. 准确度是指_____与_____的接近程度,用_____表示。精密度是指_____与_____之间彼此符合程度,用_____表示。

2. 基准物应具备的条件为_____、_____、_____、_____。

3. 系统误差的来源主要有_____,_____,_____。

4. 随机误差可通过_____的方法减小。

5. 化学反应必须符合_____,_____,_____才可用于直接滴定法进行滴定分析。

6. 标准溶液的配制方法有_____和_____两种。

7. 标准溶液是指_____。标准溶液和待测组分完全定量反应的点称为_____,指示剂变色点称为_____。

四、简答题

1. 什么叫系统误差?什么叫随机误差?可以用什么方法减免?

2. 指出下列情况中,哪个是系统误差?应该如何消除?

(1)砝码未经校正;

(2)试样未经充分混匀;

(3)读取滴定管读数时,最后一位数字估计不准;

(4)试剂中含有微量干扰离子;

(5)滴定时,操作者不慎从锥形瓶中溅失少许试液。

3. 什么叫滴定分析?它的主要方法有哪些?

4. 化学计量点与滴定终点有何区别?什么是终点误差?

5. 氢氧化钠和盐酸可否作为基准物质?

6. 什么叫标准溶液?标准溶液如何配制?

7. 若将 $H_2C_2O_4 \cdot 2H_2O$ 基准物质长期保存于干燥器中,用以标定 $NaOH$ 溶液的浓度时,结果偏高还是偏低?

8. 对某一试样的分析,甲、乙两人的分析结果分别为

甲　40.15%,　40.14%,　40.15%,　40.16%

乙　40.25%,　40.01%,　40.10%,　40.24%

试问哪个结果比较可靠?说明理由。

五、计算题

1. 用氧化还原滴定法测得 $FeSO_4 \cdot 7H_2O$ 中的铁的质量分数为 20.01%,20.03%,20.04%,20.05%,试计算其平均值、平均偏差、相对平均偏差。

2. 某分析天平的称量误差为 ± 0.3 mg,如果称取试样重 0.05 g,相对误差是多少?若称取试样重 1 g,相对误差又是多少?这个数值说明什么问题?

3. 下列数据各为几位有效数字?

0.060 7, 10.001, 0.100 0, 0.002 0, 2.64×10^{-7}, 50.02%

4. 两位分析者分析某试样,所得报告如下:

分析者甲	分析者乙
硫:0.042%	硫:0.041 99%
0.041%	0.041 001%

每人用 3.5 g 试样,称准至 1/10 g,哪一个报告合理?为什么?

5. 根据有效数字运算规则,计算:

(1)1.060+0.059 74+0.001 3

(2)5.672 4×0.001 7×4.700×10^3

(3)15.78×3.00×10^4×1.000×10^{-2}

(4)13.78×0.852+8.6×10^{-5}-4.92×0.001 12

(5) $\dfrac{5.735 \times 0.565}{27.40 \times 6.816\,4}$

6. 某试样中铁的质量分数四次平行测定结果为 25.61%，25.53%，25.54% 和 25.82%，用 Q 检验法判断是否有可疑值应舍弃(置信度 90%)。

7. 配制 $0.10\ \text{mol} \cdot \text{L}^{-1}\,\text{HCl}\ 1.0\ \text{L}$ 需用浓 HCl(相对密度 1.18，含 HCl 质量分数为 37%) 多少毫升？配制 $0.20\ \text{mol} \cdot \text{L}^{-1}\,\text{NaOH}\ 500\ \text{mL}$ 需要固体 NaOH 多少克？

8. 称取无水 $\text{Na}_2\text{CO}_3\ 2.650\,0\ \text{g}$，溶解后定量转移到 500 mL 容量瓶中定容，计算 Na_2CO_3 的物质的量浓度。

9. 需用多少毫升 $0.150\,0\ \text{mol} \cdot \text{L}^{-1}\,\text{H}_2\text{SO}_4$ 方能中和下列各碱溶液？

(1) $30.00\ \text{mL}\ 0.200\,0\ \text{mol} \cdot \text{L}^{-1}\,\text{KOH}$；

(2) $20.00\ \text{mL}\ 0.100\,0\ \text{mol} \cdot \text{L}^{-1}\,\text{Ba(OH)}_2$。

10. 欲配制 $0.500\,0\ \text{mol} \cdot \text{L}^{-1}\,\text{HCl}$ 溶液，现有 $0.492\,0\ \text{mol} \cdot \text{L}^{-1}\,\text{HCl}$ 溶液 $100\,0\ \text{mL}$，应加入 $1.021\ \text{mol} \cdot \text{L}^{-1}\,\text{HCl}$ 溶液多少毫升？

11. 标定 $0.10\ \text{mol} \cdot \text{L}^{-1}$ 左右的 NaOH 溶液，消耗 NaOH 溶液的体积为 25 mL，应称取基准物质邻苯二甲酸氢钾 $\text{KHC}_8\text{H}_4\text{O}_4$ 多少克？

12. 滴定 $0.156\,0\ \text{g}$ 草酸试样用去 $0.101\,1\ \text{mol} \cdot \text{L}^{-1}\,\text{NaOH}\ 22.60\ \text{mL}$。求试样中 $\text{H}_2\text{C}_2\text{O}_4 \cdot 2\text{H}_2\text{O}$ 的质量分数。

第八章

酸碱滴定法

🍁 知识目标
- 理解酸碱指示剂的变色原理、理论变色点、变色范围等概念。
- 了解不同类型酸碱滴定过程中 pH 的变化情况；影响滴定突跃范围大小的因素。
- 掌握如何利用 pH 突跃范围选择合适的指示剂。

🍁 能力目标
- 掌握酸碱标准溶液的配制和标定。
- 学会用酸碱滴定法测定物质的含量。

　　酸碱滴定法是以酸碱反应为基础的滴定分析方法，又称为中和滴定法。一般的酸、碱以及能与酸、碱直接或间接起反应的物质，几乎都可以用酸碱滴定法来测定。所以酸碱滴定法在化学、化工、生物、医药、食品、环境、冶金、材料、农业等领域应用非常广泛，是一种最基本的滴定分析方法。

第一节　酸碱指示剂

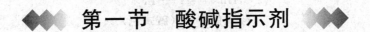

　　由于酸碱反应通常不发生任何外观的变化，常用的方法是在被测溶液中加入指示剂，根据指示剂的颜色变化来确定滴定终点。能够通过颜色变化来指示溶液 pH 的一类试剂，称为酸碱指示剂。

一、酸碱指示剂的变色原理

　　酸碱指示剂通常是结构复杂的有机弱酸或有机弱碱，其分子形式和离子形式具有不同的结构，因而呈现不同的颜色。当溶液的 pH 改变时，两种形式相互转变，从而引起溶液的颜色发生变化。

例如，酚酞是有机弱酸，在水溶液中发生如下离解作用和颜色变化：

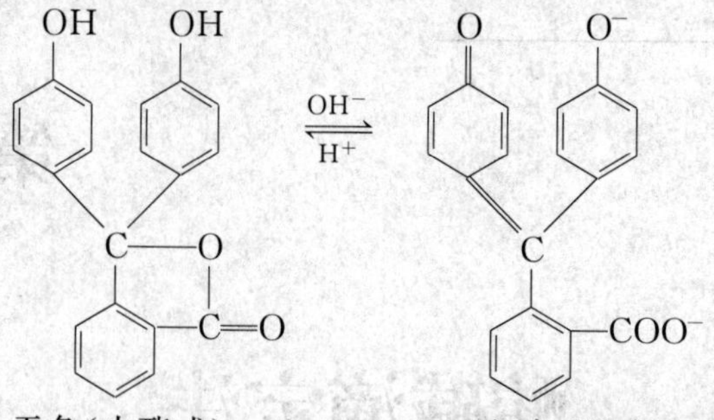

无色（内酯式）　　　　　红色（醌式）

由平衡关系式可以看出，在酸性溶液中，平衡向左移动，酚酞主要以未离解的分子形式存在，呈无色；在碱性溶液中，平衡向右移动，主要以醌式结构的阴离子存在，呈红色。可见，指示剂结构的改变是颜色变化的依据，溶液的 pH 是颜色变化的条件。

又如，甲基橙是一双色指示剂，它在溶液中发生如下的离解作用和颜色的变化：

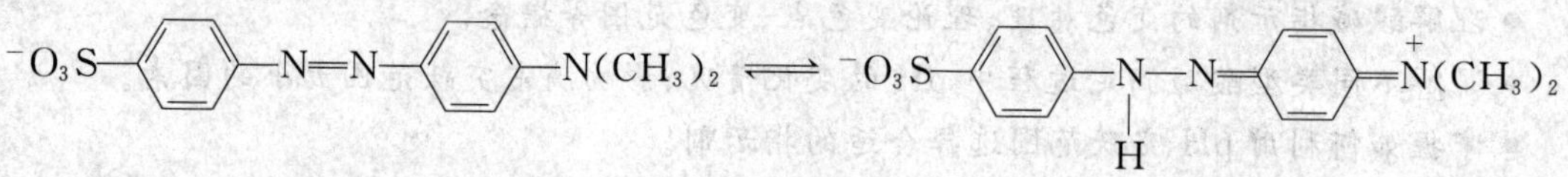

黄色（偶氮式）　　　　　红色（醌式）

由平衡关系式可以看出，增加溶液的酸度，平衡向右移动，溶液呈红色；降低溶液的酸度，平衡向左移动，溶液呈黄色。

二、酸碱指示剂的变色范围

溶液 pH 的变化可引起指示剂颜色发生改变。现以弱酸型（HIn）指示剂为例，说明指示剂颜色的变化与溶液 pH 的关系。

HIn 在溶液中的离解平衡为：

$$\underset{\text{(酸式色)}}{HIn} \rightleftharpoons H^+ + \underset{\text{(碱式色)}}{In^-}$$

$$K_{HIn} = \frac{[H^+][In^-]}{[HIn]} \quad \text{或} \quad [H^+] = K_{HIn} \cdot \frac{[HIn]}{[In^-]}$$

式中，K_{HIn} 为指示剂的电离平衡常数；$[HIn]$ 和 $[In^-]$ 分别为指示剂酸式和碱式的平衡浓度。

由上式可得：

$$pH = pK_{HIn} - \lg \frac{[HIn]}{[In^-]}$$

一定温度下 pK_{HIn} 为常数，所以，指示剂酸式色与碱式色浓度之比 $\frac{[HIn]}{[In^-]}$ 的改变，决定于溶液中 pH 的变化。即在不同的 pH 介质中，溶液呈现不同的颜色。

当 $[HIn]=[In^-]$ 时，$pH=pK_{HIn}$，此时溶液恰好显示等量 HIn 和 In^- 的混合色，此 pH 称为指示剂的理论变色点。

当溶液的 pH 发生变化,[HIn]与[In$^-$]不再相等,溶液就应显示较大浓度形式的颜色。由于人眼对颜色辨别能力有限,实验观察证明,当一种颜色物质的浓度是另一种颜色物质的浓度 10 倍以上时,人眼才能观察到浓度大的物质的颜色;而当两物质的浓度差别小于 10 倍时,人眼看到是两种颜色的混合色。即

$$\frac{[HIn]}{[In^-]} \geq 10 \qquad pH \leq pK_{HIn} - 1 \qquad 溶液呈酸式色$$

$$\frac{[HIn]}{[In^-]} \geq \frac{1}{10} \qquad pH \geq pK_{HIn} + 1 \qquad 溶液呈碱式色$$

当溶液的 pH 由 $pK_{HIn} - 1$ 变化到 $pK_{HIn} + 1$ 时,能明显地观察到指示剂颜色的变化。所以 $pH = pK_{HIn} \pm 1$ 称为指示剂的理论 pH 变色范围(两个 pH 单位)。不同的指示剂由于 pK_{HIn} 不同,它们的理论变色点不同,理论变色范围也各不相同。常用的酸碱指示剂列于表 8-1 中。

表 8-1　常用的酸碱指示剂

指示剂	变色范围（pH）	颜色变化		pK_{HIn}	浓度	用量/(滴/10 mL 试液)
		酸色	碱色			
百里酚蓝（第一变色点）	1.2~2.8	红	黄	1.7	1%的20%乙醇溶液	1~2
百里酚蓝（第二变色点）	8.0~9.6	黄	蓝	8.9	1%的20%乙醇溶液	1~4
甲基黄	2.9~4.0	红	黄	3.3	0.1%的90%乙醇溶液	1
甲基橙	3.1~4.4	红	黄	3.4	0.05%的水溶液	1
溴酚蓝	3.0~4.6	黄	紫	4.1	0.1%的20%乙醇溶液(或其钠盐的水溶液)	1
甲基红	4.4~6.2	红	黄	5.0	0.1%的60%乙醇溶液(或其钠盐水溶液)	1
溴百里酚蓝	6.2~7.6	黄	蓝	7.3	0.1%的20%乙醇溶液(或其钠盐水溶液)	1
中性红	6.8~8.0	红	橙黄	7.4	0.1%的60%乙醇溶液	1
酚红	6.8~8.0	黄	红	8.0	0.10%的60%乙醇溶液	2
酚酞	8.0~10.0	无	红	9.1	0.1%的90%乙醇溶液	1~3
溴甲酚绿	4.0~5.6	黄	蓝	5.0	0.1%的20%乙醇溶液(或其钠盐水溶液)	1~3

酸碱指示剂的变色范围越窄越好,因为 pH 稍有改变,指示剂就可立即由一种颜色变成另一种颜色,即指示剂变色敏锐,有利于提高测定结果的准确度。

？

想一想

使酚酞显无色的溶液一定是酸吗？使甲基橙显黄色的溶液一定是碱吗？

三、混合指示剂

指示剂的变色范围越窄,变色越敏锐,越有利于提高测定结果的准确度。但单一指示剂的变色范围比较宽,变色不够敏锐,且变色过程中有过渡色,不易辨别颜色的变化。混合指示剂

克服了单一指示剂的缺点。混合指示剂是利用颜色的互补作用来提高颜色变化的敏锐性或使指示剂的变色范围变窄。

混合指示剂有两类：

一类是在指示剂中加入一种不随 pH 变化而改变颜色的惰性染料混合而成。例如甲基橙和靛蓝（染料）组成的混合指示剂，由于颜色互补，变色更加敏锐，但变色范围不变。

溶液酸度	甲基橙颜色	靛蓝颜色	甲基橙＋靛蓝颜色
pH≤3.1	红	蓝	紫
pH＝4.0	橙	蓝	近无色
pH≥4.4	黄	蓝	绿

可见，单一的甲基橙指示剂由红（或黄）变到黄（或红），中间有一过渡的橙色，不易辨别。而混合指示剂由紫（或绿）变成绿（或紫），变色非常敏锐，容易辨别。

另一类是由两种不同的指示剂混合而成。例如，甲酚红和百里酚蓝组成的混合指示剂，其变色范围缩小为 0.2 个 pH 单位，由于颜色互补，使变色敏锐且变色范围变窄。

指示剂	变色范围(pH)	颜色变化
甲酚红	7.2～8.8	黄色至紫色
百里酚蓝	8.0～9.6	黄色至蓝色
甲酚红＋百里酚蓝	8.2～8.4	玫瑰色至紫色

常用的混合指示剂及其配制方法见表 8-2。

表 8-2　常用酸碱混合指示剂

溶液的组成	变色点(pH)	颜色		备注
		酸色	碱色	
1 份 0.1%甲基橙水溶液 1 份 0.25%靛蓝二磺酸钠水溶液	4.1	紫	黄绿	pH 4.1 灰色
1 份 0.1%溴甲酚绿钠水溶液 1 份 0.02%甲基橙水溶液	4.3	橙	蓝绿	pH 3.5 黄 pH 4.05 绿 pH 4.3 浅绿
3 份 0.1%溴甲酚绿乙醇溶液 1 份 0.2%甲基红乙醇溶液	5.1	酒红	绿	
1 份 0.1%溴甲酚绿钠水溶液 1 份 0.1%氯酚红钠水溶液	6.1	黄绿	蓝紫	pH 5.4 黄绿 pH 5.8 蓝色 pH 6.0 蓝带紫 pH 6.2 蓝紫
1 份 0.1%中性红乙醇溶液 1 份 0.1%亚甲基蓝乙醇溶液	7.0	蓝紫	绿	pH 7.0 蓝紫
1 份 0.1%甲酚红钠水溶液 3 份 0.1%百里酚蓝钠水溶液	8.3	黄	紫	pH 8.2 玫瑰红 pH 8.4 紫色
1 份 0.1%百里酚蓝 50%乙醇溶液 3 份 0.1%酚酞 50%乙醇溶液	9.0	黄	紫	
1 份 0.1%酚酞乙醇溶液 1 份 0.1%百里酚酞乙醇溶液	9.9	无	紫	pH 9.6 玫瑰红 pH 10 紫色

知识窗

指示剂的用量不能太多或太少，一般只需 2 滴或 3 滴。用量太少，颜色过浅，不易观察颜色的变化；用量太多时，由于指示剂本身是弱酸或弱碱，会消耗滴定剂，带来滴定误差。另外，对单色指示剂来说，理论和实验都证明，增加指示剂用量会改变指示剂的变色范围，例如，在 50～100 mL 溶液中加 2～3 滴 0.1％酚酞，则 pH≈9 时出现红色，在同样条件下加入 10～15 滴 0.1％酚酞，则 pH≈8 时就出现红色。双色指示剂用量太大时，酸式色和碱式色会相互掩盖反而不利于终点判断。

第二节 酸碱滴定曲线及指示剂的选择

在酸碱滴定过程中，随着标准溶液的加入，被测溶液的 pH 不断发生变化。通常以标准溶液的加入量或中和百分数为横坐标，被测溶液的 pH 为纵坐标，绘制出描述溶液 pH 随标准溶液的加入量而变化的曲线，称为酸碱滴定曲线。酸碱滴定可分为强酸强碱的滴定、一元弱酸弱碱的滴定、多元弱酸弱碱的滴定（含混合酸、混合碱的滴定）等多种类型。由滴定曲线可以了解各类酸碱滴定中溶液 pH 的变化规律，尤其是化学计量点及其前后被测溶液 pH 的变化情况，从而正确选择指示剂。

一、强酸强碱的滴定

现以 $0.100\ 0\ mol \cdot L^{-1}$ NaOH 溶液滴定 20.00 mL $0.100\ 0\ mol \cdot L^{-1}$ HCl 溶液为例，讨论这类滴定过程中溶液 pH 的变化情况、滴定曲线形状及指示剂的选择。

1. 滴定曲线

整个滴定过程可分为四个阶段：

(1)滴定前 溶液的 pH 取决于被滴定 HCl 溶液的初始浓度

$$[H^+] = c_{HCl} = 0.100\ 0\ mol \cdot L^{-1}$$
$$pH = 1.00$$

(2)滴定开始至化学计量点前 溶液的 pH 取决于酸碱中和后剩余 HCl 的浓度

$$[H^+] = \frac{c_{HCl}V_{HCl} - c_{NaOH}V_{NaOH}}{V_{HCl} + V_{NaOH}} = \frac{V_{HCl} - V_{NaOH}}{V_{HCl} + V_{NaOH}} \times 0.100\ 0$$

例如，当加入 18.00 mL NaOH 溶液时，

$$[H^+] = \frac{20.00 - 18.00}{20.00 + 18.00} \times 0.100\ 0 = 5.26 \times 10^{-3} (mol \cdot L^{-1})$$

$$pH = 2.28$$

同理,当滴入 NaOH 体积为 19.98 mL 时(即相对误差为 −0.1%)得

$$pH = 4.30$$

(3)化学计量点时　当加入 20.00 mL NaOH 溶液时,HCl 全部被中和,溶液呈中性。即

$$[H^+] = [OH^-] = 1.00 \times 10^{-7} \text{ mol} \cdot L^{-1}$$

$$pH = 7.00$$

(4)化学计量点后　溶液的 pH 取决于过量 NaOH 的浓度

$$[OH^-] = \frac{c_{NaOH} V_{NaOH} - c_{HCl} V_{HCl}}{V_{HCl} + V_{NaOH}} = \frac{V_{NaOH} - V_{HCl}}{V_{HCl} + V_{NaOH}} \times 0.100\ 0$$

例如,当加入 20.02 mL NaOH 溶液时(即相对误差为 +0.1%)得

$$[OH^-] = \frac{20.02 - 20.00}{20.00 + 20.02} \times 0.100\ 0 = 5.0 \times 10^{-5} (\text{mol} \cdot L^{-1})$$

$$pOH = 4.30 \qquad pH = 9.70$$

其余各点的 pH 可按同样方法计算,结果见表 8-3。

表 8-3　0.100 0 mol · L⁻¹ NaOH 滴定 20.00 mL 0.100 0 mol · L⁻¹ HCl 时溶液的 pH

加入 NaOH 溶液的体积/mL	滴定百分数/%	$[H^+]/(\text{mol} \cdot L^{-1})$	pH
0.00	0.00	1.00×10^{-1}	1.00
18.00	90.00	5.26×10^{-3}	2.28
19.80	99.00	5.03×10^{-4}	3.30
19.96	99.80	1.00×10^{-4}	4.00
19.98	99.90	5.00×10^{-5}	4.30
20.00	100.0	1.00×10^{-7}	7.00
20.02	100.1	2.00×10^{-10}	9.70
20.04	100.2	1.00×10^{-10}	10.00
20.20	101.0	2.00×10^{-11}	10.70
22.00	110.0	2.10×10^{-12}	11.70
40.00	200.0	3.00×10^{-13}	12.50

（4.30~9.70 为突跃范围）

以 NaOH 溶液的加入量(或中和百分数)为横坐标、溶液的 pH 为纵坐标作图,就可得到强碱滴定强酸的滴定曲线,如图 8-1 所示。

由表 8-3 和图 8-1 可以看出:

(1)从滴定开始到加入 19.98 mL NaOH 溶液,即 99.90% 的 HCl 被中和以前,溶液的 pH 变化较慢,只改变了 3.3 个 pH 单位,这段曲线较为平坦。

(2)在化学计量点附近加入 19.98~20.02 mL NaOH 溶液,即 0.04 mL(约 1 滴),终点误差在 ±0.1% 范围内,溶液的 pH 从 4.30 变化到 9.70,改变了 5.4 个 pH 单位,曲线出现了一个明显的突跃,溶液由酸性变为碱性。这种 pH 的突变称为滴定突跃。滴定突跃所在的 pH 范围,称为酸碱滴定突跃范围,简称突跃范围。

（3）再继续滴加 NaOH 溶液时，溶液的 pH 变化又逐渐减小，滴定曲线趋于平坦，与开始时情况类似。

2. 指示剂的选择

在酸碱滴定中，最理想的指示剂应该是恰好在化学计量点时变色。但只要指示剂在突跃范围内变色，其终点误差都不会大于 0.1%。所以选择指示剂的原则是：凡变色范围全部或部分落在滴定突跃范围内的指示剂均可用来正确指示滴定终点。即滴定突跃是选择指示剂依据。本例中突跃范围为 pH＝4.30～9.70，可选用酚酞、甲基红、甲基橙等作为指示剂。

3. 浓度对突跃范围的影响

滴定突跃范围的大小与酸碱溶液的浓度有关，浓度越大，突跃范围越大。从图 8-2 可以看出，当酸碱溶液浓度增大 10 倍时，滴定突跃范围增加 2 个 pH 单位，反之，则减少 2 个 pH 单位。如用 $0.010\ 0\ \text{mol} \cdot \text{L}^{-1}$ NaOH 滴定 $0.010\ 0\ \text{mol} \cdot \text{L}^{-1}$ HCl，突跃范围为 5.30～8.70，只能用甲基红或酚酞作指示剂，而不能用甲基橙，否则误差将达 1% 以上。因此，在酸碱滴定中，标准溶液的浓度在 $1.000～0.010\ 00\ \text{mol} \cdot \text{L}^{-1}$ 之间为宜。

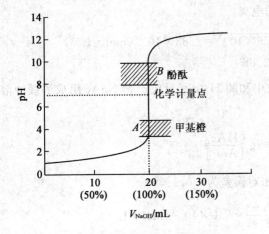

图 8-1　$0.100\ 0\ \text{mol} \cdot \text{L}^{-1}$ NaOH 滴定
$0.100\ 0\ \text{mol} \cdot \text{L}^{-1}$ HCl 的滴定曲线

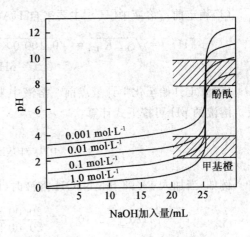

图 8-2　不同浓度 NaOH 滴定
不同浓度 HCl 的滴定曲线

若用 $0.100\ 0\ \text{mol} \cdot \text{L}^{-1}$ HCl 溶液滴定 20.00 mL $0.100\ 0\ \text{mol} \cdot \text{L}^{-1}$ NaOH 溶液，滴定曲线的形状与图 8-1 相同，但方向相反，滴定的突跃范围为 pH＝9.70～4.30。同样选用甲基橙、甲基红、酚酞作指示剂。

知识窗

在具体选择指示剂时，应注意滴定过程中指示剂颜色变化方向。例如，酚酞由酸式色变为碱式色，即由无色变为红色，颜色明显，容易观察；反之，由红色变为无色，颜色不易观察，往往滴定过量。因此，酚酞指示剂最好用在碱滴定酸的体系，而不用在酸滴定碱的体系。

?

想一想

根据甲基橙指示剂的颜色变化,判断甲基橙比较适合使用在碱滴定酸的体系,还是酸滴定碱的体系?

二、强碱(强酸)滴定一元弱酸(弱碱)

1. 滴定曲线

现以 $0.100\ 0\ mol \cdot L^{-1}$ NaOH 溶液滴定 $20.00\ mL\ 0.100\ 0\ mol \cdot L^{-1}$ HAc 为例,讨论强碱滴定一元弱酸的滴定曲线。其滴定反应如下:

$$OH^- + HAc \Longrightarrow Ac^- + H_2O$$

整个滴定过程可分为四个阶段:

(1)滴定前　溶液中$[H^+]$主要来自 HAc 的电离

$$[H^+] = \sqrt{c_{HAc}K_{HAc}} = \sqrt{0.100\ 0 \times 1.76 \times 10^{-5}} = 1.33 \times 10^{-3}(mol \cdot L^{-1})$$

$$pH = 2.88$$

(2)滴定开始至化学计量点前　溶液中未被中和的 HAc 和反应产物 NaAc 组成了缓冲溶液。溶液的 pH 可按下式计算:

$$pH = pK_{HAc} - \lg \frac{[HAc]}{[Ac^-]}$$

例如,当加入 19.98 mL NaOH 溶液时(即相对误差为 -0.1%)

$$[HAc] = 0.100\ 0 \times \frac{20.00 - 19.98}{20.00 + 19.98} = 5.0 \times 10^{-5}(mol \cdot L^{-1})$$

$$[Ac^-] = 0.100\ 0 \times \frac{19.98}{20.00 + 19.98} = 5.0 \times 10^{-2}(mol \cdot L^{-1})$$

$$pH = 4.75 - \lg \frac{5.00 \times 10^{-5}}{5.00 \times 10^{-2}} = 7.75$$

(3)化学计量点　HAc 与 NaOH 全部中和生成 NaAc,溶液 pH 取决于 NaAc 的水解。

$$[OH^-] = \sqrt{K_h c_{NaAc}} = \sqrt{\frac{K_w}{K_{HAc}} c_{NaAc}}$$

例如,当加入 20.00 mL NaOH 溶液时:

$$c_{NaAc} = \frac{20.00 \times 0.100\ 0}{20.00 + 20.00} = 0.050\ 00(mol \cdot L^{-1})$$

$$[OH^-] = \sqrt{\frac{K_w}{K_{HAc}} c_{NaAc}} = \sqrt{\frac{1.00 \times 10^{-14}}{1.76 \times 10^{-5}} \times 0.050\ 00}$$

$$= 5.33 \times 10^{-6}(mol \cdot L^{-1})$$

$$pOH = 5.27 \qquad pH = 8.73$$

(4)化学计量点后 由于过量 NaOH 的存在,抑制了 Ac^- 的水解,溶液的酸度取决于过量 NaOH 的浓度,计算方法同强碱滴定强酸。

$$[OH^-] = \frac{c_{NaOH}V_{NaOH} - c_{HAc}V_{HAc}}{V_{HAc} + V_{NaOH}}$$

例如,当加入 20.02 mL NaOH 溶液时(即相对误差为 +0.1%)

$$[OH^-] = 5.00 \times 10^{-3} \ mol \cdot L^{-1}$$

$$pOH = 4.30 \qquad pH = 9.70$$

将计算结果列于表 8-4 中,并以此绘制滴定曲线,如图 8-3 所示。

表 8-4 0.100 0 mol·L⁻¹ NaOH 滴定 20.00 mL 0.100 0 mol·L⁻¹ HAc 溶液 pH

加入 NaOH/mL	中和百分数	剩余 HAc/mL	过量 NaOH/mL	pH
0.00	0.00	20.00		2.88
18.00	90.00	2.00		5.71
19.80	99.00	0.20		6.47
19.98	99.90	0.02		7.75
20.00	100.0	0.00		8.73
20.02	100.1		0.02	9.70
20.20	101.0		0.20	10.70
22.00	110.0		2.00	11.70
40.00	200.0		20.00	12.50

(注:19.98 至 20.02 行 pH 处标注"突跃范围")

比较图 8-1 和图 8-3 可以看出,强碱滴定弱酸具有以下特点:

(1)滴定曲线起点高 由于 HAc 是弱酸,因此 NaOH-HAc 滴定曲线起点的 pH 较 NaOH-HCl 滴定曲线高。

(2)滴定突跃范围小 由于 Ac^- 的水解作用,使化学计量点及突跃范围处在碱性范围(pH = 7.75~9.70)内,仅变化约 2 个 pH 单位,较 NaOH-HCl 的突跃范围(4.30~9.70)小得多。

(3)滴定曲线的形状不同 滴定开始时,溶液的 pH 变化快,然后变化较慢,接近化学计量点时又逐渐加快。这是由于滴定开始后,反应生成了 NaAc,同离子效应抑制了 HAc 的电离,溶液的 pH 增加较快,故滴定曲线较陡;随着滴定进行,HAc 不断减少,NaAc

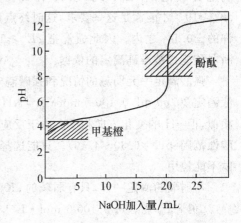

图 8-3 0.100 0 mol·L⁻¹ NaOH 滴定 0.100 0 mol·L⁻¹ HAc 的滴定曲线

不断增大,在溶液中形成了 HAc-NaAc 缓冲体系,故使溶液 pH 增加的速度变慢,因此这一段曲线较为平坦。接近化学计量点时,由于 HAc 浓度已变得很小,缓冲作用大大减弱,Ac^- 的水解作用增大,溶液的 pH 增加较快,曲线的斜率又迅速增大。直到化学计量点时,溶液的 pH 发生突变,形成滴定突跃。

2. 指示剂的选择

由于强碱滴定弱酸的突跃范围在碱性范围,因此在酸性范围变色的指示剂,如甲基橙、甲基红都不能作为 NaOH 滴定 HAc 的指示剂,该滴定宜选用碱性范围变色的指示剂如酚酞、百里酚酞等。

? 想一想

在强碱滴定一元弱酸的过程中,滴定突跃范围的大小与哪些因素有关?

3. 影响滴定突跃范围的因素

(1)浓度　对于一定强度的一元弱酸,浓度越大,突跃范围越大,反之亦然。

(2)电离常数　当酸浓度一定时,K_a 越小,即酸越弱,滴定突跃范围就越小。图 8-4 为 0.100 0 mol · L^{-1} NaOH 滴定 20.00 mL 0.100 0 mol · L^{-1} 不同强度酸的滴定曲线。可以看出,当 $K_a \leqslant 10^{-9}$ 时,已无明显的突跃。

4. 直接准确滴定弱酸的条件

实践证明,人眼借助指示剂准确判断滴定终点,滴定突跃范围(ΔpH)必须大于 0.3 个单位,当 $cK_a \geqslant 10^{-8}$ 才能满足这一要求,这时终点误差也在允许的 $\pm 0.1\%$ 之内。因此通常把 $cK_a \geqslant 10^{-8}$ 作为判断弱酸能否被准确滴定的依据。

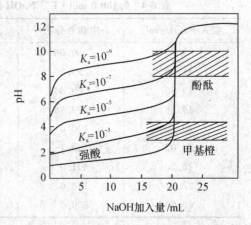

图 8-4　0.100 0 mol · L^{-1} NaOH 滴定 0.100 0 mol · L^{-1} 各种强度酸的滴定曲线

强酸滴定一元弱碱的情况和强碱滴定一元弱酸类似。例如,用 0.100 0 mol · L^{-1} HCl 溶液滴定 20.00 mL 0.100 0 mol · L^{-1} NH_3 · H_2O 溶液,其滴定曲线与 NaOH-HAc 的滴定曲线相似,但 pH 的变化方向相反。由于反应产物是 NH_4^+,化学计量点时溶液呈酸性,滴定突跃在酸性范围(pH=6.30~4.30)。只能选择在酸性范围变色的指示剂如甲基橙、甲基红等,而酚酞不能使用。

与弱酸的滴定一样,只有弱碱的 $cK_b \geqslant 10^{-8}$ 时,才能借助指示剂准确判断滴定终点。

[例 8-1] 能否用 0.100 0 mol · L^{-1} NaOH 溶液滴定 0.100 0 mol · L^{-1} HF 溶液,如能滴定应选择哪种指示剂?($K_{HF} = 3.53 \times 10^{-4}$)

解:因为　　　　$cK_{HF} = 0.100 0 \times 3.53 \times 10^{-4} = 3.53 \times 10^{-5} > 10^{-8}$

故 HF 可被 NaOH 准确滴定。

$$HF + NaOH = NaF + 2H_2O$$

化学计量点时溶液的 pH 由 NaF 决定:

又因为　　　　$\dfrac{c}{K_h} = \dfrac{0.05}{\dfrac{1.0 \times 10^{-14}}{3.53 \times 10^{-4}}} = 1.8 \times 10^9 > 500$

$$[OH^-] = \sqrt{K_h c} = \sqrt{\frac{1.0 \times 10^{-14}}{3.53 \times 10^{-4}} \times 0.05}$$

$$= 1.2 \times 10^{-6} (mol \cdot L^{-1})$$

$$pOH = 5.92 \qquad\qquad pH = 8.08$$

可选酚酞作指示剂。

三、多元弱酸(碱)和强碱(酸)的滴定

1. 多元弱酸的滴定

多元酸分步电离,与强碱的中和反应也是分步进行的。主要解决的问题是,各级电离出的 H^+ 是否都可以准确滴定;能否准确分步滴定;化学计量点 pH 的计算和指示剂的选择。

以二元酸为例:

(1)分步滴定原则

①若 $cK_{ai} \geqslant 10^{-8}$,则该级电离的 H^+ 可被准确滴定;

②若 $cK_{a1} \geqslant 10^{-8}$,$cK_{a2} \geqslant 10^{-8}$,且 $\frac{K_{a1}}{K_{a2}} > 10^5$ 时,两级电离出的 H^+ 都可被准确滴定,且可分步滴定,形成两个滴定突跃,可选用不同的指示剂指示终点。

若 $\frac{K_{a1}}{K_{a2}} < 10^5$ 时,只能形成一个突跃,即二元酸的两个 H^+ 一次被滴定,不能分步滴定。

③若 $cK_{a1} \geqslant 10^{-8}$,$cK_{a2} < 10^{-8}$,但 $\frac{K_{a1}}{K_{a2}} > 10^5$ 时,则只有第一级 H^+ 能被准确滴定,形成一个滴定突跃,而第二级 H^+ 不能被准确滴定。

其他的多元酸情况可依此类推。

(2)化学计量点 pH 计算及指示剂的选择　多元酸滴定曲线的计算比较复杂,在实际工作中,通常只计算化学计量点时溶液的 pH,以便选择指示剂。

[例 8-2] 能否用 $0.100\,0\ mol \cdot L^{-1}$ NaOH 溶液滴定 $0.100\,0\ mol \cdot L^{-1}$ $H_2C_2O_4$ 溶液,能否分步滴定? 如能滴定,请选择合适的指示剂。

解:$H_2C_2O_4$ 的 $K_{a1} = 5.9 \times 10^{-2}$,$K_{a2} = 6.4 \times 10^{-5}$,

因为

$$cK_{a1} = 0.100\,0 \times 5.9 \times 10^{-2} = 5.9 \times 10^{-3} > 10^{-8}$$

$$cK_{a2} = 0.100\,0 \times 6.4 \times 10^{-5} = 6.4 \times 10^{-6} > 10^{-8}$$

$$\frac{K_{a1}}{K_{a2}} = 9.2 \times 10^2 < 10^5$$

故 $H_2C_2O_4$ 不能分步滴定,只能直接滴定到第二个 H^+ 全部被中和。

$$H_2C_2O_4 + 2NaOH = Na_2C_2O_4 + 2H_2O$$

化学计量点时溶液的 pH 由 $Na_2C_2O_4$ 决定:$c_{Na_2C_2O_4} = 0.033\ mol \cdot L^{-1}$

又因为

$$\frac{c}{K_{h1}} = \frac{0.033}{\frac{1.0 \times 10^{-14}}{6.4 \times 10^{-5}}} = 2.1 \times 10^8 > 500$$

$$[OH^-] = \sqrt{K_{b1}c} = \sqrt{\frac{1.0 \times 10^{-14}}{6.4 \times 10^{-5}} \times 0.033} = 2.3 \times 10^{-6} (mol \cdot L^{-1})$$

$$pOH = 5.46 \qquad pH = 8.54$$

可选酚酞作指示剂。

? 想一想

能否用 NaOH 分别滴定 HCOOH 和 NH_4Cl？如何选择指示剂和滴定剂的浓度？

2. 多元碱的滴定

多元碱是指多元弱酸盐，如 Na_2CO_3、$Na_2B_4O_7 \cdot 10H_2O$ 等。多元碱的滴定和多元酸的滴定相似，前述有关多元酸滴定的条件，也适用于多元碱的滴定。

[例 8-3] 能否用 $0.1000 \ mol \cdot L^{-1}$ HCl 溶液滴定 $0.1000 \ mol \cdot L^{-1}$ 的 Na_2CO_3 溶液，能否分步滴定？如果能滴定应选什么作指示剂？

解：Na_2CO_3 可视为二元弱碱，滴定反应分两步进行：

$$CO_3^{2-} + H^+ \Longleftrightarrow HCO_3^- \qquad K_{b1} = \frac{K_w}{K_{a2}} = 1.79 \times 10^{-4}$$

$$HCO_3^- + H^+ \Longleftrightarrow H_2CO_3 \qquad K_{b2} = \frac{K_w}{K_{a1}} = 2.38 \times 10^{-8}$$

因 $\qquad cK_{b1} > 10^{-8}, cK_{b2} \approx 10^{-8}$；$K_{b1}/K_{b2} \approx 10^4$

所以，第一化学计量点的产物是 $NaHCO_3$，溶液的 pH：

$$[H^+] = \sqrt{K_{a1}K_{a2}} = \sqrt{4.2 \times 10^{-7} \times 5.6 \times 10^{-11}}$$
$$= 4.8 \times 10^{-9} (mol \cdot L^{-1})$$

$$pH = 8.32$$

可选酚酞作指示剂，但终点颜色较难判断（红→微红）。采用甲酚红-百里酚蓝混合指示剂（玫瑰红→紫）为好。

第二化学计量点的产物为 $H_2CO_3(CO_2 + H_2O)$，CO_2 饱和溶液的浓度约为 $0.04 \ mol \cdot L^{-1}$。则

$$[H^+] = \sqrt{K_{a1}c} = \sqrt{4.2 \times 10^{-7} \times 0.04} = 1.3 \times 10^{-4} (mol \cdot L^{-1})$$

$$pH = 3.89$$

可选用甲基橙作指示剂。

$0.1000 \ mol \cdot L^{-1}$ HCl 溶液滴定 $0.1000 \ mol \cdot L^{-1}$ 的 Na_2CO_3 溶液的滴定曲线如图 8-5 所示。

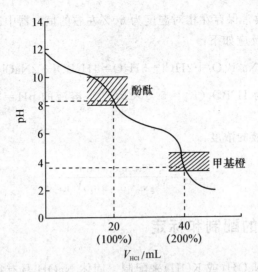

图 8-5　0.100 0 mol·L^{-1} HCl 滴定 0.100 0 mol·L^{-1} Na$_2$CO$_3$ 的滴定曲线

◆◆◆ 第三节　酸碱标准溶液的配制和标定 ◆◆◆

一、酸标准溶液的配制和标定

酸标准溶液通常用盐酸(有时也用硫酸)来配制,常用浓度为 0.100 0 mol·L^{-1}。市售浓盐酸浓度不准确且易挥发,应采用间接法配制标准溶液。常用的基准物质有无水碳酸钠和硼砂。

1. 无水碳酸钠(Na_2CO_3)

无水 Na_2CO_3 容易制得纯品,且价格便宜。但无水 Na_2CO_3 有较强的吸湿性,故在使用前应将无水 Na_2CO_3 置于烘箱中,在 270～300℃干燥 2～3 h,然后放入密封的瓶中保存于干燥器内冷却后备用。

无水 Na_2CO_3 标定 HCl 的反应如下:

$$Na_2CO_3 + 2HCl = 2NaCl + CO_2\uparrow + H_2O$$

化学计量点时 pH = 3.89,可选用甲基橙作指示剂。滴定时应注意 CO_2 的影响,临近终点应剧烈摇动溶液或将溶液煮沸,以消除 CO_2 的影响。

按下式计算 HCl 溶液的浓度:

$$c_{HCl} = \frac{m_{Na_2CO_3}}{M_{\frac{1}{2}Na_2CO_3} V_{HCl}}$$

2. 硼砂($Na_2B_4O_7 \cdot 10H_2O$)

$Na_2B_4O_7 \cdot 10H_2O$ 容易提纯,不易吸水,且摩尔质量较大。但空气中的相对湿度小于

39%时,易失去结晶水,故常保存在相对湿度为 60%左右的恒湿器中。

用硼砂标定 HCl 的反应如下:

$$Na_2B_4O_7 + 2HCl + 5H_2O = 4H_3BO_3 + 2NaCl$$

化学计量点时产物为 $H_3BO_3(K_a = 5.8 \times 10^{-10})$,溶液的 pH=5.1,可选用甲基红作指示剂。

按下式计算 HCl 溶液的浓度:

$$c_{HCl} = \frac{m_{Na_2B_4O_7 \cdot 10H_2O}}{M_{\frac{1}{2}Na_2B_4O_7 \cdot 10H_2O} V_{HCl}}$$

二、碱标准溶液的配制和标定

碱标准溶液通常用 NaOH(或 KOH)来配制。固体 NaOH 具有很强的吸湿性,易吸收空气中的 CO_2 生成 Na_2CO_3,且含有少量硫酸盐、硅酸盐、氯化物等,因此采用间接法配制标准溶液。常用的基准物质有邻苯二甲酸氢钾和草酸等。

1.邻苯二甲酸氢钾($KHC_8H_4O_4$)

邻苯二甲酸氢钾容易制得纯品,在空气中不易吸水,容易保存,且摩尔质量较大,是标定 NaOH 溶液较为理想的基准物质。通常于 100~125℃时干燥备用,干燥温度不易过高,否则会引起脱水而成为邻苯二甲酸酐。

邻苯二甲酸氢钾标定 NaOH 的反应为:

反应产物为邻苯二甲酸钠钾,化学计量点 pH=9.05,可选用酚酞作指示剂。

按下式计算 NaOH 溶液的浓度:

$$c_{NaOH} = \frac{m_{KHC_8H_4O_4}}{M_{KHC_8H_4O_4} V_{NaOH}}$$

2.草酸($H_2C_2O_4 \cdot 2H_2O$)

草酸相当稳定,相对湿度在 5%~95%时不会风化失水,因此可保存在密闭容器中备用。

草酸是二元弱酸,其 $K_{a1} = 5.9 \times 10^{-2}$,$K_{a2} = 6.4 \times 10^{-5}$,由于 $\frac{K_{a1}}{K_{a2}} < 10^{-5}$,因此用 NaOH 溶液滴定时,两个 H^+ 同时被滴定,其反应如下:

$$H_2C_2O_4 + 2NaOH = Na_2C_2O_4 + 2H_2O$$

化学计量点时溶液的 pH 为 8.4,可选用酚酞作指示剂。

按下式计算 NaOH 溶液的浓度:

$$c_{NaOH} = \frac{m_{H_2C_2O_4 \cdot 2H_2O}}{M_{\frac{1}{2}H_2C_2O_4 \cdot 2H_2O} V_{NaOH}}$$

第四节 酸碱滴定法应用实例

酸碱滴定法被广泛地应用于生产实际。在我国的国家标准(GB)和有关部颁标准中,许多试样如化学试剂、食品添加剂、水样、饲料等,凡涉及酸度项目的,一般都采用酸碱滴定法进行测定。在农业方面,土壤和肥料中氮、磷、钾含量的测定,以及饲料、农产品品质的评定等,也经常用到酸碱滴定法。

一、铵盐中氮的测定

测定土壤、肥料、饲料、食品、动物及植物等样品的全氮时,由于 NH_4^+ 的 $K_a = 5.68 \times 10^{-10}$,酸性太弱,不能用 NaOH 直接滴定。一般采用间接滴定法。常用的方法有两种。

1. 蒸馏法

将铵盐试样放入蒸馏瓶中,加入过量浓 NaOH 溶液,加热把生成的 NH_3 蒸馏出来。

$$NH_4^+ + OH^- \rightleftharpoons NH_3 \uparrow + H_2O$$

将蒸馏出的 NH_3 吸收于 H_3BO_3 溶液中,然后用酸标准溶液滴定 H_3BO_3 吸收液:

$$NH_3 + H_3BO_3 \rightleftharpoons NH_4H_2BO_3$$
$$NH_4H_2BO_3 + HCl \rightleftharpoons NH_4Cl + H_3BO_3$$

H_3BO_3 是极弱的酸,它可以吸收 NH_3,但不影响滴定,故不需要定量加入。化学计量点时溶液中有 H_3BO_3 和 NH_4^+ 存在,pH 约为 5,可用甲基红和溴甲酚绿混合指示剂,终点为粉红色。根据 HCl 浓度和消耗的体积,按下式计算氮的质量分数:

$$\omega_N = \frac{c_{HCl} V_{HCl} M_N}{m_{试样}} \times 100\%$$

除用 H_3BO_3 吸收 NH_3 外,也可以用 HCl 或 H_2SO_4 标准溶液吸收,过量的酸用 NaOH 标准溶液返滴定,指示剂为甲基橙或甲基红。

土壤和有机化合物氮的测定,一般采用凯氏定氮法。其原理是将试样用浓硫酸、硫酸钾和适量催化剂(如 $CuSO_4$,HgO 和 Se 粉等)加热消解,使各种氮化合物转变成铵盐后,再按上述方法进行测定。

2. 甲醛法

甲醛与铵盐作用,生成等物质的量的酸:

$$4NH_4^+ + 6HCHO = (CH_2)_6N_4H^+ + 3H^+ + 6H_2O$$

反应生成的酸,用 NaOH 标准溶液滴定:

$$4NaOH + (CH_2)_6N_4H^+ + 3H^+ = 4H_2O + (CH_2)_6N_4 + 4Na^+$$

化学计量点时产物为六次甲基四胺,是一很弱的碱($K_b = 1.4 \times 10^{-9}$),溶液的 pH 约为 8.7,故可选用酚酞作指示剂。根据 NaOH 的浓度和消耗的体积,按下式计算氮的质量分数:

$$\omega_N = \frac{c_{NaOH} V_{NaOH} M_N}{m_{试样}} \times 100\%$$

二、混合碱的测定

工业品烧碱、纯碱等产品大多都是混合碱。烧碱的主要成分为 NaOH,但在运输和储存过程中,常因吸收空气中的 CO_2 而生成部分 Na_2CO_3,纯碱 Na_2CO_3 中也常含有 $NaHCO_3$,这些不同形体的混合碱可通过选用恰当指示剂采用直接滴定法测定。通常采用双指示剂法。双指示剂法是利用两种指示剂进行连续滴定,根据两个终点所消耗的酸标准溶液的体积,计算各组分的含量。

1.烧碱中 NaOH 和 Na_2CO_3 含量的测定

准确取烧碱试样溶液,先加酚酞指示剂,用 HCl 标准溶液滴定至红色刚消失,消耗 HCl 溶液体积为 V_1(第一终点)。这时 NaOH 全部被中和,而 Na_2CO_3 仅被中和到 $NaHCO_3$。然后加入甲基橙指示剂,继续用 HCl 溶液滴定至橙色,用去的 HCl 体积为 V_2(第二终点)。显然,V_2 是滴定 $NaHCO_3$ 所消耗 HCl 的体积。

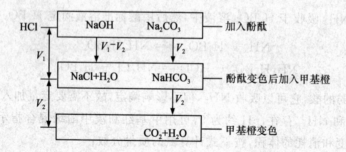

按下式计算样品中 NaOH 和 Na_2CO_3 的质量分数:

$$\omega_{Na_2CO_3} = \frac{c_{HCl} 2V_2 M_{\frac{1}{2}Na_2CO_3}}{m_{样}} \times 100\%$$

$$\omega_{NaOH} = \frac{c_{HCl}(V_1 - V_2) M_{NaOH}}{m_{样}} \times 100\%$$

2.纯碱中 Na_2CO_3 和 $NaHCO_3$ 含量的测定

准确取烧碱试样溶液,先加酚酞指示剂,Na_2CO_3 中和生成 $NaHCO_3$,消耗 HCl 的体积为 V_1。然后加入甲基橙指示剂,继续用 HCl 溶液滴定至橙色,用去的 HCl 体积为 V_2。显然,V_2 是混合物中原有的 $NaHCO_3$ 和由 Na_2CO_3 生成的 $NaHCO_3$ 反应所消耗 HCl 的体积。

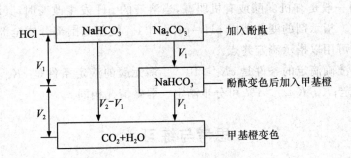

按下式计算样品中 Na_2CO_3 和 $NaHCO_3$ 的质量分数：

$$\omega_{Na_2CO_3} = \frac{c_{HCl} 2V_1 M_{\frac{1}{2}Na_2CO_3}}{m_{样}} \times 100\%$$

$$\omega_{NaHCO_3} = \frac{c_{HCl}(V_2 - V_1) M_{NaHCO_3}}{m_{样}} \times 100\%$$

?

想一想

有没有 NaOH 和 $NaHCO_3$ 两种形体共存的混合碱？为什么？

三、生物试样中总酸度的测定

生物试样中所含的酸为有机弱酸，如醋酸、乳酸和苹果酸等。可用 NaOH 标准溶液直接滴定，化学计量点时溶液呈碱性，故可选用酚酞作指示剂。

水中存在的 CO_2 会影响滴定的准确度，因为在滴定时，CO_2 可作为一元弱酸与 NaOH 作用。因此，须使用不含 CO_2 的蒸馏水。

用碱溶液滴定时，凡 $K_a > 10^{-7}$ 的弱酸均可被滴定，因此测出的结果应是总酸量。以适当的酸表示，可按下式计算总酸度：

$$\omega_{总酸量} = \frac{c_{NaOH} V_{NaOH} K}{m_{样}} \times 100\%$$

式中，K 为对应酸的换算系数，其值为：苹果酸—0.067；柠檬酸—0.064；醋酸—0.060；乳酸—0.090；酒石酸—0.075。

本 章 小 结

1. 酸碱滴定法是所有滴定分析方法中最基础的方法。在酸碱滴定过程中溶液的 pH 发生改变，以滴定剂的加入量或中和百分数为横坐标，被测溶液的 pH 为纵坐标作图，所得曲线称为酸碱滴定曲线。在整个滴定过程中，在化学计量点±0.1% 相对误差范围内溶液的 pH 突变称为酸碱滴定突跃。

2. 酸碱指示剂一般是有机弱酸或有机弱碱,当溶液的 pH 发生改变时,其颜色发生改变,从而指示滴定终点。指示剂的变色范围 pH＝pK_{HIn}±1。变色范围部分或全部落在滴定突跃范围内的指示剂均可用以指示滴定终点。

3. 一元弱酸被准确滴定的条件是 $cK_a \geqslant 10^{-8}$。多元酸的滴定条件是 $cK_{ai} \geqslant 10^{-8}$,各级电离的 H^+ 方可被滴定;$K_{ai}/K_{ai+1} > 10^5$ 可分步滴定。弱碱情况相同。

思考与练习

一、选择题

1. 用 0.100 0 mol·L^{-1} HCl 滴定 0.100 0 mol·L^{-1} NaOH 时,pH 突跃范围是 9.70～4.30,用 0.010 00 mol·L^{-1} HCl 滴定 0.010 00 mol·L^{-1} NaOH 时,pH 突跃范围是(   )。

A. 4.30～9.70   B. 8.70～3.30   C. 8.70～5.30   D. 10.70～3.30

2. 酸碱滴定中选择指示剂的原则是(   )。

A. 指示剂的变色范围与化学计量点完全符合

B. 指示剂的变色范围全部或部分落入滴定的 pH 突跃范围之内

C. 指示剂的变色范围必须完全落在滴定的 pH 突跃范围之内

D. 指示剂应在 pH＝7.00 时变色

3. 某酸碱指示剂的 K_{HIn}＝1.0×10^{-5},从理论上推算其变色范围 pH 等于(   )。

A. 3～5   B. 4～6   C. 5～7   D. 4.5～5.5

4. 用 0.100 0 mol·L^{-1} NaOH 滴定 0.100 0 mol·L^{-1} HCOOH 时,最适用的指示剂是(   )。

A. 中性红(pK_a＝7.4)   B. 溴粉蓝(pK_a＝4.1)

C. 甲基橙(pK_a＝3.41)   D. 百里酚蓝(pK_a＝1.7)

5. 欲配制 1 000 mL 0.1 mol·L^{-1} HCl 溶液,应取浓盐酸(12 mol·L^{-1} HCl)多少毫升(   )?

A. 0.84 mL   B. 8.4 mL   C. 5 mL   D. 16.8 mL

6. 欲配制 1 L 0.1 mol·L^{-1} NaOH 溶液,应称取 NaOH 多少克(   )?

A. 0.4 g   B. 1 g   C. 4 g   D. 40 g

7. 弱酸被准确滴定必须符合的条件是(   )。

A. $cK_a \leqslant 10^{-8}$ B. $cK_a \geqslant 10^5$ C. $cK_a \geqslant 10^{-7}$ D. $cK_a \geqslant 10^{-8}$

8. 各类型的酸碱滴定,其等量点的位置均在(   )。

A. pH＝7   B. pH＞7   C. pH＜7   D. 突跃范围中点

二、填空题

1. 已知 HCl 溶液的浓度为 0.100 0 mol·L^{-1},滴定 NaOH 溶液,甲基橙指示终点,HCl 溶液称为_____溶液,甲基橙称为_____,该滴定化学计量点的 pH 等于_____,滴定终点的 pH 突跃范围为_____;滴定终点与化学计量点之差称为_____,此误差为_____误差(正或负)。

2. 酸碱滴定曲线是以被滴定溶液的_____变化为特征的,滴定时酸碱溶液的浓度愈_____,滴定的突跃范围愈大,浓度一定时酸碱的强度愈_____,则滴定的突跃范围愈大。

3. 甲基橙的变色范围是 pH＝_____，当溶液的 pH 小于这个范围的下线时溶液呈现_____色，当溶液 pH 处在这个范围内时指示剂呈现_____色。

4. 标定 HCl 溶液常用的基准物质有_____和_____，标定 NaOH 溶液常用的基准物质有_____和_____。

5. 标定 $0.1\ mol\cdot L^{-1}$ NaOH 溶液时，将滴定的体积控制在 25 mL 左右，若以邻苯二甲酸氢钾（摩尔质量为 204.2 $g\cdot mol^{-1}$）为基准物质应称取_____g；若改用草酸（$H_2C_2O_4\cdot 2H_2O$ 摩尔质量为 126.1 $g\cdot mol^{-1}$）为基准物质，应称取_____g。

三、简答题

1. 酸碱指示剂的变色原理如何？选择酸碱指示剂的原则是什么？

2. 酸碱滴定中，用强酸（碱）而不用弱酸（碱）配制标准溶液，为什么？标准酸碱溶液浓度大约为多少？为何不能太稀？

3. 生物样品中总酸量的测定，可否用含有 CO_2 的蒸馏水处理样品？为什么？

4. 解释下列滴定选择指示剂的依据是什么？

(1) $0.1\ mol\cdot L^{-1}$ NaOH 溶液滴定 $0.1\ mol\cdot L^{-1}$ HCl 溶液可选用甲基橙，但 $0.01\ mol\cdot L^{-1}$ NaOH 溶液滴定 $0.01\ mol\cdot L^{-1}$ HCl 溶液则选择甲基红而不用甲基橙；

(2) $0.1\ mol\cdot L^{-1}$ NaOH 溶液滴定 $0.1\ mol\cdot L^{-1}$ HAc 选酚酞而不能用甲基橙。

5. 指出下列溶液的 pH 范围

(1) 某溶液，使酚酞无色，使甲基红显黄色。

(2) 某溶液，使甲基橙显黄色，使甲基红显红色。

6. 有一碱液，可能是 Na_2CO_3、NaOH、$NaHCO_3$ 或其中两者的混合物。今用 HCl 溶液滴定，以酚酞作指示剂时，消耗体积 V_1；继续加入甲基橙作指示剂，滴定消耗 HCl 体积 V_2。根据下列情况，分别判断该碱液由哪些物质组成？

(1) $V_1 > 0$，$V_2 = 0$；　　(2) $V_1 = V_2 > 0$；　　(3) $V_1 = 0$，$V_1 > 0$；

(4) $V_1 > V_2 > 0$；　　　(5) $V_2 > V_1 > 0$

7. 无水 Na_2CO_3 如保存不当，吸有少量水分，对标定 HCl 溶液浓度有何影响？

四、计算题

1. 下列滴定能否进行，如能进行，计算化学计量点的 pH 并选择可用的指示剂。

(1) $0.010\ 00\ mol\cdot L^{-1}$ NaOH 滴定 $0.010\ 00\ mol\cdot L^{-1}$ HCl

(2) $0.100\ 0\ mol\cdot L^{-1}$ NaOH 滴定 $0.100\ 0\ mol\cdot L^{-1}$ HCOOH

(3) $0.010\ 00\ mol\cdot L^{-1}$ HCl 滴定 $0.010\ 00\ mol\cdot L^{-1}$ $NH_3\cdot H_2O$

(4) $0.100\ 0\ mol\cdot L^{-1}$ HCl 滴定 $0.100\ 0\ mol\cdot L^{-1}$ NaAc

(5) $0.100\ 0\ mol\cdot L^{-1}$ NaOH 滴定 $0.100\ 0\ mol\cdot L^{-1}$ H_2CO_3

(6) $0.010\ 00\ mol\cdot L^{-1}$ NaOH 滴定 $0.010\ 00\ mol\cdot L^{-1}$ H_3PO_4

2. 有一待标定的 NaOH 溶液，已知其浓度大约为 $0.1\ mol\cdot L^{-1}$，如果用草酸（$H_2C_2O_4\cdot 2H_2O$）作基准物质，应称多少克？

3. 用硼砂（$Na_2B_4O_7\cdot 10H_2O$）基准物质标定 $0.1\ mol\cdot L^{-1}$ HCl 溶液，消耗 HCl 20～30 mL，应称取基准物质多少克？

4. 移取某醋酸溶液 2.00 mL，适当稀释后，以 $0.117\ 6\ mol\cdot L^{-1}$ NaOH 溶液滴定，酚酞为

指示剂,滴定至终点,消耗 NaOH 25.78 mL,求醋酸的浓度。

5. 称取 $CaCO_3$ 0.500 0 g,溶于 50.00 mL HCl 中,多余的酸用 NaOH 溶液回滴,耗去 6.20 mL。1 mL NaOH 溶液相当于 1.010 mL HCl 溶液,求两种溶液的浓度。

6. 有工业硼砂 1.000 g,用 0.200 0 mol·L^{-1} HCl 溶液 25.00 mL 恰好中和至化学计量点,计算试样中 $Na_2B_4O_7$·$10H_2O$、$Na_2B_4O_7$ 和硼的质量分数。

7. 有浓 H_3PO_4 试样 2.00 g,用水稀释定容为 250.0 mL,取稀释液 25.00 mL 以 0.100 0 mol·L^{-1} NaOH 20.00 mL 滴定至甲基红变橙黄色,计算试样中 H_3PO_4 的质量分数。

8. 称取混合碱试样 0.680 0 g,以酚酞作指示剂,用 0.180 0 mol·L^{-1} HCl 标准溶液滴定至终点,消耗 HCl 溶液体积 23.00 mL。继续用甲基橙作指示剂,终点时用去 HCl 溶液体积 26.80 mL。判断混合碱的组分,并计算试样中各组分的含量。

9. 称取混合碱试样 0.680 0 g,以酚酞作指示剂,用 0.200 mol·L^{-1} HCl 标准溶液滴定至终点,消耗 HCl 体积 26.80 mL。继续用甲基橙作指示剂,终点时用去 HCl 体积 23.00 mL。判断混合碱的组分,并计算试样中各组分的含量。

第九章

配位滴定法

🍁 知识目标
- 掌握 EDTA 的性质及其金属配合物的特点。
- 掌握配位滴定法的基本原理。
- 了解酸效应曲线及其应用。
- 理解金属指示剂的变色原理。

🍁 能力目标
- 掌握影响 EDTA 配合物稳定性的因素和提高配位滴定选择性的方法。
- 掌握 EDTA 滴定法的应用。
- 能够利用 K'_{MY} 讨论 EDTA 配位滴定的条件。

配位滴定法是以配位反应为基础的滴定分析法。能形成配合物的反应很多，但可用于配位滴定的并不多。用于配位滴定的反应必须具备下列条件：形成的配合物相当稳定；配位反应速度快；配位数必须固定，即只形成一种配位数的配合物；要有适当的方法确定终点。

在这些氨羧配位剂中，目前应用最广、最主要的是乙二胺四乙酸（EDTA）。用 EDTA 标准溶液可以滴定几十种金属离子，因此，通常所谓的配位滴定主要是指 EDTA 滴定法。

 第一节　乙二胺四乙酸的性质及其配合物

一、乙二胺四乙酸的性质及电离平衡

1. 乙二胺四乙酸的性质

乙二胺四乙酸简称 EDTA，结构式如下：

$$HOOCH_2C \quad\quad\quad\quad\quad CH_2COOH$$
$$N-CH_2-CH_2-N$$
$$HOOCH_2C \quad\quad\quad\quad\quad CH_2COOH$$

EDTA 为四元酸,常用 H_4Y 表示。EDTA 在水中的溶解度很小(22℃时,0.02 g/100 g 水),难溶于酸和一般有机溶剂,易溶于碱性或氨性溶液,并生成对应的盐。通常使用它的二钠盐($Na_2H_2Y \cdot 2H_2O$),也简称 EDTA,它在水中溶解度较大(22℃时,11.1 g/100 g 水),饱和水溶液的浓度约为 $0.3\ mol \cdot L^{-1}$,pH 约为 4.4。

2.EDTA 的电离平衡

在溶液中,EDTA 两个羧基上的 H^+ 转移到氨基氮上,形成双偶极离子:

$$HOOCH_2C \quad H^+ \quad\quad H^+ \quad CH_2COO^-$$
$$N-CH_2-CH_2-N$$
$$^-OOCH_2C \quad\quad\quad\quad\quad CH_2COOH$$

当溶液的酸度较大时,两个羧酸根可再接受 2 个 H^+,成为 H_6Y^{2+},相当于六元弱酸,有六级电离平衡:

$$H_6Y^{2+} \rightleftharpoons H^+ + H_5Y^+ \quad\quad K_{a1} = \frac{[H^+][H_5Y^+]}{[H_6Y^{2+}]} = 1.26 \times 10^{-1}$$

$$H_5Y^+ \rightleftharpoons H^+ + H_4Y \quad\quad K_{a2} = \frac{[H^+][H_4Y]}{[H_5Y^+]} = 2.51 \times 10^{-2}$$

$$H_4Y \rightleftharpoons H^+ + H_3Y^- \quad\quad K_{a3} = \frac{[H^+][H_3Y^-]}{[H_4Y]} = 1.00 \times 10^{-2}$$

$$H_3Y^- \rightleftharpoons H^+ + H_2Y^{2-} \quad\quad K_{a4} = \frac{[H^+][H_2Y^{2-}]}{[H_3Y^-]} = 2.16 \times 10^{-3}$$

$$H_2Y^{2-} \rightleftharpoons H^+ + HY^{3-} \quad\quad K_{a5} = \frac{[H^+][HY^{3-}]}{[H_2Y^{2-}]} = 6.92 \times 10^{-7}$$

$$HY^{3-} \rightleftharpoons H^+ + Y^{4-} \quad\quad K_{a6} = \frac{[H^+][Y^{4-}]}{[HY^{3-}]} = 5.50 \times 10^{-11}$$

可见,EDTA 在溶液中可能有以下 7 种存在形式,即 H_6Y^{2+}、H_5Y^+、H_4Y、H_3Y^-、H_2Y^{2-}、HY^{3-} 和 Y^{4-},溶液的 pH 不同,各种形式所占的比例不同,如图 9-1 所示。在不同 pH

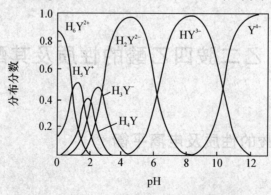

图 9-1 EDTA 各种形式的分布图

溶液中，EDTA 的主要存在形式也不同，但总有一种形式是占主要的(表 9-1)。

表 9-1　EDTA 的主要存在形式与溶液 pH 的关系

pH	<1	$1.0\sim1.6$	$1.6\sim2.0$	$2.0\sim2.67$	$2.67\sim6.16$	$6.16\sim10.26$	>10.26
主要形式	H_6Y^{2+}	H_5Y^+	H_4Y	H_3Y^-	H_2Y^{2-}	HY^{3-}	Y^{4-}

二、EDTA 与金属离子配合物的特点

EDTA 有两个氨基氮原子和 4 个羧基氧原子，共 6 个配位原子与金属离子配位，因此，绝大多数的金属离子均能与 EDTA 形成多个五元环，其螯合物的结构为：

EDTA 与绝大多数金属离子形成的螯合物具有下列特点：

(1)普遍性　EDTA 能与许多金属离子配位形成螯合物。

(2)组成一定　除极少数的金属离子外(如 Mo)，EDTA 与大部分金属离子均生成 1 : 1 的配合物。

(3)稳定性高　EDTA 与金属离子形成的螯合物中包含了 4 个 $O—C—C—N$ 五元环和一个 $N—C—C—N$ 五元环，因此具有高度的稳定性。一些常见金属离子与 EDTA 配合物的稳定常数见书后附表 6。

(4)可溶性　EDTA 与金属离子形成的配合物大多易溶于水，可使滴定在水溶液中进行，不至于形成沉淀干扰滴定。

(5)颜色特征　EDTA 配合物的颜色和金属离子的颜色有关。与无色金属离子配位，则配合物 MY 无色，如 CaY^{2-}、PbY^{2-}、AgY^{3-} 和 AlY^- 等；与有色金属离子配位，则配合物 MY 的颜色加深，如 Cu^{2+} 显浅蓝色，CuY^{2-} 呈深蓝色；Ni^{2+} 呈浅绿色，NiY^{2-} 呈蓝绿色。

三、EDTA 与金属离子配合物的稳定常数

EDTA 在水溶液中存在着 7 种形式，其中只有 Y^{4-} 能够直接与金属离子形成配合物。反应通式如下(为了书写简便，略去电荷)：

$$M + Y \Longrightarrow MY$$

$$K_{MY} = \frac{[MY]}{[M][Y]}$$

K_{MY} 未考虑酸度等因素的影响,故称为绝对稳定常数。常见金属离子与 EDTA 的绝对稳定常数列于表 9-2 中。

表 9-2 EDTA 配合物的 lgK_{MY}

金属离子	$lgK_{稳}$	金属离子	$lgK_{稳}$	金属离子	$lgK_{稳}$
Na^+	1.66	Fe^{2+}	14.33	Cu^{2+}	18.80
Li^+	2.79	Al^{3+}	16.13	Hg^{2+}	21.80
Ag^+	7.32	Co^{2+}	16.31	Sn^{2+}	22.10
Ba^{2+}	7.76	Cd^{2+}	16.46	Bi^{3+}	27.94
Mg^{2+}	8.69	Zn^{2+}	16.50	Cr^{3+}	23.00
Ca^{2+}	10.69	Pd^{2+}	18.04	Fe^{3+}	25.10
Mn^{2+}	14.04	Ni^{2+}	18.62	Co^{3+}	36.00

四、配位平衡的影响因素

在实际工作中,配位滴定是在一定条件下进行的,溶液的酸度、干扰离子等很多因素均会影响 MY 的配位平衡。这里主要讨论酸度的影响。

1.酸效应和酸效应系数

EDTA 的 7 种形式中只有 Y^{4-} 能够与金属离子配位,而 Y^{4-} 的浓度随溶液酸度的改变发生变化。随着 H^+ 浓度的增加,Y^{4-} 的有效浓度降低,使 EDTA 的配位能力降低,同时使配合物的实际稳定性降低,这种现象称为酸效应。

$$M + Y \Longrightarrow MY$$
$$\Big\Vert H^+$$
$$HY \overset{H^+}{\Longrightarrow} H_2Y \overset{H^+}{\Longrightarrow} H_3Y \overset{H^+}{\Longrightarrow} H_4Y \overset{H^+}{\Longrightarrow} H_5Y \overset{H^+}{\Longrightarrow} H_6Y$$

酸效应的大小用酸效应系数 $\alpha_{Y(H)}$ 来衡量。酸效应系数 $\alpha_{Y(H)}$ 表示在一定酸度下,EDTA 总浓度 c_Y 和有效浓度 $[Y]$ 之比:

$$\alpha_{Y(H)} = \frac{c_Y}{[Y]} = \frac{[Y] + [HY] + [H_2Y] + [H_3Y] + [H_4Y] + [H_5Y] + [H_6Y]}{Y}$$

$$= 1 + \frac{[H^+]}{K_{a,6}} + \frac{[H^+]^2}{K_{a,6}K_{a,5}} + \cdots + \frac{[H^+]^6}{K_{a,6}K_{a,5}K_{a,4}K_{a,3}K_{a,2}K_{a,1}}$$

由上式可以计算出不同 pH 下的 $\alpha_{Y(H)}$ 值。可见,溶液的酸度越大,酸效应系数 $\alpha_{Y(H)}$ 越大,表示 EDTA 有效浓度越小,副反应越严重。

EDTA 在不同 pH 的 $lg\alpha_{Y(H)}$ 列于表 9-3 中。

表 9-3   EDTA 在不同 pH 时的 $\lg\alpha_{Y(H)}$ 值

pH	$\lg\alpha_{Y(H)}$	pH	$\lg\alpha_{Y(H)}$	pH	$\lg\alpha_{Y(H)}$
0.0	23.64	3.4	9.70	6.8	3.55
0.4	21.32	3.8	8.85	7.0	3.32
0.8	19.08	4.0	8.44	7.5	2.78
1.0	18.01	4.4	7.64	8.0	2.27
1.4	16.02	4.8	6.84	8.5	1.77
1.8	14.27	5.0	6.45	9.0	1.28
2.0	13.51	5.4	5.69	9.5	0.83
2.4	12.19	5.8	4.98	10.0	0.45
2.8	11.09	6.0	4.65	11.0	0.07
3.0	10.60	6.4	4.06	12.0	0.01

由表 9-3 可知,只有在 pH$\geqslant$12 时,酸效应系数才约等于 1,此时 EDTA 总浓度 c_Y 等于有效浓度 $[Y^{4-}]$,形成的配合物也最稳定。随着酸度的升高,$\lg\alpha_{Y(H)}$ 增加很快,即有效浓度下降很快,EDTA 与金属离子生成的配合物的稳定常数也随之显著下降。

2. 条件稳定常数

当溶液的酸度等条件发生变化时,绝对稳定常数 K_{MY} 已不能客观地反映反应进行的实际程度。由于酸效应的影响,$[Y^{4-}]$ 浓度降低,从而使配合物的稳定性降低,MY 的有效稳定常数比绝对稳定常数减小。这个有效稳定常数称为条件稳定常数(或表观稳定常数),用 K'_{MY} 表示:

$$K'_{MY}=\frac{[MY]}{[M]c_Y}=\frac{[MY]}{[M][Y]\alpha_{Y(H)}}=\frac{K_{MY}}{\alpha_{Y(H)}}$$

$$\lg K'_{MY}=\lg K_{MY}-\lg\alpha_{Y(H)}$$

K'_{MY} 越大,说明在一定酸度下,配合物的实际稳定程度越大。除 pH$>$12 时,$\alpha_{Y(H)}\approx1$,$K'_{MY}\approx K_{MY}$ 外,其他情况下,K'_{MY} 总是小于 K_{MY}。

[例 9-1] 计算 pH$=$2.00 时和 pH$=$5.00 时,ZnY 的表观稳定常数。

解:从表 9-2 得 $\lg K_{ZnY}=16.50$

从表 9-3 得   pH$=$2.00 时,$\lg\alpha_{Y(H)}=13.51$

pH$=$5.00 时,$\lg\alpha_{Y(H)}=6.45$

则:

pH$=$2.00 $\lg K'(ZnY)=16.50-13.51=2.99$

pH$=$5.00 $\lg K'(ZnY)=16.50-6.45=10.05$

计算表明,尽管 ZnY 在 pH$=$5.00 时很稳定,但在 pH$=$2.00 时已经不稳定了,在该酸度下不能对 Zn^{2+} 进行配位滴定。

第二节 EDTA 滴定的基本原理

一、滴定曲线

在配位滴定中,随着滴定剂 EDTA 的不断加入,溶液中金属离子的浓度呈规律性变化。以加入 EDTA 的百分数为横坐标,被测金属离子浓度的负对数 pM 为纵坐标,作图得到的曲线称为配位滴定曲线。

影响配位滴定突跃范围大小的主要因素有两个:配合物的表观稳定常数(K'_{MY})和被滴定金属离子的浓度 c_M。

(1)K'_{MY}的影响 从图 9-2 知,表观稳定常数越大,滴定的突跃范围就越大,同时滴定的准确度也就越高。

(2)金属离子的浓度 当滴定条件一定时,金属离子的起始浓度越大,滴定的突跃范围越大,如图 9-3 所示。在配位滴定中,c_M 一般以 0.01 mol·L^{-1} 为宜。

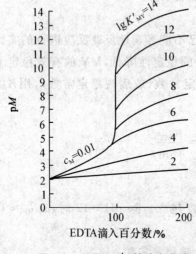

图 9-2 不同 lgK'_{MY} 的滴定曲线

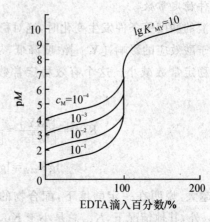

图 9-3 EDTA 滴定不同浓度的
金属离子的滴定曲线

实践和理论证明,在配位滴定中,若某个金属离子 M 被 EDTA 准确滴定,必须满足

$$lgc_M K'_{MY} \geqslant 6$$

若测定时金属离子浓度为 0.01 mol·L^{-1},则

$$lgK'_{MY} \geqslant 8$$

此即金属离子 M 被 EDTA 准确滴定的条件。

二、酸效应曲线及其应用

根据 $\lg K'_{MY} = \lg K_{MY} - \lg \alpha_{Y(H)}$ 和 $\lg K'_{MY} \geqslant 8$ 可知,当溶液酸度(pH 低于)高于某一限度时,某配合物的 $\lg K'_{MY} \leqslant 8$,生成的配合物不稳定,不能准确滴定,该限度值就是配位滴定的最高允许酸度(最低允许 pH)。即

$$\lg K'_{MY} = \lg K_{MY} - \lg \alpha_{Y(H)} \geqslant 8$$

$$\lg \alpha_{Y(H)} = \lg K_{MY} - 8$$

由上式即可求得各种金属离子被滴定所允许的最低 pH。

[例 9-2] 用 $0.010\,00\ mol \cdot L^{-1}$ EDTA 标准溶液准确滴定 $0.01\ mol \cdot L^{-1} Zn^{2+}$,求允许的最低 pH。

解:查表 9-2 得 $\qquad \lg K_{ZnY} = 16.50$

$$\lg \alpha_{Y(H)} = \lg K_{MY} - 8$$
$$= 16.50 - 8 = 8.50$$

查表 9-3 得 $\qquad pH = 3.89$

所以滴定 Zn^{2+} 的最低 pH 约为 4。

以金属离子的 $\lg K_{MY}$(或 $\lg \alpha_{Y(H)}$)为横坐标,以 EDTA 滴定该金属离子的最低 pH 为纵坐标,绘制得到的曲线称为酸效应曲线,见图 9-4。

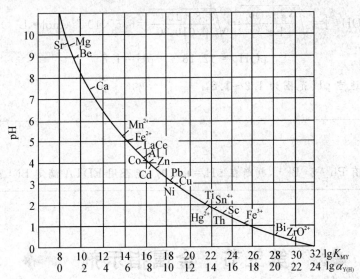

图 9-4　酸效应曲线

酸效应曲线的应用:

(1)确定滴定某一金属离子时所允许的最低 pH　从图 9-4 可得,Fe^{3+} 的最小 pH=1,因此滴定 Fe^{3+} 时,pH 不能小于 1;Zn^{2+} 的最小 pH=4,因此滴定 Zn^{2+} 时,pH 不能小于 4。

（2）判断是否存在干扰离子　如当溶液中共存 Mg^{2+}、Ca^{2+}、Mn^{2+} 等离子时,由图 9-4 可以查出这几种离子被滴定所允许的最低 pH,Mg^{2+} 的 pH＝9.6,Ca^{2+} 的 pH＝7.5,Mn^{2+} 的 pH＝5.3。在 pH＝10 时滴定 Mg^{2+},如果溶液中存在 Mn^{2+} 或者 Ca^{2+},那么它们都将对滴定造成干扰。

（3）控制溶液的 pH 以进行连续滴定或分别滴定　例如,测定水样中 Al^{3+}、Fe^{3+} 的含量时。查图 9-4 可得,Fe^{3+} 的 pH＝1,Al^{3+} 的 pH＝4.1。因此,首先在 pH＝2 时,用 EDTA 滴定 Fe^{3+}（此时 Al^{3+} 不会造成干扰）,即可求出 Fe^{3+} 的含量;然后在 pH＝4.5 时,用 EDTA 滴定 Al^{3+},即得 Al^{3+} 的含量。

需要指出的是,实际应用中控制溶液的 pH 时,要比酸效应曲线中的最小 pH 稍大一些。因为 EDTA 是一种有机弱酸,在水溶液中会或多或少地离解出少量 H^+,从而降低溶液的 pH,所以控制溶液的 pH 稍高一些,可以抵消这种影响。

酸效应曲线只能说明测定某一金属离子的最低酸度,而测定的 pH 上限必须考虑金属离子的水解情况,不能有沉淀生成。

[例 9-3] 用 $0.010\ 00\ mol \cdot L^{-1}$ EDTA 标准溶液滴定 $0.010\ 00\ mol \cdot L^{-1}$ Fe^{3+} 溶液,计算滴定的最适宜 pH。

解:查表 9-2 得

$$\lg K_{FeY} = 25.1$$

$$\lg \alpha_{Y(H)} = \lg K_{MY} - 8 = 25.1 - 8 = 17.1$$

查表 9-3 得

$$pH \approx 1.2$$

根据:

$$Fe(OH)_3(s) \Longrightarrow Fe^{3+} + 3OH^-$$

$$[Fe^{3+}][OH^-]^3 = K_{sp,Fe(OH)_3}$$

则

$$[OH^-] = \sqrt[3]{\frac{K_{sp,Fe(OH)_3}}{[Fe^{3+}]}} = \sqrt[3]{\frac{2.8 \times 10^{-39}}{0.010\ 00}} = 6.5 \times 10^{-13}\ (mol \cdot L^{-1})$$

$$pOH = 12.18 \qquad pH = 1.8$$

即滴定的最适宜 pH 范围为 1.2～1.8。

练一练

某溶液含有 Pb^{2+} 和 Bi^{3+},判断在 pH＝1.0 时,能否用 EDTA 滴定 Bi^{3+}？

第三节　金属指示剂

一、金属指示剂的作用原理

金属指示剂是一类有机配位剂,能与金属离子形成有色配合物。利用金属指示剂自身颜色与其配合物的颜色的不同,可以指示滴定的终点。

若以 In 表示金属指示剂,其与金属离子 M 反应如下:

$$M + In \Longrightarrow MIn$$
$$\quad 甲色 \qquad 乙色$$

滴定过程中,溶液显示 MIn 的颜色(乙色),随着 EDTA 标准溶液的加入,EDTA 首先与溶液中游离态的 M 配位:

$$M + Y \Longrightarrow MY$$

终点时,游离态的 M 被 EDTA 完全配位后,由于 $K'_{MY} > K'_{MIn}$,EDTA 便从 MIn 中夺取金属离子,使金属指示剂置换出来,溶液颜色由 MIn 的颜色(乙色)变为 In(甲色)的颜色,从而指示滴定终点。

$$MIn + Y \Longrightarrow MY + In$$
$$乙色 \qquad\qquad 甲色$$

例如,钙指示剂在 pH＝10～13 时呈蓝色,能与 Ca^{2+} 形成红色配合物:

$$In(蓝色) + Ca^{2+} \Longrightarrow CaIn(红色)$$

滴定时,加入的钙指示剂与部分 Ca^{2+} 形成配合物使溶液显红色,绝大部分 Ca^{2+} 仍处于游离态。随着 EDTA 标准溶液的加入,EDTA 首先与溶液中游离态的 Ca^{2+} 配位。终点时,CaIn 的 Ca^{2+} 被 EDTA 夺取,将钙指示剂游离出来,溶液即呈现蓝色,从而指示滴定终点。

$$CaIn + Y \Longrightarrow CaY + In$$
$$红色 \qquad\qquad 蓝色$$

二、金属指示剂应具备的条件

金属指示剂大多数是水溶性的有机染料,它必须具备下列基本条件:

(1)在滴定的 pH 范围之内,金属指示剂(In)的颜色应与指示剂配合物(MIn)的颜色存在明显的差别。

(2)金属指示剂配合物(MIn)应具有适当的稳定性。一般要求 $\lg K'_{MIn} > 4$,$\lg K'_{MY} - \lg K'_{MIn} \geqslant 2$。否则,将会出现以下两种情况:①如果 MIn 的稳定性太差,使 In 过早游离出来,溶液提前显示 In 的颜色,导致终点提前;②MIn 的稳定性太强,在化学计量点附近,EDTA 不能夺取 MIn 中的金属离子,会使滴定终点推迟,甚至终点不出现。

(3)金属离子与指示剂形成配合物的反应必须灵敏、迅速,即使金属离子浓度非常小时,仍然可以显色。

(4)金属离子与指示剂的显色反应必须具有一定的选择性。在一定条件下只与某一种(或几种)金属离子形成配合物。

三、金属指示剂在使用中存在的问题

1. 指示剂的封闭现象

某些金属离子与金属指示剂形成的配合物比与 EDTA 形成的配合物更稳定($K'_{MY} < K'_{MIn}$),以至于达到化学计量点后,加入过量的 EDTA 仍不能从 MIn 中夺取金属离子,溶液始终呈现 MIn 颜色,看不到滴定终点。这种现象叫指示剂的封闭现象。

(1)干扰离子(N)对指示剂的封闭:$K'_{NIn} > K'_{NY}$

消除方法:加入掩蔽剂

例如,在 pH=10 时,以铬黑 T 作指示剂、用 EDTA 标准溶液滴定 Ca^{2+} 时,如果待测溶液中同时存在有 Al^{3+} 和 Fe^{3+},这两种离子均对铬黑 T 有封闭作用。因此,需要加入少量的三乙醇胺掩蔽 Al^{3+} 和 Fe^{3+},从而消除它们的干扰。

(2)待测离子对指示剂的封闭:$K'_{MIn} > K'_{MY}$

消除方法:返滴定法

例如,测定 Al^{3+} 含量时,因为 Al^{3+} 对铬黑 T 有封闭作用,因此不能用 EDTA 直接滴定 Al^{3+}。而是先加入已知过量的 EDTA 标准溶液,待 Al^{3+} 与 EDTA 完全反应后再加入铬黑 T 指示剂,然后用 Zn^{2+} 标准溶液回滴剩余的 EDTA。

2. 指示剂的僵化现象

有些指示剂与金属离子形成的配合物(MIn)的溶解度很小,或指示剂配合物(MIn)的稳定性和 MY 的稳定性接近,造成 EDTA 与 MIn 的置换反应发生缓慢,从而引起终点延迟,这种现象叫指示剂的僵化现象。为了避免指示剂的僵化,可以加热或者加入适当的有机溶剂,来增加指示剂配合物(MIn)的溶解度,加快置换反应的速度。

3. 指示剂的氧化变质

金属指示剂大多数都存在双键,容易在光、热条件下氧化分解,在水溶液中更易氧化变质。因此,金属指示剂常常配成固体混合物使用,以延长使用时间。配成水溶液时可加入盐酸羟胺、抗坏血酸等还原剂以防止其变质。

四、常用的金属指示剂

金属指示剂的种类很多(表 9-4),在此我们只介绍常用的几种。

1. 铬黑 T

铬黑 T 简称 EBT 或 BT,是一种黑褐色粉末,常有金属光泽,化学名称为:1-(1-羟基-2-萘基偶氮基)-6-硝基-2-萘酚-4-磺酸钠。它属于二酚羟基偶氮类染料,可用符号 NaH_2In 表示。

铬黑 T 溶于水后,磺酸基上的 Na^+ 全部电离,以 H_2In^- 表示,H_2In^- 在溶液中存在下列平衡:

$$H_2In^- \quad \Longleftrightarrow \quad HIn^{2-} \quad \Longleftrightarrow \quad In^{3-}$$

$$pH<6 \qquad\qquad pH=7\sim11 \qquad\qquad pH>12$$

$$\text{紫红色} \qquad\qquad\quad \text{蓝色} \qquad\qquad\qquad \text{橙色}$$

铬黑 T 可与 Mg^{2+}、Zn^{2+}、Cd^{2+}、Mn^{2+} 和 Ca^{2+} 等二价金属离子形成酒红色配位化合物。在 pH<6 和 pH>11.6 时,铬黑 T 呈现的颜色与指示剂的配合物颜色接近,故其最适宜的使用酸度范围是 pH=7～11。滴定终点的颜色变化为:酒红→蓝色。Al^{3+}、Fe^{3+}、Co^{2+}、Ni^{2+}、Cu^{2+} 和 Ti^{4+} 等金属离子对铬黑 T 有封闭作用,使用时应预先分离或加入三乙醇胺及 KCN 掩蔽。

铬黑 T 水溶液不稳定,只能保存几天,但铬黑 T 固体性质比较稳定。因此,使用时常将铬黑 T 与干燥的 NaCl 或 KNO_3 等中性盐以 1∶100 的比例混合成固体混合物,密闭保存于干燥器中备用。

2.钙指示剂

钙指示剂简称 NN 或钙红,它也属于偶氮类染料。化学名称为:2-羟基-1-(2-羟基-4-磺酸基-1-萘偶氮基)-3-萘甲酸。可用符号 Na_2H_2In 表示。

钙指示剂溶于水后,电离为 H_2In^{2-},而 H_2In^{2-} 在溶液中存在下列平衡:

$$H_2In^{2-} \quad \Longleftrightarrow \quad HIn^{3-} \quad \Longleftrightarrow \quad In^{4-}$$

pH<8	pH=8～13	pH>13
酒红色	蓝色	酒红色

钙指示剂在 pH 为 12～13 范围内与 Ca^{2+} 形成酒红色配位化合物,指示剂自身呈现蓝色,滴定终点颜色为酒红→蓝色,是测钙的专用指示剂。

钙指示剂纯品为紫黑色粉末,其水溶液不稳定,故一般与 NaCl 以 1∶100 的比例混合成固体混合物后使用。

表 9-4　常用的金属指示剂

指示剂	使用 pH 范围	颜色变化		配制方法	测定离子	注意事项
		In	MIn			
铬黑 T（简称 EBT）	7～11	蓝色	红色	1∶100NaCl（固体）	Mg^{2+}、Zn^{2+}、Cd^{2+}、Pb^{2+}、稀土元素离子	Al^{3+}、Fe^{3+}、Co^{2+}、Ni^{2+}、Cu^{2+}、Ti^{4+} 等封闭 EBT
酸性铬蓝 K（简称 KB）	8～13	蓝色	红色	1∶100NaCl（固体）	Mg^{2+}、Zn^{2+}、Ca^{2+}、Mn^{2+}	
二甲酚橙（简称 XO）	≤6	亮黄	红色	0.5%水溶液	Bi^{3+}、Th^{4+}、Tl^{3+}、Zn^{2+}、Cd^{2+}、Pb^{2+}、稀土元素离子	Fe^{3+}，Al^{3+}，Ti^{4+}，Ni^{2+} 等封闭 XO
钙指示剂（简称 NN）	12～13	蓝色	红色	1∶100NaCl（固体）	Ca^{2+}	Ti^{4+}、Fe^{3+}、Al^{3+}，Cu^{2+}、Ni^{2+}、Co^{2+}、Mn^{2+} 等封闭 NN
PAN	2～12	黄色	红色	0.1%乙醇溶液	Bi^{3+}、Ti^{4+}、Ni^{2+}、Cu^{2+}、pb^{2+}、Zn^{2+}、Mn^{2+}、Fe^{2+} 等	MIn 在水中溶解度小,为防止 PAN 僵化,滴定时需加热

第四节　提高配位滴定选择性的方法

EDTA 可以跟大多数金属离子形成稳定的配位化合物。当待测溶液中同时存在几种金属离子时，在滴定过程中可能会相互干扰。常采用控制酸度和掩蔽的方法以减少或者消除共存离子的干扰。

一、控制酸度消除干扰

每一种金属离子在配位滴定时都有其允许的最低 pH。如果待测溶液中同时存在两种或两种以上金属离子（通常用"N"表示），而它们与 EDTA 形成的配合物稳定常数相差足够大（即 $\lg c_M K'_{MY} - \lg c_N K'_{NY} \geqslant 5$），就可以通过控制溶液的酸度，使 EDTA 只与其中的一种金属离子形成稳定的配合物，其他离子均无法形成稳定的配合物，从而避免杂质离子对滴定的干扰。

二、利用掩蔽剂消除干扰

利用掩蔽剂降低干扰离子的浓度，从而消除干扰离子的影响。常用的掩蔽方法有配位掩蔽法、沉淀掩蔽法和氧化还原掩蔽法。

1. 配位掩蔽法

利用配位反应降低干扰离子的浓度，从而消除干扰的方法叫配位掩蔽法。这是一种应用最广泛的方法。例如，用 EDTA 测定水中 Ca^{2+}、Mg^{2+} 时，Al^{3+}、Fe^{3+} 的存在对 Ca^{2+}、Mg^{2+} 的测定有干扰，滴定前可先加入三乙醇胺，它能和 Al^{3+}、Fe^{3+} 形成更稳定的配合物而被掩蔽。

为了得到较好的效果，配位掩蔽剂应该具备以下条件：

（1）掩蔽剂与干扰离子形成的配合物的稳定性必须大于干扰离子与 EDTA 形成的配合物的稳定性，而且掩蔽剂与干扰离子形成的配合物应该是无色或者浅色，不影响观察终点。

（2）掩蔽剂不与被测离子形成配合物，或者即使形成配合物，其稳定性远小于 EDTA 与被测离子配合物的稳定性。

（3）掩蔽剂与干扰离子形成的配合物 pH 范围应符合滴定所需的 pH 范围。

2. 沉淀掩蔽法

利用沉淀反应降低干扰离子的浓度，以消除干扰的方法叫沉淀掩蔽法。例如，用 EDTA 测定水中 Ca^{2+} 时，溶液中 Mg^{2+} 有干扰，可加入 NaOH 使 Mg^{2+} 生成 $Mg(OH)_2$ 沉淀，消除其干扰。

由于沉淀掩蔽法具有掩蔽效率低、易发生共沉淀和吸附作用等缺点，实际应用较少。

3. 氧化还原掩蔽法

对于变价金属元素，其不同价态离子的 EDTA 配合物的稳定性有很大差别。利用氧化还原反应改变干扰离子的价态，从而消除干扰的方法叫氧化还原掩蔽法。

例如，$\lg K_{FeY^-} = 25.1$，$\lg K_{FeY^{2-}} = 14.33$，可见 FeY^- 比 FeY^{2-} 稳定得多。用 EDTA 滴定

Bi^{3+}和 Zr^{4+}时,如果待测溶液中存在 Fe^{3+},便会干扰滴定,加入抗坏血酸或盐酸羟胺(NH$_2$OH·HCl)使 Fe^{3+}还原为 Fe^{2+},从而消除干扰。还原反应为:

$$4Fe^{3+}+2NH_2OH = 4Fe^{2+}+N_2O+H_2O+4H^+$$

三、解蔽作用

将干扰离子掩蔽,被测离子完成测定以后,再加入另一种试剂(解蔽剂),使被掩蔽的离子释放出来,这种方法称为解蔽。利用掩蔽和解蔽方法可以在同一溶液中连续测定两种或两种以上的离子。

例如,当溶液中同时存在 Zn^{2+}和 Mg^{2+}时,可以先调控溶液的 pH=10,加入 KCN 使 Zn^{2+}形成[Zn(CN)$_4$]$^{2-}$被掩蔽,便可以用 EDTA 测定 Mg^{2+}。当 Mg^{2+}被滴定完以后,再加入甲醛,从[Zn(CN)$_4$]$^{2-}$中释放出 Zn^{2+},便可以继续用 EDTA 滴定 Zn^{2+}。

第五节 配位滴定法应用实例

一、EDTA 标准溶液的配制和标定

EDTA 标准溶液通常用 EDTA 二钠盐(Na$_2$H$_2$Y·2H$_2$O)配制,此溶液若长期保存时,应储存于聚乙烯塑料瓶中。

标定 EDTA 溶液的基准物质,一般用金属锌,也可用 CaCO$_3$ 或 MgSO$_4$·7H$_2$O 等。标定时可吸取一定体积的锌标准溶液,加 pH=10 的 NH$_3$·H$_2$O-NH$_4$Cl 缓冲溶液,以铬黑 T 为指示剂,用待标定的 EDTA 溶液滴定至溶液由酒红色变纯蓝色为终点,按下式计算 EDTA 溶液的浓度:

$$c_{EDTA}=\frac{c_{Zn}V_{Zn}}{V_{EDTA}}$$

式中,c_{Zn}为锌标准溶液的浓度;V_{Zn}为吸取的锌标准溶液的体积(mL)。

二、水的总硬度以及 Ca^{2+}、Mg^{2+}含量的测定

水中往往含有一定量 Ca^{2+}、Mg^{2+}的碳酸盐、酸式碳酸盐、硫酸盐、氯化物等,它们是形成水垢的主要原因。水的总硬度是指水中的所有形式的 Ca^{2+}、Mg^{2+}的硬度,其中包括碳酸盐硬度(即通过加热能以碳酸盐形式沉淀下来的 Ca^{2+}、Mg^{2+},又称暂时硬度)和非碳酸盐硬度(即加热后不能沉淀下来的那一部分 Ca^{2+}、Mg^{2+},又称永久硬度)。

硬度的表示方法在国际、国内都尚未统一,我国目前使用的方法是将测得的 Ca^{2+}、Mg^{2+}折算为 CaO 或 CaCO$_3$ 的质量,单位 mg·L^{-1}。国家饮用卫生标准规定水总硬度(以 CaCO$_3$

计)不能超过 450 mg·L^{-1}。

1. 总硬度的测定

用 NH$_3$-NH$_4$Cl 缓冲溶液调节溶液的 pH＝10，以铬黑 T 作指示剂，滴定至溶液颜色由酒红色变为蓝色，即到终点。消耗的 EDTA 的体积记做 V_1 mL，则：

$$水的总硬度(mg·L^{-1})=\frac{c_{EDTA}V_1M_{CaCO_3}}{V_{水样}(mL)\times10^{-3}}$$

2. 钙离子含量的测定

以钙红作指示剂，在 pH＝12 时，用 EDTA 滴定至溶液颜色由酒红色变为蓝色，即到终点。消耗的 EDTA 的体积记做 V_2 mL。当 pH＝12 时，镁离子已经生成氢氧化镁沉淀，此时只有钙离子和 EDTA 反应。则：

$$Ca^{2+}含量(mg·L^{-1})=\frac{c_{EDTA}V_2M_{Ca^{2+}}}{V_{水样}(mL)\times10^{-3}}$$

$$Mg^{2+}含量(mg·L^{-1})=\frac{c_{EDTA}(V_1-V_2)M_{Mg^{2+}}}{V_{水样}(mL)\times10^{-3}}$$

三、氢氧化铝凝胶含量的测定

可以用 EDTA 返滴定法测定 Al(OH)$_3$ 中 Al^{3+} 的含量。将一定量的 Al(OH)$_3$ 凝胶溶解，加入 HAc-NaAc 缓冲溶液调节溶液的 pH＝4.5，再加入一定体积的过量的 EDTA 标准溶液，反应结束后以二苯硫腙作指示剂，用 Zn^{2+} 标准溶液滴定剩余的 EDTA，当溶液颜色由黄绿色变为红色，即到达终点。

铝含量以 Al$_2$O$_3$ 形式表示。则：

$$\omega_{Al_2O_3}=\frac{(c_{EDTA}V_{EDTA}-c_{Zn^{2+}}V_{Zn^{2+}})M_{\frac{1}{2}Al_2O_3}}{m_{样}}\times100\%$$

四、SO$_4^{2-}$ 的测定

SO$_4^{2-}$ 不能够与 EDTA 发生配位反应，但是可以用间接滴定的方法来测定。在 SO$_4^{2-}$ 酸性溶液中加入 BaCl$_2$＋MgCl$_2$ 标准混合溶液，Ba^{2+} 即与 SO$_4^{2-}$ 作用生成 BaSO$_4$ 沉淀。然后用 NH$_3$-NH$_4$Cl 缓冲溶液调节溶液的 pH＝10，以铬黑 T 作指示剂，用 EDTA 标准溶液滴定剩余的 Mg^{2+}，溶液颜色由红色变为蓝色即为终点。则：

$$\omega_{SO_4^{2-}}=\frac{[c_{(BaCl_2+MgCl_2)}V_{(BaCl_2+MgCl_2)}-c_{EDTA}V_{EDTA}]M_{SO_4^{2-}}}{m_{样}}\times100\%$$

?

想一想

在配位滴定中,为什么常用缓冲溶液?

本 章 小 结

1.配位滴定法是指以配位反应为基础的滴定分析法。本章主要介绍以乙二胺四乙酸(EDTA)为标准溶液,测定金属离子的配位滴定法。

乙二胺四乙酸(EDTA)是一种氨羧配位体,含有 4 个羧氧配位原子和 2 个氨氮配位原子,是六基配位体,EDTA 能和大多数金属离子配位形成多个五元环的螯合物,其性质稳定,与金属离子的配位比为 1∶1,易溶于水。不考虑酸度影响时用绝对稳定常数 $K_稳$ 表示其稳定性。

EDTA 的二钠盐溶于水后以六元酸(H_6Y^{2+})的形式存在,有六级电离平衡,以 7 种形式存在于水溶液中,其中只有 Y^{4-} 能够与金属离子形成配合物。因此,溶液的酸度对 EDTA 与金属离子形成的配合物的稳定性有很大影响,这种作用叫酸效应。酸度的影响用酸效应系数 $\alpha_{Y(H)}$ 来表示。酸效应的存在使得 MY 的稳定性降低,其稳定性用表观稳定常数 $K'_稳$ 表示。表观稳定常数 $\lg K'_稳 = \lg K_稳 - \lg \alpha_{Y(H)}$,只有 $\lg K'_稳 \geqslant 8$ 时金属离子才能被准确滴定。酸效应曲线表示了在配位滴定分析中酸度对配合物稳定性的影响。

2.金属指示剂也是一种配位剂,由于其本身(In)的颜色跟指示剂与金属离子形成配合物(MIn)的颜色有着明显的不同,因此可以通过颜色的变化来指示终点。

3.影响滴定分析结果准确度的因素很多,在配位滴定分析中应注意消除干扰,使测定结果准确可靠。

思考与练习

一、判断题

1.只要金属离子能与 EDTA 形成配合物,都能用 EDTA 直接滴定。

2.一般来说,EDTA 与金属离子生成配合物的 K_{MY} 越大,滴定允许的最高酸度越大。

3.游离金属指示剂本身的颜色一定要与指示剂-金属离子配合物的颜色有差别。

4.EDTA 的 7 种形式中,只有 Y^{4-} 能与金属离子直接配位,溶液的酸度越低,Y^{4-} 的浓度就越大。

5.指示剂僵化只有另选指示剂,否则实验无法进行。

二、选择题

1.金属指示剂封闭现象是因为(　　　　)。

A. $K'_{MIn} > K'_{MY}$ 　　　B. $K'_{MIn} < K'_{MY}$ 　　　C. $K'_{MIn} = K'_{MY}$ 　　　D. $K'_{MIn}/K'_{MY} = 10^{-2}$

2.用于测定水硬度的方法一般是(　　　　)。

A.酸碱滴定法　　　　B.重铬酸钾法　　　　C.配位滴定法　　　　D.沉淀滴定法

3. EDTA 滴定金属离子时,准确滴定的条件是(　　　　)。

A. $\lg K_{MY} \geqslant 6$ 　　　B. $\lg K'_{MY} \geqslant 6$ 　　　C. $\lg c_M K_{MY} \geqslant 6$ 　　　D. $\lg c_M K'_{MY} \geqslant 6$

4. EDTA 直接滴定有色金属离子 M,终点所呈现的颜色是(　　　　)。

A. 指示剂的颜色 　　　　　　　　　B. EDTA-M 配合物的颜色

C. 指示剂-M 配合物的颜色 　　　　D. 上述 A＋B 的颜色

5. 下列关于酸效应系数的说法正确的是(　　　　)。

A. $a_{Y(H)}$ 随着溶液 pH 的增大而增大 　　　B. 在 pH 很小时 $a_{Y(H)}$ 约等于零

C. $\lg a_{Y(H)}$ 随着溶液 pH 的减小而增大 　　　D. 在 pH 很大时 $a_{Y(H)}$ 约等于零

三、填空题

1. 配位滴定突跃范围的大小取决于_____和_____。在金属离子浓度一定的条件下,_____越大,突跃范围大;在条件稳定常数 K'_{MY} 一定时,_____越大,突跃范围大。

2. EDTA 中含有____个配位原子,和金属离子的配位比为_____。EDTA 的结构式为_____。

3. 用 EDTA 滴定法测定水中钙含量时,用_____作指示剂,溶液的 pH＝____,终点颜色为_____。

4. EDTA 法可测定_____离子,测定时通常要控制溶液的_____。

5. 铬黑 T 最合适的酸度是_____,终点时溶液由_____色变为_____色。

6. 钙红最合适的酸度是_____,终点时溶液由_____色变为_____色。

四、问答题

1. EDTA 与金属离子形成的螯合物有何特点?

2. EDTA 在溶液中以几种形式存在? 各种形式的分配比例与溶液 pH 有何关系?

3. 何谓酸效应? 它如何影响 EDTA 配合物的条件稳定常数?

4. 在配位滴定中如何确定滴定某个金属离子合适的 pH?

5. 配位滴定中如何消除干扰离子的影响?

6. 什么是金属指示剂? 金属指示剂应该具备哪些条件?

7. 什么是水硬度? 如何测定水的硬度?

五、计算题

1. 在 pH＝5 的缓冲溶液中,MgY 配合物的表观稳定常数是多少? 用 0.010 00 mol·L⁻¹ EDTA 溶液能否准确滴定 0.010 00 mol·L⁻¹ Mg²⁺ 溶液? 如改为 pH＝10 又如何?

2. 称取 0.100 5 g 纯 CaCO₃ 溶解,于容量瓶中配制成 100.0 mL 溶液,吸取 25.00 mL,在 pH＝12 时以钙指示剂指示终点,用 EDTA 溶液滴定,消耗 24.50 mL。计算 EDTA 溶液的浓度。

3. 取 100.00 mL 水样,调节 pH＝10,以铬黑 T 为指示剂,用 0.010 00 mol·L⁻¹ EDTA 标准溶液滴定至终点,用去 EDTA 25.40 mL;另取水样 100.00 mL,调节 pH＝12,加入钙指示剂,滴定至终点时用 0.010 00 mol·L⁻¹ EDTA 14.25 mL。求水样的总硬度以及 Ca²⁺、Mg²⁺ 的含量。

4. 某试剂厂用配位滴定法测定 ZnCl₂ 的产品纯度。准确称取试样 0.250 0 g,溶于水后调节 pH＝6,以二甲酚橙为指示剂,用 0.102 4 mol·L⁻¹ EDTA 标准溶液滴定至终点,用去 17.6 mL,求产品中 ZnCl₂ 的百分含量。

第十章

氧化还原滴定法和沉淀滴定法

◆ 知识目标

- 了解氧化还原滴定法中指示剂的类型。
- 掌握氧化还原滴定法的主要方法(高锰酸钾法、重铬酸钾法、碘量法)的基本原理、特点、测定条件和应用。
- 掌握沉淀滴定法中莫尔法和佛尔哈德法的基本原理、滴定条件及应用。
- 掌握氧化还原滴定及沉淀滴定法的计算。

◆ 能力目标

- 能根据被测物质的化学性质选择合适的分析方法并制定出合理的分析方案。
- 能熟练运用氧化还原滴定法和沉淀滴定法测定有关物质的含量。

◆◆◆ 第一节 氧化还原滴定法 ◆◆◆

氧化还原滴定法是以氧化还原反应为基础的一种滴定分析方法,该方法不但可以直接测定氧化还原性的物质的含量,也能间接测定某些非氧化还原性物质的含量。根据所用标准溶液不同分为:

高锰酸钾法:$MnO_4^- + 8H^+ + 5e^- \rightleftharpoons Mn^{2+} + 4H_2O$

重铬酸钾法:$Cr_2O_7^{2-} + 14H^+ + 6e^- \rightleftharpoons 2Cr^{3+} + 7H_2O$

碘量法:$I_2(s) + 2e^- \rightleftharpoons 2I^-$

氧化还原反应机理比较复杂,副反应多,反应速率慢。因此,利用氧化还原滴定法时,应注意控制反应条件,加快反应速率,防止副反应发生。

一、氧化还原指示剂

在氧化还原滴定中,可利用指示剂在化学计量点附近颜色的改变来指示滴定终点。常用的氧化还原指示剂有三种。

1.氧化还原指示剂

氧化还原指示剂是一类本身具有氧化还原性质的有机化合物,其氧化态 In(氧)与还原态 In(还)具有不同的颜色,在滴定过程中,因氧化还原作用而发生颜色变化从而指示终点:

$$In(氧) + ne^- \rightleftharpoons In(还)$$

（氧化态颜色）　　　　　（还原态颜色）

根据能斯特方程,氧化还原指示剂的电极电势与其浓度之间有如下关系:

$$E_{In(氧)/In(还)} = E_{In(氧)/In(还)}^{\ominus} + \frac{0.059}{n}\lg\frac{[In_氧]}{[In_还]}$$

与酸碱指示剂的变色情况相似,当 $\frac{[In_氧]}{[In_还]} = 10 \sim \frac{1}{10}$ 时,能看到颜色的明显变化,所以,指示剂的理论变色范围为

$$E_{In(氧)/In(还)} = E_{In(氧)/In(还)}^{\ominus} \pm \frac{0.059\,2}{n}$$

常用的氧化还原指示剂见表 10-1。

表 10-1　常用的氧化还原指示剂

指示剂	E^o/V	颜色变化	
		氧化态	还原态
亚甲基蓝	0.36	蓝	无
二苯胺	0.76	紫	无
二苯胺磺酸钠	0.84	紫红	无
邻氨基苯甲酸	0.89	紫红	无
邻菲咯啉-亚铁	1.06	浅蓝	红
硝基邻菲咯啉-亚铁	1.25	浅蓝	紫红

2.自身指示剂

在氧化还原滴定中,利用标准溶液或被测物质本身的颜色变化来确定终点,这样的标准溶液或被测物质称为自身指示剂。例如,高锰酸钾法中,标准溶液 $KMnO_4$ 呈紫红色,在滴定中 MnO_4^- 被还原为无色的 Mn^{2+},滴定到化学计量点时,只要稍过量的 $KMnO_4$ 就可使溶液显粉红色指示终点。

3.专属指示剂

有些指示剂不具有氧化还原性,本身也无颜色,但能与滴定剂或被测物质作用产生特殊颜色以确定滴定终点,这种指示剂称为专属指示剂。如淀粉遇 I_2 生成深蓝色吸附化合物。因此,在碘量法中可以采用淀粉作指示剂,根据溶液中蓝色的出现或消失来判断滴定终点。

二、常用氧化还原滴定法

(一)高锰酸钾法

1. 高锰酸钾法概述

高锰酸钾法是以 $KMnO_4$ 作为标准溶液的氧化还原滴定方法。$KMnO_4$ 是一种强氧化剂，其氧化能力和还原产物与溶液的酸度有关(表 10-2)。

表 10-2 $KMnO_4$ 的氧化性与酸度的关系

介质	反应	$E^{\ominus}/V$
强酸性	$MnO_4^- + 8H^+ + 5e^- \rightleftharpoons Mn^{2+} + 4H_2O$	1.51
弱酸性、中性、弱碱性	$MnO_4^- + 2H_2O + 3e^- \rightleftharpoons MnO_2 \downarrow + 4OH^-$	0.588
强碱性	$MnO_4^- + e^- \rightleftharpoons MnO_4^{2-}$	0.564

由于在强酸性溶液中 $KMnO_4$ 的氧化性最强，所以高锰酸钾法一般在强酸溶液中进行。溶液的 H^+ 浓度控制在 $1\sim2$ $mol \cdot L^{-1}$ 为宜，酸度不足时容易生成 MnO_2 沉淀，酸度过高会导致高锰酸钾分解。调节酸度宜采用 H_2SO_4，由于 HNO_3 有氧化性，而 HCl 具有还原性，可被高锰酸钾氧化，均不宜使用。

$KMnO_4$ 溶液呈紫红色，其还原产物 Mn^{2+} 几近无色，自身可以确定终点，在化学计量点时，稍过量的 $KMnO_4$($KMnO_4$ 浓度约为 2×10^{-6} $mol \cdot L^{-1}$)使溶液呈粉红色而指示滴定终点，所以不必另选指示剂。

2. $KMnO_4$ 标准溶液的配制和标定

(1)$KMnO_4$ 标准溶液的配制 市售的 $KMnO_4$ 试剂中常含有二氧化锰、硫酸锰和硝酸锰等少量杂质，$KMnO_4$ 氧化能力强，易和水中的有机物、空气中的尘埃等还原性物质作用。$KMnO_4$ 在水溶液中还会自动分解，见光、受热分解速度加快：

$$4MnO_4^- + 2H_2O \rightleftharpoons 4MnO_2 \downarrow + 3O_2 \uparrow + 4OH^-$$

因此 $KMnO_4$ 标准溶液不能用直接法配制。配制 $KMnO_4$ 溶液时，应注意：

①称取稍多于理论量的 $KMnO_4$。

②配好的 $KMnO_4$ 溶液加热煮沸，保持微沸 1 h，然后放置 $7\sim10$ d，使溶液中可能存在的还原性物质完全被氧化。

③为避免光对 $KMnO_4$ 溶液的催化分解，配制好的 $KMnO_4$ 溶液应贮存在棕色试剂瓶中，置于暗处，待标定。

④标定前过滤除去 MnO_2 沉淀(过滤时用玻璃纤维或砂芯漏斗，不能用滤纸)。

(2)$KMnO_4$ 标准溶液的标定 标定高锰酸钾溶液的基准物质有 As_2O_3、$Na_2C_2O_4$、$H_2C_2O_4 \cdot 2H_2O$、$Fe(SO)_4$、纯铁丝等。其中 $Na_2C_2O_4$ 因易提纯，不含结晶水，没有吸湿性，受热稳定，因而最为常用。$Na_2C_2O_4$ 标定 $KMnO_4$ 标准溶液的反应为：

$$2MnO_4^- + 5C_2O_4^{2-} + 16H^+ \rightleftharpoons 2Mn^{2+} + 8H_2O + 10CO_2 \uparrow$$

$$c_{\frac{1}{5}KMnO_4} = \frac{m_{Na_2C_2O_4}}{M_{\frac{1}{2}Na_2C_2O_4} V_{KMnO_4}}$$

为了使标定反应能定量、快速进行,标定时应注意以下条件:

①温度。室温下此反应速率缓慢。为加快反应速率,应将溶液加热至 $70\sim85℃$,并在滴定过程中保持溶液的温度不低于 $60℃$。但温度不宜太高,若高于 $90℃$,会使 $H_2C_2O_4$ 分解:

$$H_2C_2O_4 = CO_2\uparrow + CO\uparrow + H_2O$$

②酸度。溶液必须保持足够的酸度。一般在开始滴定时,溶液的酸度(H^+)为 $0.5\sim1.0\ mol\cdot L^{-1}$,滴定终点时酸度($H^+$)为 $0.2\sim0.5\ mol\cdot L^{-1}$,酸度不足时,容易生成 MnO_2 沉淀;酸度过高又会促进 $H_2C_2O_4$ 分解。

③速度。滴定开始时,因反应速率较慢,滴定速度不宜太快。随着催化剂 Mn^{2+} 出现,滴定速度可以加快,但仍不能太快,否则加入的 $KMnO_4$ 来不及和 $Na_2C_2O_4$ 反应,在热的酸性溶液中将发生分解,从而使结果偏低:

$$4MnO_4^- + 12H^+ \Longrightarrow 4Mn^{2+} + 5O_2\uparrow + 6H_2O$$

④滴定终点。高锰酸钾法滴定终点不太稳定,滴定至终点后,溶液出现的粉红色不能持久,会慢慢消失,这是因为空气中的还原性气体及尘埃等杂质会使 $KMnO_4$ 慢慢分解。终点的粉红色在半分钟内不褪色即可。

由于 $KMnO_4$ 溶液不稳定,久置后需要重新标定。

知识窗

标定 $KMnO_4$ 时,滴定速度先慢后快,这是因为反应刚开始时速率较慢,而反应开始后产生的 Mn^{2+} 对滴定反应具有催化作用,使反应速率大为加快,这种现象叫自催化反应。

3.高锰酸钾法的应用

(1)过氧化氢的测定 在酸性溶液中,$KMnO_4$ 能直接定量测定 H_2O_2,其反应式为:

$$2MnO_4^- + 5H_2O_2 + 6H^+ \Longrightarrow 2Mn^{2+} + 5O_2\uparrow + 8H_2O$$

滴定在室温下进行。开始时反应速率较慢,当生成少量 Mn^{2+} 后反应速率加快,滴定速度可相应加快。

H_2O_2 含量可按下式计算:

$$\rho_{H_2O_2} = \frac{c_{\frac{1}{5}KMnO_4} V_{KMnO_4} M_{\frac{1}{2}H_2O_2}}{V_{试样}}$$

该法也可用于 Fe^{2+}、$C_2O_4^{2-}$、NO_2^-、$As(Ⅲ)$ 的测定。

(2)Ca^{2+} 的测定 测定时,先在试样中加入 $(NH_4)_2C_2O_4$,使 Ca^{2+} 沉淀为 CaC_2O_4 沉淀。沉淀过滤、洗涤除去过量的 $(NH_4)_2C_2O_4$ 后,用热的稀 H_2SO_4 将沉淀溶解,再用 $KMnO_4$ 标准溶液滴定至终点。反应如下:

$$Ca^{2+} + C_2O_4^{2-} \Longleftrightarrow CaC_2O_4 \downarrow$$
$$CaC_2O_4 + 2H^+ \Longleftrightarrow Ca^{2+} + H_2C_2O_4$$
$$2MnO_4^- + 5C_2O_4^{2-} + 16H^+ \Longleftrightarrow 10CO_2 \uparrow + 2Mn^{2+} + 8H_2O$$

Ca^{2+} 含量可按下式计算：

$$\omega_{Ca^{2+}} = \frac{c_{\frac{1}{5}KMnO_4} V_{KMnO_4} M_{\frac{1}{2}Ca^{2+}}}{m_{试样}} \times 100\%$$

凡是能与 $C_2O_4^{2-}$ 生成草酸盐沉淀的金属离子如 Pb^{2+}、Ba^{2+}、Zn^{2+}、Cd^{2+}、Ag^+ 等均能用此法测定。

另外，如果以 $Na_2C_2O_4$ 标准溶液或 $FeSO_4$ 标准溶液配合，采用返滴定，也可测定一些强氧化剂，如 MnO_2、PbO_2、CrO_4^{2-}、$S_2O_8^{2-}$、ClO_3^-、BrO_3^-、IO_3^- 等。

(二)重铬酸钾法

1.重铬酸钾法概述

重铬酸钾法是以 $K_2Cr_2O_7$ 为标准溶液的氧化还原滴定法。$K_2Cr_2O_7$ 是一种常用的氧化剂，在酸性溶液中与还原剂作用，自身被还原为 Cr^{3+}，其电极反应为：

$$Cr_2O_7^{2-} + 14H^+ + 6e^- \Longleftrightarrow 2Cr^{3+} + 7H_2O \qquad E^{\ominus} = 1.33\ V$$

从半反应式可以看出，溶液的酸度越高，$Cr_2O_7^{2-}$ 的氧化能力越强，故重铬酸钾法必须在强酸性溶液中进行测定。控制酸度可用盐酸或硫酸，不能用硝酸。

$K_2Cr_2O_7$ 溶液为橙色，反应后生成的 Cr^{3+} 为绿色，颜色变化不明显，需加氧化还原指示剂判断终点，如二苯胺磺酸钠等。

与高锰酸钾法相比，重铬酸钾法具有以下优点：

(1)$K_2Cr_2O_7$ 容易提纯，在 $140\sim150℃$ 干燥后可直接配制标准溶液；

(2)$K_2Cr_2O_7$ 标准溶液非常稳定，在密闭容器内可长期保存；

(3)$K_2Cr_2O_7$ 氧化能力较弱，室温下不与 Cl^- 作用，因此可在盐酸溶液中滴定。

2.重铬酸钾法的应用

(1)铁矿石中含铁量的测定　用重铬酸钾法可以测定铁矿石中铁的含量。测定时以二苯胺磺酸钠作指示剂，终点时溶液由浅绿色变为紫红色。用硫酸和磷酸混合酸化，磷酸可以与 Fe^{3+} 形成无色 $FeHPO_4^+$，有利于终点观察。滴定反应为：

$$Cr_2O_7^{2-} + 14H^+ + 6Fe^{2+} = 2Cr^{3+} + 7H_2O + 6Fe^{3+}$$

Fe^{2+} 的含量可用下式计算：

$$\omega_{Fe^{2+}} = \frac{c_{\frac{1}{6}K_2Cr_2O_7} V_{K_2Cr_2O_7} M_{Fe^{2+}}}{m_{试样}} \times 100\%$$

(2)土壤中腐殖质的测定　土壤中腐殖质是土壤中结构复杂的有机物，它是土壤肥力的重要指标。土壤中腐殖质的含量是通过测定土壤中含碳量换算而成的，实验证明，土壤中腐殖质的含碳量为 58%，即腐殖质的换算系数为 $100/58=1.724$。实验中腐殖质的平均氧化率只有 90%，所以腐殖质的氧化校正系数为 $100/90=1.1$，因此，土壤中腐殖质含量的计算结果应乘以腐殖质的换算系数(1.724)和腐殖质的氧化校正系数(1.1)。

测定土壤中腐殖质的含量时,先在浓硫酸存在下,样品中加入过量的 $K_2Cr_2O_7$ 标准溶液,在 170~180℃加热使样品中的碳完全氧化成二氧化碳。剩余的 $K_2Cr_2O_7$ 用 $FeSO_4$ 标准溶液滴定。用二苯胺磺酸钠作指示剂时,溶液呈绿色即为终点。化学反应及计算公式如下:

$$2K_2Cr_2O_7 + 8H_2SO_4 + 3C = 2K_2SO_4 + 8H_2O + 2Cr_2(SO_4)_3 + 3CO_2 \uparrow$$

$$K_2Cr_2O_7 + 7H_2SO_4 + 6FeSO_4 = K_2SO_4 + Cr_2(SO_4)_3 + 3Fe_2(SO_4)_3 + 7H_2O$$

$$\omega_{腐殖质} = \frac{(c_{\frac{1}{6}K_2Cr_2O_7} V_{K_2Cr_2O_7} - c_{Fe^{2+}} V_{Fe^{2+}}) M_{\frac{1}{4}C}}{m_{风干土试样}} \times 1.724 \times 1.1 \times 100\%$$

(三)碘量法

1. 碘量法概述

碘量法是利用 I_2 的氧化性或 I^- 的还原性进行滴定分析的方法。其半反应为:

$$I_2 + 2e^- \Longleftrightarrow 2I^- \qquad E_{I_2/I^-}^{\ominus} = 0.5345\ V$$

固体碘在水溶液中的溶解度很小(1.18×10^{-3} mol·L^{-1},25℃)且易挥发,通常在配制 I_2 溶液时加入 KI,使 I^- 与碘形成配离子 I_3^-,从而增大碘的溶解度:

$$I_2 + I^- \Longleftrightarrow I_3^- \qquad I_3^- + 2e^- \Longleftrightarrow 3I^-$$

为方便起见,I_3^- 一般简写为 I_2。从 $E_{I_2/I^-}^{\ominus}$ 可知,I_2 是一种较弱的氧化剂,能与较强的还原剂作用。而 I^- 是一种中等强度的还原剂,能与许多氧化剂作用,因此碘量法又可分为直接碘量法和间接碘量法。

(1)直接碘量法(碘滴定法) 以 I_2 溶液为标准溶液,直接滴定电极电势比 $E_{I_2/I^-}^{\ominus}$ 小的还原性物质。直接碘量法以淀粉作指示剂,终点时溶液颜色由无色变为蓝色。

直接碘量法只能在酸性、中性或弱碱性溶液中进行,如果溶液的 pH>9,I_2 发生歧化反应:

$$3I_2 + 6OH^- = IO_3^- + 5I^- + 3H_2O$$

利用直接碘量法可以测定 SO_2、S^{2-}、As_2O_3、$S_2O_3^{2-}$、维生素 C 等。

(2)间接碘量法(滴定碘法) 以 $Na_2S_2O_3$ 为标准溶液,可以测定电极电势比 $E_{I_2/I^-}^{\ominus}$ 大的氧化性物质。测定时,氧化性物质先在一定条件下与过量的 KI 反应,定量置换出 I_2,再利用 $Na_2S_2O_3$ 标准溶液滴定生成的 I_2,从而间接测定氧化性物质的含量。淀粉作指示剂,终点颜色由蓝色变为无色。

例如,测定铜,将过量的 KI 与 Cu^{2+} 反应,定量析出 I_2,然后用 $Na_2S_2O_3$ 标准溶液滴定 I_2:

$$2Cu^{2+} + 4I^- = 2CuI \downarrow + I_2$$

$$I_2 + 2S_2O_3^{2-} = 2I^- + S_4O_6^{2-}$$

间接碘量法可用于测定 Cu^{2+}、MnO_4^-、CrO_4^{2-}、$Cr_2O_7^{2-}$、H_2O_2、ClO_3^-、ClO^-、ClO_4^-、IO_3^-、NO_2^-、BrO_3^- 等氧化性物质,故应用范围相当广泛。

在间接碘量法应用过程中必须注意以下三个反应条件:

①防止 I_2 的挥发和 I^- 的氧化。间接碘量法的误差来源主要有两个方面，一方面是 I_2 挥发，另一方面是在酸性溶液中 I^- 被空气中的 O_2 氧化。

防止 I_2 挥发的方法有：

（ⅰ）加入过量的 KI（一般比理论值大 $2\sim3$ 倍），使其与 I_2 结合生成 I_3^-，增加 I_2 的溶解度，降低 I_2 的挥发。

（ⅱ）反应温度不宜高，析出 I_2 的反应应在碘量瓶中进行。反应完成后立即滴定。

（ⅲ）滴定过程中，不宜过分振荡溶液，滴定速度不宜太慢。

防止 I^- 氧化的方法有：

（ⅰ）溶液酸度不宜太高，酸度较高能加速 I^- 的氧化。

（ⅱ）光照及 Cu^{2+}、NO_3^- 等对空气氧化 I^- 有催化作用，应将析出的 I_2 密闭避光保存并预先除去干扰离子。

（ⅲ）析出 I_2 后立即用 $Na_2S_2O_3$ 滴定，以减少 I^- 与空气的接触。

②控制溶液的酸度。间接碘量法应在中性或弱酸性溶液中进行。在碱性溶液中除 I_2 可发生歧化反应外，还有下面的副反应：

$$4I_2 + S_2O_3^{2-} + 10OH^- = 8I^- + 2SO_4^{2-} + 5H_2O$$

在强酸性（$pH<2$）溶液中，$Na_2S_2O_3$ 会分解。同时 I^- 在酸性溶液中也容易被空气中的 O_2 氧化：

$$S_2O_3^{2-} + 2H^+ = S\downarrow + SO_2\uparrow + H_2O$$

$$4I^- + O_2 + 4H^+ = 2I_2 + 2H_2O$$

③注意淀粉指示剂的使用。应在近终点时加入指示剂，以防止大量的 I_2 被淀粉吸附，使终点"迟钝"。

2. 标准溶液的配制和标定

（1）碘标准溶液的配制与标定

配制　用升华法制得的纯 I_2 可直接配制标准溶液。但一般商品碘含有杂质，且 I_2 易挥发，通常用间接配制法。

配制时通常将 I_2 与过量 KI 一起置于研钵中，加少量水研磨，待 I_2 全部溶解后，加水稀释至一定的体积，配制成近似浓度的溶液，然后标定。I_2 标准溶液应在棕色瓶中置于暗处保存，并避免与橡皮等有机物接触。

标定　I_2 标准溶液可用 $Na_2S_2O_3$ 标准溶液标定，也可用 As_2O_3（砒霜，剧毒）基准物标定。

As_2O_3 难溶于水，易溶于碱性溶液生成 AsO_3^{3-}，即：

$$As_2O_3 + 6OH^- = 2AsO_3^{3-} + 3H_2O$$

然后用酸中和过量的碱并用 $NaHCO_3$ 使溶液保持 $pH\approx8$。标定反应为：

$$AsO_3^{3-} + I_2 + H_2O = AsO_4^{3-} + 2I^- + 2H^+$$

计算公式：

$$c_{I_2} = \frac{2m_{As_2O_3}}{M_{As_2O_3}\times V_{I_2}}$$

（2）$Na_2S_2O_3$ 标准溶液的配制与标定

配制　$Na_2S_2O_3$ 中常含有少量 S、Na_2CO_3、Na_2SO_3、NaCl 等杂质，同时水中 CO_2、微生物、空气中的 O_2、光照等均会使 $Na_2S_2O_3$ 分解，所以采取间接法配制标准溶液。

$$Na_2S_2O_3 + CO_2 + H_2O = NaHCO_3 + NaHSO_3 + S\downarrow$$

$$2Na_2S_2O_3 + O_2 = 2Na_2SO_4 + 2S\downarrow$$

$$Na_2S_2O_3 \xrightarrow{\text{微生物}} Na_2SO_3 + S\downarrow$$

配制 $Na_2S_2O_3$ 应注意：

①需用新煮沸并冷却的蒸馏水溶解 $Na_2S_2O_3$，目的是除去水中的 CO_2、O_2 及某些细菌；

②加入 Na_2CO_3（0.02%）作为稳定剂，使溶液的 pH 保持在 9～10，抑制细菌的生长；

③溶液应储存在棕色瓶中放置暗处，防止光照分解。

需注意的是，溶液不宜长期保存，在使用过程中应定期标定。若发现浑浊，则应将沉淀过滤以后再标定，或者弃去重新配制。

标定　用于标定 $Na_2S_2O_3$ 溶液的基准物质有 $KBrO_3$、$KClO_3$、KIO_3、$K_2Cr_2O_7$ 等，其中 $K_2Cr_2O_7$ 最为常用。在酸性溶液中，一定量的 $K_2Cr_2O_7$ 和过量的 KI 反应析出定量的 I_2：

$$Cr_2O_7^{2-} + 6I^- + 14H^+ == 2Cr^{3+} + 3I_2 + 7H_2O$$

用 $Na_2S_2O_3$ 标准溶液滴定析出的 I_2：

$$I_2 + 2S_2O_3^{2-} == 2I^- + S_4O_6^{2-}$$

根据 $K_2Cr_2O_7$ 的质量及 $Na_2S_2O_3$ 溶液用量计算 $Na_2S_2O_3$ 的浓度：

$$c_{Na_2S_2O_3} = \frac{6m_{K_2Cr_2O_7}}{M_{K_2Cr_2O_7} \times V_{Na_2S_2O_3}}$$

3. 碘量法的应用

碘量法可用于测定多种氧化还原性物质，尤其在药物分析中有着广泛的应用。

（1）维生素 C 的测定　维生素 C 又称抗坏血酸，其分子式为 $C_6H_8O_6$，摩尔质量为 176.12 $g \cdot mol^{-1}$。由于维生素 C 分子中的烯二醇基具有还原性，所以它能被 I_2 定量氧化成酮基：

维生素 C 的还原能力很强，在空气中极易氧化，特别在碱性条件下尤甚，所以滴定时应加入醋酸使溶液呈弱酸性。

维生素 C 含量的计算公式为：

$$\omega_{V_C} = \frac{c_{I_2}V_{I_2} \times M_{V_C}}{m_{V_C}} \times 100\%$$

（2）葡萄糖的测定　葡萄糖分子（$C_6H_{12}O_6$）中的醛基具有还原性，在碱性条件下能被过量的 I_2 氧化成羧基，其反应过程如下：

$$I_2 + 2OH^- = IO^- + I^- + H_2O$$

$$CH_2OH(CHOH)_4CHO + IO^- + OH^- = CH_2OH(CHOH)_4COO^- + I^- + H_2O$$

剩余的 IO^- 在碱性溶液中发生歧化反应：

$$3IO^- = IO_3^- + 2I^-$$

溶液酸化后析出 I_2：

$$IO_3^- + 5I^- + 6H^+ = 3I_2 + 3H_2O$$

然后用 $Na_2S_2O_3$ 标准溶液滴定析出的 I_2：

$$I_2 + 2S_2O_3^{2-} = 2I^- + S_4O_6^{2-}$$

故

$$n_{C_6H_{12}O_6} = n_{I_2} - \frac{1}{2}n_{Na_2S_2O_3}$$

葡萄糖的计算公式：

$$\omega_{葡萄糖} = \frac{\left(c_{I_2}V_{I_2} - \frac{1}{2}c_{Na_2S_2O_3}V_{Na_2S_2O_3}\right)M_{C_6H_{12}O_6}}{m_{样}} \times 100\%$$

(3)$CuSO_4$ 中铜含量的测定 在弱酸性的硫酸铜溶液中加入过量 KI，定量析出 I_2，然后用 $Na_2S_2O_3$ 标准溶液滴定 I_2，其反应为：

$$2Cu^{2+} + 4I^- = I_2 + 2CuI\downarrow$$

$$I_2 + 2S_2O_3^{2-} = 2I^- + S_4O_6^{2-}$$

由于 CuI 沉淀表面吸附 I_2，使分析结果偏低，为此在接近终点时加入 KSCN，使 CuI 沉淀转化为溶解度更小的 CuSCN：

$$CuI + SCN^- = CuSCN\downarrow + I^-$$

以减少 CuI 对 I_2 的吸附。

Cu^{2+} 与 KI 的反应要求在 pH 3～4 的弱酸性溶液中进行。酸度过低，Cu^{2+} 将发生水解；酸度太强，I^- 易被空气中的 O_2 氧化为 I_2，使测定结果偏高。所以常用 NH_4F-HF，HAc-NaAc 等缓冲溶液控制酸度。

铜含量的计算公式：

$$\omega_{Cu} = \frac{c_{Na_2S_2O_3}V_{Na_2S_2O_3}M_{Cu}}{m_{样}} \times 100\%$$

?

想一想

怎样洗掉实验中不慎滴洒在实验服上的高锰酸钾溶液或碘溶液？怎样洗掉衣服上面的钢笔水迹？

第二节　沉淀滴定法

利用沉淀反应进行滴定分析的方法称为沉淀滴定法。沉淀滴定法必须满足以下条件：

(1)沉淀的溶解度要小；

(2)沉淀要有固定的组成；

(3)反应速率快，不形成过饱和溶液；

(4)有确定滴定终点的方法；

(5)沉淀的吸附现象不妨碍滴定终点的测定。

因而，尽管生成沉淀的反应很多，但符合沉淀滴定分析条件的很少。目前，在分析上应用最为广泛的是银量法。它是利用生成难溶银盐的反应进行的滴定分析方法。例如：

$$Ag^+ + X^- \rightleftharpoons AgX\downarrow$$
$$Ag^+ + SCN^- \rightleftharpoons AgSCN\downarrow$$

银量法主要用于测定 Ag^+、Cl^-、Br^-、I^-、SCN^- 等以及一些含有卤素的有机化合物。在化学工业、环境监测、水质分析、农药检验以及冶金工业中有重要的意义。

银量法根据所用指示剂不同，按创立者的名字命名，可分为莫尔法(Mohr)、佛尔哈德法(Volhard)、法杨司(Fajans)法。本书重点介绍莫尔法和佛尔哈德法。

一、莫尔法——铬酸钾指示剂法

莫尔法是 1856 年由莫尔创立的，是以铬酸钾(K_2CrO_4)作指示剂，在中性或弱碱性溶液中，用 $AgNO_3$ 标准溶液滴定 Cl^- 或 Br^- 的方法。

1. 基本原理

以 $AgNO_3$ 标准溶液测定 Cl^- 为例，溶液中的 Cl^- 和 CrO_4^{2-} 分别和 Ag^+ 生成 AgCl 沉淀及 Ag_2CrO_4 沉淀：

滴定反应　　　　$Ag^+ + Cl^- \rightleftharpoons AgCl\downarrow$（白色）　　　　$K_{sp,AgCl} = 1.8 \times 10^{-10}$

终点反应　　　　$2Ag^+ + CrO_4^{2-} \rightleftharpoons Ag_2CrO_4\downarrow$（砖红色）　　$K_{sp,Ag_2CrO_4} = 1.1 \times 10^{-12}$

根据分步沉淀原理，由于溶液中待测的 $[Cl^-]$ 远远大于指示剂 $[CrO_4^{2-}]$；且 AgCl 的溶解度(1.34×10^{-5} mol·L^{-1})比 Ag_2CrO_4(6.6×10^{-5} mol·L^{-1})小，在滴定过程中首先析出 AgCl 沉淀，当 Cl^- 被定量沉淀后，稍过量的 Ag^+ 与 CrO_4^{2-} 生成砖红色 Ag_2CrO_4 沉淀指示滴定终点。

2. 滴定条件

(1)溶液的酸度　莫尔法滴定只适用在中性或弱碱性溶液中进行，最适宜 pH 范围应在 6.5～10.5。

①溶液酸性过高，CrO_4^{2-} 会转化为：

$$2CrO_4^{2-}+2H^+ \Longrightarrow 2HCrO_4^- \Longrightarrow Cr_2O_7^{2-}+H_2O$$

因而降低了 CrO_4^{2-} 的浓度，造成 Ag_2CrO_4 沉淀出现过迟，甚至不出现沉淀。

②如果溶液的碱性太强，则有褐色 Ag_2O 沉淀析出：

$$2Ag^++2OH^- = Ag_2O\downarrow+H_2O$$

③在氨性溶液中，由于生成 $[Ag(NH_3)_2]^+$，使 $AgCl$ 沉淀溶解，此时应控制 pH 范围在 6.5～7.2。

(2)指示剂用量　若指示剂 K_2CrO_4 的浓度过高，则砖红色沉淀过早生成，滴定终点提前，结果偏低，且 K_2CrO_4 本身的黄色会妨碍终点颜色的判断；若 K_2CrO_4 浓度过低，则砖红色沉淀过迟生成，滴定终点推后，结果偏高，造成误差。

实践证明，K_2CrO_4 的浓度约为 5.0×10^{-3} $mol\cdot L^{-1}$（相当于每 50～100 mL 溶液中加入 5% K_2CrO_4 溶液 1.0～2.0 mL）为适宜。

3.应用范围

(1)莫尔法主要用于测定 Cl^- 和 Br^-，但不能测定 I^- 和 SCN^-。因为 AgI 和 $AgSCN$ 沉淀强烈吸附溶液中的 I^- 和 SCN^-，使终点提前，误差较大。$AgCl$ 和 $AgBr$ 沉淀虽然也容易吸附 Cl^- 和 Br^-，但经过剧烈振荡，可以减少吸附。

(2)莫尔法选择性较差，凡能与 Ag^+ 生成沉淀的阴离子（如 PO_4^{3-}，AsO_4^{3-}，S^{2-}，CO_3^{2-} 等），能与 CrO_4^{2-} 生成沉淀的阳离子（如 Ba^{2+}，Pb^{2+}，Hg^{2+} 等）以及中性和弱碱性条件下可水解的金属离子均干扰测定。大量存在的有色离子如 MnO_4^-，Fe^{3+}，Cu^{2+}，Ni^{2+}，Co^{2+} 等也会干扰终点的观察，应预先消除。

(3)不适于用 Cl^- 滴定 Ag^+，因为 Ag_2CrO_4 沉淀转化为 $AgCl$ 沉淀的速率较慢。

虽然莫尔法选择性较差，应用受到一定限制。但因其方法简单，对 Cl^- 和 Br^- 含量较低，干扰少的试样（如天然水、纯氯化物）的分析，可得准确结果。

二、佛尔哈德法——铁铵矾做指示剂

佛尔哈德法是于 1898 年创立的。该方法是在酸性条件下，以铁铵矾 $[FeNH_4(SO_4)_2\cdot 12H_2O]$ 作指示剂以确定终点的方法。根据滴定方式不同，分为直接滴定法和返滴定法。

1.基本原理

(1)直接滴定法（测 Ag^+）　在稀 HNO_3 溶液中，以铁铵矾为指示剂，用 NH_4SCN（或 $KSCN$）标准溶液测定 Ag^+ 的方法。在滴定过程中首先析出 $AgSCN$ 白色沉淀，当 Ag^+ 沉淀完全后，稍过量的 SCN^- 与 Fe^{3+} 结合生成血红色配离子 $[FeSCN]^{2+}$，即为滴定终点。

滴定反应　　　　　$Ag^++SCN^- \Longrightarrow AgSCN\downarrow$（白色）　　　$K_{sp,AgSCN}=1.0\times10^{-12}$

终点反应　　　　　$Fe^{3+}+SCN^- \Longrightarrow [FeSCN]^{2+}$（血红色）

(2)返滴定法（测卤离子或 SCN^-）　在含有卤素离子的硝酸溶液中，首先加入准确过量 $AgNO_3$ 标准溶液，待 $AgNO_3$ 与被测物质反应完全后，以铁铵矾作指示剂，再用 NH_4SCN 标准溶液滴定剩余的 $AgNO_3$，滴定至溶液出现血红色时为终点。例如 Cl^- 的测定，反应如下：

| 滴定前反应 | Ag^+（过量）$+Cl^- \rightleftharpoons AgCl\downarrow$（白色） | $K_{sp,AgCl}=1.8\times10^{-10}$ |

滴定前反应 $\quad Ag^+$（过量）$+Cl^- \rightleftharpoons AgCl\downarrow$（白色）$\qquad K_{sp,AgCl}=1.8\times10^{-10}$

滴定反应 $\quad Ag^+$（剩余）$+SCN^- \rightleftharpoons AgSCN\downarrow$（白色）$\qquad K_{sp,AgSCN}=1.0\times10^{-12}$

终点反应 $\quad Fe^{3+}+SCN^- \rightleftharpoons [FeSCN]^{2+}$（血红色）$\qquad K_{稳,[FeSCN]^{2+}}=138$

2.滴定条件

(1)溶液的酸度　佛尔哈德法适宜于在 $0.1\sim1.0\ mol\cdot L^{-1}$ 的硝酸溶液介质中进行。因为 Fe^{3+} 在中性或碱性溶液中水解生成 $Fe(OH)_3$ 棕色沉淀，同时，Ag^+ 在碱性溶液中生成 Ag_2O 褐色沉淀，影响终点的确定。

(2)指示剂用量　实验证明，当 $[FeSCN]^{2+}$ 的浓度达到 $6.0\times10^{-6}\ mol\cdot L^{-1}$ 左右时，才能观察到明显的红色。在化学计量点时溶液中 SCN^- 的浓度为：

$$c_{SCN^-}=\sqrt{K_{sp,AgSCN}}=\sqrt{1.0\times10^{-12}}=1.0\times10^{-6}(mol\cdot L^{-1})$$

这时：$\qquad c_{Fe^{3+}}=\dfrac{c_{[FeSCN]^{2+}}}{K_{稳}\,c_{SCN^-}}=\dfrac{6.0\times10^{-6}}{138\times1.0\times10^{-6}}=0.043\ (mol\cdot L^{-1})$

实际滴定中，Fe^{3+} 的浓度较大时，溶液呈现较深的黄色，影响终点观察。通常要求 Fe^{3+} 的浓度为 $0.015\ mol\cdot L^{-1}$。

(3)注意事项

①测定 Cl^- 时，由于 AgCl 的溶解度大于 AgSCN，故终点后，过量的 SCN^- 将与 AgCl 发生置换反应，使 AgCl 转化成更难溶的 AgSCN 沉淀：

$$AgCl\downarrow+SCN^- \rightleftharpoons AgSCN\downarrow+Cl^-$$

所以溶液出现红色后，随着不断地摇动，溶液红色又逐渐消失，即

$$AgCl\downarrow+[FeSCN]^{2+} \rightleftharpoons AgSCN\downarrow+Cl^-+Fe^{3+}$$

显然到达终点时，多消耗了 NH_4SCN 标准溶液，引起较大的滴定误差。因此，应设法将 AgCl 沉淀与溶液分开。一种方法是在返滴定前将 AgCl 沉淀滤去，再在滤液中进行滴定，但操作麻烦。另一种方法是在返滴定前加入有机溶剂(密度大于水又不与水互溶)，如硝基苯(有毒)或 1,2-二氯乙烷，用力震荡，将 AgCl 沉淀包裹起来，与溶液隔离，该法简便，效果显著。

测定 Br^-、I^- 时，由于 AgBr 和 AgI 的溶解度均小于 AgSCN，不发生上述沉淀的转化。

②直接法测 Ag^+ 时，AgSCN 沉淀易吸附溶液中的 Ag^+，使终点提前出现，所以滴定时必须剧烈振荡，使被吸附的 Ag^+ 释放出来。

③返滴定法滴定碘化物时，应首先加入过量的 $AgNO_3$ 标准溶液，再加指示剂，否则会发生下述反应而造成误差：

$$2I^-+2Fe^{3+}=I_2+2Fe^{2+}$$

④强氧化剂、氮的低价化合物和汞盐等都能与 SCN^- 结合，干扰测定，所以必须预先除去。

⑤滴定不宜在高温下进行，否则会使 $[FeSCN]^{2+}$ 颜色褪去。

三、标准溶液的配制与标定

1. $AgNO_3$ 标准溶液的配制和标定

(1)直接法 $AgNO_3$ 可以制得纯品,符合基准物质的要求,可以用直接法配制。将分析纯的 $AgNO_3$ 置于烘箱内,在 110℃ 烘干 2 h,以除去吸湿水。称取一定量烘干的 $AgNO_3$,用不含 Cl^- 的蒸馏水溶解后注入一定体积的棕色容量瓶中,加水稀释至刻度并摇匀,即得一定浓度的标准溶液。

由于 $AgNO_3$ 与有机物接触易起还原作用,应保存于玻璃瓶中。$AgNO_3$ 有腐蚀性,应注意勿与皮肤接触,滴定时应使用酸式滴定管。$AgNO_3$ 见光易分解:

$$2AgNO_3 \Longrightarrow 2Ag + 2NO_2 \uparrow + O_2 \uparrow$$

故 $AgNO_3$ 标准溶液应储存在棕色瓶中,并置于暗处。

(2)间接法 市售的 $AgNO_3$ 中往往含有金属银、有机物、亚硝酸盐及铵盐等杂质,所以配制成溶液后应进行标定。标定 $AgNO_3$ 溶液的最常用的基准物质为 NaCl,但因为 NaCl 易吸潮,故在使用前于 500~600℃ 下干燥,冷却后置于密闭瓶中,保存于干燥器内备用。

$$AgNO_3 + NaCl \Longrightarrow AgCl \downarrow + NaNO_3$$

2. NH_4SCN 标准溶液的配制与标定

NH_4SCN 试剂一般含有杂质,且易潮解,故用间接法配制。常用已知准确浓度的 $AgNO_3$ 标准溶液进行标定,以铁铵矾为指示剂,用 NH_4SCN 溶液直接滴定。

$$AgNO_3 + NH_4SCN \Longrightarrow AgSCN \downarrow + NH_4NO_3$$

四、应用示例

1. 可溶性氯化物中氯的测定

(1)地下水和地面水都含有氯化物,主要是钠、钙、镁的盐类,自来水用次氯酸盐消毒时也会带入一定量的氯化物,可用莫尔法测定。

(2)在中性或微碱性条件下,若试样中含有能与 Ag^+ 生成沉淀的阴离子(如 PO_4^{3-},AsO_4^{3-},S^{2-},CO_3^{2-} 等)时,干扰测定。可采用佛尔哈德法进行测定,因为在酸性条件下,这些阴离子都不会与 Ag^+ 结合产生沉淀,从而避免干扰。

测定结果,可根据试样的质量和滴定所用去的标准溶液的体积,计算试样中氯的质量分数。

2. 银合金中银的测定

银合金在硝酸中溶解:

$$Ag + NO_3^- + 2H^+ = Ag^+ + NO_2 \uparrow + H_2O$$

在溶解试样时,必须煮沸,除去 NO_2,以免它与 SCN^- 作用生成红色化合物,影响终点的观察。

试样溶解后,加入铁铵钒指示剂,用 KSCN 标准溶液滴定:

$$Ag^+ + SCN^- \rightleftharpoons AgSCN \downarrow (白色)$$

$$Fe^{3+} + SCN^- \rightleftharpoons [FeSCN]^{2+} (红色)$$

为了在计量点时刚好出现[FeSCN]²⁺血红色,必须控制 Fe^{3+} 的浓度,实验证明,Fe^{3+} 浓度为 $0.015\ mol \cdot L^{-1}$ 时为最好。根据试样的质量和滴定所用的 KSCN 标准溶液的体积,计算银的质量分数。

3. 有机卤化物中卤素的测定

以农药"666"(六氯环己烷)为例,通常将试样与 KOH-乙醇溶液一起回流煮沸,使有机氯以 Cl^- 形式转入溶液:

$$C_6H_6Cl_6 + 3OH^- \xrightarrow{乙醇} CHCl_3 + 3Cl^- + 3H_2O$$

溶液冷却后,加硝酸调节溶液酸度,用佛尔哈德法测定释放出的 Cl^-。

第三节 氧化还原滴定和沉淀滴定法计算

氧化还原滴定涉及的化学反应计量关系比较复杂,在进行氧化还原滴定计算时,必须先根据有关反应确定滴定剂与被测物质之间的计量关系,选择二者的基本单元,然后根据等物质的量规则计算。沉淀滴定相对简单。

[例 10-1] 已知 $M(H_2O_2) = 34.01\ g \cdot mol^{-1}$,准确称取 H_2O_2 样品溶液 1.002 8 g,放入 250.0 mL 容量瓶内,加水稀释至刻度,混合均匀。用移液管准确吸取 25.00 mL 上述溶液,加 $2\ mol \cdot L^{-1}\ H_2SO_4$ 20 mL,用 $0.020\ 01\ mol \cdot L^{-1}$ KMnO₄ 标准溶液 20.78 mL 滴定至浅红色。计算样品中 H_2O_2 的质量分数。

解:在酸性溶液中,KMnO₄ 能直接滴定 H_2O_2,其反应式为:

$$2MnO_4^- + 5H_2O_2 + 6H^+ \rightleftharpoons 2Mn^{2+} + 5O_2 \uparrow + 8H_2O$$

根据化学反应计量关系计算,$\dfrac{n(KMnO_4)}{n(H_2O_2)} = \dfrac{2}{5}$,则

$$\omega(H_2O_2) = \frac{\dfrac{5}{2} \times c(KMnO_4)V(KMnO_4)M(H_2O_2)}{m_s \times \dfrac{25.00}{250.0}} \times 100\%$$

$$= \frac{\dfrac{5}{2} \times 0.020\ 01 \times 20.78 \times 10^{-3} \times 34.01}{1.002\ 8\ g \times \dfrac{25.00}{250.0}} \times 100\%$$

$$= 35.41\%$$

或者,按该滴定中氧化剂是 MnO_4^-,被还原为 Mn^{2+},H_2O_2 被氧化为 O_2,可选择

$\dfrac{1}{5}KMnO_4$、$\dfrac{1}{2}H_2O_2$ 为基本单元，则

$$c\left(\dfrac{1}{5}KMnO_4\right)=5c(KMnO_4)=5\times0.020\,01\ mol\cdot L^{-1}=0.100\,5\ mol\cdot L^{-1}$$

$$\omega(H_2O_2)=\dfrac{c\left(\dfrac{1}{5}KMnO_4\right)V(KMnO_4)M\left(\dfrac{1}{2}H_2O_2\right)}{m_s\times\dfrac{25.00}{250.0}}\times100\%$$

$$=\dfrac{0.100\,5\times20.78\times10^{-3}\times\dfrac{1}{2}\times34.01}{1.002\,8\times\dfrac{25.00}{250.0}}\times100\%$$

$$=35.41\%$$

答：样品中 H_2O_2 的质量分数为 35.41%。

[例 10-2] 已知 $M(O_2)=32.00\ g\cdot mol^{-1}$，化学耗氧量（COD）是指每升水中的还原性物质在一定条件下被强氧化剂氧化时所消耗的氧的质量。量取水样 100 mL，用 H_2SO_4 酸化后，加入 25.00 mL $c(K_2Cr_2O_7)=0.016\,67\ mol\cdot L^{-1}$ 的 $K_2Cr_2O_7$ 标准溶液，以 Ag_2SO_4 为催化剂煮沸，待水样中还原性物质被完全氧化后，以邻二氮菲亚铁为指示剂，以 $c(FeSO_4)=0.103\,2\ mol\cdot L^{-1}$ 的 $FeSO_4$ 标准溶液回滴剩余的 $K_2Cr_2O_7$，用去 13.24 mL。计算水样的 COD，以 $\rho(mg\cdot L^{-1})$ 表示。

解：依题意：

$$Cr_2O_7^{2-}+14H^++6Fe^{2+}=2Cr^{3+}+7H_2O+6Fe^{3+}$$
$$6FeSO_4\leftrightharpoons K_2Cr_2O_7$$

$K_2Cr_2O_7$ 的基本单元为 $\dfrac{1}{6}K_2Cr_2O_7$；$FeSO_4$ 的基本单元为 $FeSO_4$。

由于 $K_2Cr_2O_7$ 与 O_2 的关系为：

$$\dfrac{1}{6}K_2Cr_2O_7\leftrightharpoons\dfrac{1}{4}O_2$$

则

$$c\left(\dfrac{1}{6}K_2Cr_2O_7\right)=6c(K_2Cr_2O_7)=6\times0.016\,67\ mol\cdot L^{-1}=0.100\,0\ mol\cdot L^{-1}$$

$$\rho(O_2)=\dfrac{\left[c\left(\dfrac{1}{6}K_2Cr_2O_7\right)V(K_2Cr_2O_7)-c(FeSO_4)V(FeSO_4)\right]M\left(\dfrac{1}{4}O_2\right)}{V_s}$$

$$=\dfrac{(0.100\,0\times25.00-0.100\,0\times13.24)\times\dfrac{1}{4}\times32.00}{100\times10^{-3}}$$

$$=94.08(mol\cdot L^{-1})$$

答：水样的 COD$\rho(O_2)$ 为 94.08 mg$\cdot L^{-1}$。

[例 10-3] 已知 $M(Na_2SO_3)=126.04\ g\cdot mol^{-1}$，称取 Na_2SO_3 试样 0.387 8 g，将其溶解

后,加入 50.00 mL 0.048 85 mol·L^{-1} 的 I_2 溶液,剩余的 I_2 需要用 25.40 mL $c(Na_2S_2O_3) = 0.100\ 8$ mol·L^{-1} 的 $Na_2S_2O_3$ 标准溶液滴定至终点。计算试样中 Na_2SO_3 的质量分数。

解:根据题意,有关反应为:

$$I_2 + SO_3^{2-} + H_2O = 2H^+ + 2I^- + SO_4^{2-}$$

$$I_2 + 2S_2O_3^{2-} = 2I^- + S_4O_6^{2-}$$

故 I_2、Na_2SO_3、Na_2SO_3 的基本单元分别为 $\frac{1}{2}I_2$、$Na_2S_2O_3$、$\frac{1}{2}Na_2SO_3$。

$$c\left(\frac{1}{2}I_2\right) = 2c(I_2) = 2 \times 0.048\ 85\ \text{mol·L}^{-1} = 0.097\ 70\ \text{mol·L}^{-1}$$

$$\omega(Na_2S_2O_3) = \frac{\left[c\left(\frac{1}{2}I_2\right)V(I_2) - c(Na_2S_2O_3)V(Na_2S_2O_3)\right]M\left(\frac{1}{2}Na_2SO_3\right)}{m_s} \times 100\%$$

$$= \frac{(0.097\ 70 \times 50.00 - 0.100\ 8 \times 25.40) \times 10^{-3} \times \frac{1}{2} \times 126.04}{0.387\ 8} \times 100\%$$

$$= 37.78\%$$

答:试样中 Na_2SO_3 的质量分数为 37.78%。

[例 10-4] 已知 $M(NaCl) = 58.44$ g·mol^{-1},NaCl 试液 25.00 mL,用 0.102 3 mol 的 $AgNO_3$ 标准溶液滴定至终点,消耗了 26.89 mL。求试液中 NaCl 的质量浓度(g·L^{-1})。

解:依题意,滴定反应为:

$$Ag^+ + Cl^- \rightleftharpoons AgCl\downarrow$$

故 $AgNO_3$ 与 NaCl 的物质的量相等,则

$$\rho(NaCl) = \frac{c(AgNO_3)V(AgNO_3)M(NaCl)}{V_s}$$

$$= \frac{0.102\ 3 \times 26.98 \times 10^{-3} \times 58.44}{25.00 \times 10^{-3}}$$

$$= 6.452(\text{g·L}^{-1})$$

答:试液中 NaCl 的质量浓度为 6.452 g·L^{-1}。

本 章 小 结

1.氧化还原滴定法是以氧化还原反应为基础的滴定分析方法。常用的氧化还原滴定法有高锰酸钾法、重铬酸钾法、碘量法等。

由于氧化还原反应过程较复杂,反应速率慢,常伴有副反应发生,所以氧化还原滴定法必须严格控制反应条件。

2.沉淀滴定法主要是生成难溶性银盐的反应,称为银量法,主要用于测定 Cl^-、Br^-、I^-、CN^-、SCN^-、Ag^+ 等。

根据所用的指示剂的不同又分为莫尔法、佛尔哈德法和法杨司法。

莫尔法是以 K_2CrO_4 为指示剂,$AgNO_3$ 为标准溶液,在 pH = 6.5～10.5 条件下测定

Cl^-，Br^-。

佛尔哈德法是以 $FeNH_4(SO_4)_2 \cdot 12H_2O$ 为指示剂，用 KSCN 或 NH_4SCN 为标准溶液的方法。本法又分为直接滴定法和返滴定法。直接滴定法测定 Ag^+，返滴定法测定 Cl^-，Br^-，I^- 等。

法杨司法是用吸附指示剂确定终点的方法。

思考与练习

一、判断题

1. $KMnO_4$ 标准溶液长期放置后仍可直接使用，它的浓度不变。

2. 间接碘量法加入 KI 一定要过量，淀粉指示剂要在接近终点时加入。

3. 配制 $Na_2S_2O_3$ 溶液时，常加入 Na_2CO_3 作为稳定剂，使溶液的 pH 保持在 9～10，抑制细菌的生长。

4. 配制好的 $Na_2S_2O_3$ 溶液，可放在白色试剂瓶中。

5. 以淀粉为指示剂滴定时，直接碘量法的终点是从蓝色变为无色，间接碘量法是由无色变为蓝色。

6. 莫尔法可用于测定 Cl^-、Br^-、I^- 和 SCN^-。

7. 用莫尔法进行沉淀滴定时，所用指示剂为铬酸钾。

8. 莫尔法应在 pH＝3.5～6.5 进行。

二、选择题

1. 在高锰酸钾滴定法中，用于调节溶液酸度的是（　　　）。

A. HAc　　　　　　B. H_2SO_4　　　　　　C. HNO_3　　　　　　D. HCl

2. 在酸性介质中，用 $KMnO_4$ 溶液滴定草酸盐，滴定应（　　　）。

A. 像酸碱滴定那样快速进行　　　　　　B. 在开始时缓慢进行，以后逐渐加快

C. 始终缓慢地进行　　　　　　D. 开始时快，然后缓慢

3. 下列物质不能作为基准物质的是（　　　）。

A. $KMnO_4$　　　　　　B. $K_2Cr_2O_7$　　　　　　C. 硼砂　　　　　　D. 草酸钠

4. 碘量法所用的指示剂为（　　　）。

A. 铬黑 T　　　　　　B. 甲基红　　　　　　C. 淀粉　　　　　　D. 二苯胺磺酸钠

5. 间接碘量法测定水中 Cu^{2+} 含量，介质的 pH 应控制在（　　　）。

A. 强酸性　　　　　　B. 弱酸性　　　　　　C. 弱碱性　　　　　　D. 强碱性

6. 间接碘量法（即滴定碘法）中加入淀粉指示剂的适宜时间是（　　　）。

A. 滴定开始时　　　　　　　　　　　　　B. 滴定至溶液呈浅黄色时

C. 滴定至 I_3^- 离子的红棕色退尽，溶液呈无色时　　　D. 在标准溶液滴定了近 50%

7. 佛尔哈德法是用铁铵矾做指示剂，根据 Fe^{3+} 的特性，此滴定要求溶液必须是（　　　）。

A. 酸性　　　　　　B. 中性　　　　　　C. 弱碱性　　　　　　D. 碱性

8. 测定维生素 C 的分析方法是（　　　）。

A. EDTA 法　　　　　　B. 酸碱滴定法　　　　　　C. 重铬酸钾法　　　　　　D. 碘量法

9.莫尔法可用于测定（　　　）。

A. Cl^- 和 Br^-　　　B. Cl^- 和 I^-　　　C. Cl^-、Br^- 和 I^-　　　D. Cl^-、Br^-、I^- 和 SCN^-

三、填空题

1.利用高锰酸钾法滴定不需要添加其他指示剂,利用其自身颜色变化指示滴定终点,这种指示剂称为_____。

2.用 $Na_2C_2O_4$ 标定 $KMnO_4$ 溶液时,最适宜的温度是_____,酸度为_____;开始的滴定速度_____。

3.测定 H_2O_2 试样通常选用_____法。测碘则选用_____法,用_____作指示剂。

4.称取 $Na_2C_2O_4$ 基准物时,有少量 $Na_2C_2O_4$ 洒在天平台上而未被发现,则用其标定的 $KMnO_4$ 溶液浓度将比实际浓度_____;用此 $KMnO_4$ 溶液测定 H_2O_2 时,将引起_____误差。

5.标定 $Na_2S_2O_3$ 一般可选用作基准物_____,标定 $KMnO_4$ 一般可选用作基准物_____。

6.用莫尔法进行沉淀滴定时,所用的标准溶液为_____,指示剂为_____,可用于测定_____。

7.莫尔法只能测定_____和_____,不能测定_____。

8.佛尔哈德法的指示剂为_____。直接滴定法的标准溶液为_____,测定_____,用_____调节酸度。

9.佛尔哈德法返滴定可在_____条件下测定水样中的 Cl^-。先加入过量_____,加入指示剂铁铵钒,以 NH_4SCN 标准溶液进行返滴定,出现_____即为终点。

四、问答题

1.氧化还原滴定中常见的指示剂有哪几种?各有什么特点?

2.重铬酸钾法与高锰酸钾法各有何优、缺点?

3.为使高锰酸钾法在酸性条件下进行,能否加盐酸作介质?为什么?

4.配制 I_2 和 $Na_2S_2O_3$ 溶液时,应注意些什么?

5.间接碘量法的主要误差来源有哪些?为什么碘量法不适宜在高酸度或高碱度介质中进行?

6.莫尔法的滴定条件是什么?

7.佛尔哈德法的滴定条件是什么?

8.在下列几种情况下,所得分析结果是准确的、还是偏低或偏高,为什么?

A.pH≈4 时,用莫尔法测定 Cl^-。

B.若试液中含有铵盐,在 pH≈10 时,用莫尔法测定 Cl^-。

C.用佛尔哈德法测定 Cl^- 时,未将沉淀过滤或未加入 1,2-二氯乙烷。

D.用佛尔哈德法测定 I^- 时,先加铁铵钒指示剂,然后加入过量 $AgNO_3$ 标准溶液。

五、计算题

1.称取含钙样品 0.126 4 g 溶解后,将其完全沉淀为草酸钙,将草酸钙洗涤后溶于硫酸中,用 0.010 02 mol·L^{-1} 的高锰酸钾溶液滴定,完全反应时用高锰酸钾标准溶液 21.08 mL。计算试样中钙的质量分数。

2. 用 $Na_2C_2O_4$ 基准物质标定高锰酸钾标准溶液，称取 $0.154\ 2\ gNa_2C_2O_4$ 用去高锰酸钾标准溶液 22.14 mL。计算高锰酸钾标准溶液的物质的量浓度。

3. 用吸量管准确吸取 H_2O_2 样品溶液 1.00 mL，放入 100.0 mL 容量瓶内，加水稀释至刻度，混合均匀。准确吸取 10.00 mL 上述溶液，加 1 mol · L^{-1} H_2SO_4 20 mL，用 0.020 01 mol · L^{-1} 高锰酸钾标准溶液 20.20 mL 滴定至浅红色终点。计算样品中 H_2O_2 的质量浓度（g · mL^{-1}）。

4. 准确称取软锰矿试样 0.526 1 g，在酸性介质中加入 0.704 9 g 纯 $Na_2C_2O_4$。待反应完全后，过量的 $Na_2C_2O_4$ 用 0.021 60 mol · L^{-1} $KMnO_4$ 标准溶液滴定，用去 30.47 mL。计算软锰矿中 MnO_2 的质量分数。

5. 称取维生素 C 样品 0.924 5 g，用新煮沸冷却的蒸馏水 100 mL 和 10 mL 稀醋酸溶解，加淀粉指示剂 1 mL，立即用 0.052 56 mol · L^{-1} 碘标准溶液滴定至蓝色，用去碘标准溶液 20.02 mL。计算维生素 C 的含量。

6. 准确称取葡萄糖样品 0.562 2 g，置于 250 mL 碘量瓶中，准确加入 I_2 标准溶液 0.050 01 mol · L^{-1}25.00 mL，边振荡边滴加氢氧化钠溶液 0.1 mol · L^{-1} 40 mL，密闭在暗处放置 10 min。然后加入 0.5 mol · L^{-1} H_2SO_4 6 mL，混合均匀。用 $Na_2S_2O_3$ 标准溶液 0.100 2 mol · L^{-1} 滴定，接近终点时加 2 mL 淀粉指示剂，继续滴定至蓝色消失即为终点，用去 20.00 mL。计算样品中葡萄糖的含量。

7. 配制 0.1 mol · L^{-1} 的 $K_2Cr_2O_7$ 标准溶液 500 mL 需称取 $K_2Cr_2O_7$ 多少克，如何配制？

8. 称取铁矿石样品 1.765 4 g 制成溶液，使其中的铁全部变为 Fe^{2+} 后，用 0.050 00 mol · L^{-1} $K_2Cr_2O_7$ 标准溶液滴定，用去 26.53 mL。计算样品中 Fe_2O_3 的质量分数。

9. 称取银合金试样 0.300 0 g，溶解后制成溶液，加铁铵矾作指示剂，用 0.100 0 mol · L^{-1} KSCN 标准溶液滴定，用去 23.80 mL，计算银的质量分数。

10. 取含 NaCl 的溶液 20.00 mL，加入 K_2CrO_4 作指示剂，用 0.102 3 mol · L^{-1} $AgNO_3$ 标准溶液滴定，用去 27.00 mL，求每升溶液中含 NaCl 多少克？

11. 称取 NaCl 基准试剂 0.117 3 g，溶解后加入 30.00 mL $AgNO_3$ 标准溶液，过量的 Ag^+ 需要 3.20 mL NH_4SCN 标准溶液滴定至终点。已知 20.00 mL $AgNO_3$ 标准溶液与 21.00 mL NH_4SCN 标准溶液能完全作用，计算 $AgNO_3$ 和 NH_4SCN 溶液的浓度。

第十一章

吸光光度法

🍁 知识目标

- 掌握吸光光度法的基本原理。
- 掌握吸光度、透光率、摩尔吸光系数的意义及相互关系。
- 掌握标准曲线的绘制方法和应用。
- 熟悉显色反应及其影响因素,了解分光光度计的结构原理。

🍁 能力目标

- 能解释物质颜色与光的关系。
- 能操作常见的分光光度计。
- 能应用吸光光度法进行物质的定量分析。

吸光光度法是基于物质对光具有选择性吸收的特性,从而对物质进行定性、定量及结构分析的方法。按照物质对光的吸收波长范围不同可分为:可见吸光光度法、紫外吸光光度法和红外吸光光度法。可见吸光光度法和紫外吸光光度法用于定量测定,红外吸光光度法主要用于物质的结构分析。本章只讨论可见吸光光度法。

吸光光度法与滴定分析法相比,其特点是:

(1)**灵敏度高**　吸光光度法常用于测定微量组分($0.001\% \sim 0.000\ 1\%$),测定最低浓度可达$10^{-5} \sim 10^{-6}\ mol \cdot L^{-1}$。如果对被测组分进行先期的分离富集,灵敏度还可以提高$2 \sim 3$个数量级。

(2)**准确度高**　一般吸光光度法测定的相对误差为$2\% \sim 5\%$。

(3)**操作简便快速**　吸光光度法所用的仪器简单,操作方便。

(4)**应用广泛**　几乎所有的无机离子和许多有机化合物都可直接或间接地用吸光光度法测定。例如,生物体内微量组分的测定、药物分析、环境及卫生分析等。

第一节　吸光光度法的基本原理

一、物质的颜色及对光的选择性吸收

1. 单色光和互补光

光是一种电磁波,具有波粒二象性,其中可见光是指人眼能感觉到的光,其波长范围为 $400\sim760$ nm,是由红、橙、黄、绿、青、蓝、紫等不同波长的光按照一定的比例混合得到的。每种颜色的光都具有一定的波长范围。

具有某一波长的光称为单色光,由不同波长的光组成的光称为复合光,如日光、白炽灯光等。如果把适当颜色的两种光按一定强度比例混合,也可得到白光,这两种光就称为互补光,互补光的颜色就称为互补色。如图11-1所示,处于直线关系的两种色光为互补色光,如绿光和紫光混合,黄光和蓝光混合,都可以得到白光。

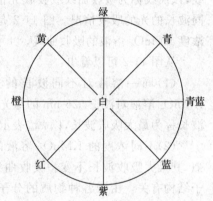

图 11-1　可见光的互补关系

2. 物质对光的选择性吸收

(1)物质颜色的产生　溶液有不同的颜色是物质对不同波长光的选择性吸收的结果。当一束白光照射溶液时,如果光全部透过,溶液为无色;全部吸收,溶液呈黑色。如果溶液选择性地吸收了某种颜色的光,则溶液呈现透射光的颜色,即溶液呈现的颜色是其吸收光的互补色。例如,$CuSO_4$ 溶液选择性地吸收了黄色光,所以 $CuSO_4$ 溶液呈现出蓝色。溶液的颜色和其吸收光颜色的关系见表11-1。

表 11-1　溶液的颜色和吸收光颜色的关系

溶液的颜色	吸收光	
	光的颜色	波段/nm
黄绿	紫	$400\sim450$
黄	蓝	$450\sim480$
橙	青蓝	$480\sim490$
红	青	$490\sim500$
紫红	绿	$500\sim560$
紫	黄绿	$560\sim580$
蓝	黄	$580\sim600$
青蓝	橙	$600\sim650$
青	红	$650\sim760$

想一想

雷雨后的天空有时会出现彩虹,为什么?

如果多媒体教学课件中的背景颜色是淡黄色,那么字体选择哪几种颜色视觉效果较好?

（2）吸收曲线 溶液对光选择性吸收是由物质的本性决定的,任何一种溶液,对不同波长的光的吸收程度是不同的。如果以波长为横坐标,以每一波长下某物质对光的吸收程度即吸光度（A）为纵坐标,则可得到一条曲线,该曲线称为吸收曲线或吸收光谱,其描述了物质对不同波长的光的吸收情况。图 11-2 是（a、b、c、d）四种不同浓度 $KMnO_4$ 溶液的吸收曲线。

从图 11-2 可以看出:

（1）同一溶液对不同波长的光的吸收程度不同。$KMnO_4$ 溶液对波长 525 nm 的绿光吸收最大。所对应的波长称为最大吸收波长,以 λ_{max} 表示。

（2）不同浓度的 $KMnO_4$ 溶液的光吸收曲线形状相似,其最大吸收波长不变。吸收曲线的形状与物质的分子结构有关。由于各种物质的分子结构不同,对不同波长的光具有选择性吸收,因此各物质具有各自的特征吸收曲线,据此可以对物质进行初步定性分析。

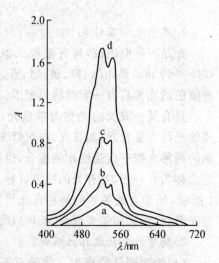

图 11-2　$KMnO_4$ 溶液的吸收曲线

（3）同一物质不同浓度的溶液,在一定波长下其吸光度随浓度增大而增加。这个特性可作为定量分析的依据。在 λ_{max} 处测吸光度,灵敏度最高。因此,吸收曲线是吸光光度法中选择测量波长的重要依据。

二、光的吸收定律——朗伯-比尔定律

1.朗伯-比尔定律

实验证明,当一束平行单色光通过某一均匀的、非色散的有色溶液时,光的一部分被吸收,一部分被器皿表面反射,一部分透过溶液。如果入射光的强度为 I_0,透射光强度为 I_t,溶液浓度为 c,液层厚度为 $b(cm)$;它们之间存在如下关系:

$$A = \lg \frac{I_0}{I_t} = Kbc$$

式中,A 为吸光度,K 为吸光系数。

该式表明:当一束平行的单色光通过均匀的、非色散的溶液时,溶液的吸光度与溶液的浓度和液层厚度的乘积成正比。这一结论就是光吸收的基本定律,称为朗伯-比尔定律,它是吸

光光度法定量测定的依据。

2. 吸光系数

K 值随 c、b 所取单位不同而不同。

当 c 的单位为 $g \cdot L^{-1}$，b 的单位为 cm 时，K 用 α 表示，称为吸光系数，其单位为 $L \cdot g^{-1} \cdot cm^{-1}$；

当 c 的单位为 $mol \cdot L^{-1}$，b 的单位为 cm 时，K 用 ε 表示，称为摩尔吸光系数，其单位为 $L \cdot mol^{-1} \cdot cm^{-1}$。

摩尔吸光系数反映了溶液对某一波长的光的吸收能力，常用来衡量显色反应的灵敏度。ε 值愈大，表示该显色反应的灵敏度愈高；反之，ε 值愈小，表示显色反应的灵敏度愈低。

3. 透光率

透光率 T 表示物质对光的吸收程度。透光率是透射光强度 I_t 与入射光强度 I_0 之比：

$$T = \frac{I_t}{I_0}$$

吸光度 A 与透光率 T 的关系为：

$$A = \lg \frac{1}{T}$$

朗伯-比尔定律不仅适用于溶液，也适用于其他均匀非散射的吸光物质（气体或固体），是各类吸光光度法定量分析的依据。在吸光光度法测定中，通常保持液层厚度不变，测定溶液的吸光度。此时吸光度 A 和有色溶液的浓度呈直线关系，因此测得吸光度便可确定溶液浓度。

◆◆◆ 第二节　显色反应和显色条件的选择 ◆◆◆

有些物质本身有明显的颜色，如 $KMnO_4$ 溶液，可直接进行光度测定，如待测溶液是无色或颜色很浅，需要加入一种适当的试剂与被测离子反应，生成有色化合物。这种使待测组分转变成有色化合物的反应叫显色反应。所加的试剂称为显色剂，显色剂大多为有机配位剂（表 11-2）。

表 11-2　一些常用的有机显色剂

显色剂	结构式	测定离子
磺基水杨酸		Fe^{3+} pH 1.8～2.5，紫红色的 $FeSsal^+$ $\lambda_{max} = 520$ nm　$\varepsilon = 1.6 \times 10^3$ $L \cdot mol^{-1} \cdot cm^{-1}$
丁二酮肟		Ni^{2+} 在碱性溶液中，与 Ni^{2+} 生成红色配合物 $\lambda_{max} = 470$ nm　$\varepsilon = 1.1 \times 10^4$ $L \cdot mol^{-1} \cdot cm^{-1}$

续表 11-2

显色剂	结构式	测定离子
邻二氮菲		Fe^{2+} pH 3～9，与 Fe^{2+} 生成橘红色配合物 $\lambda_{max} = 508$ nm　$\varepsilon = 1.1 \times 10^4$ L·mol^{-1}·cm^{-1}
二苯硫腙		Cu^{2+}，Pb^{2+}，Zn^{2+}，Cd^{2+}，Hg^{2+} 等 如 Pb^{2+} 的二苯硫腙配合物 $\lambda_{max} = 520$ nm　$\varepsilon = 6.6 \times 10^4$ L·mol^{-1}·cm^{-1}
铬天青 S		pH 5～5.8，与 Al^{3+} 生成红色配合物 $\lambda_{max} = 530$ nm　$\varepsilon = 5.9 \times 10^4$ L·mol^{-1}·cm^{-1}

在吸光光度法中，灵敏度的高低与显色反应有关。为了获得准确的测定结果，必须选择合适的显色反应和显色条件。

一、显色反应要求

(1)选择性好，干扰少，或干扰离子容易被消除。

(2)灵敏度高，摩尔吸光系数的大小是显色反应灵敏度高低的重要指标，一般摩尔吸光系数应大于 10^4。

(3)生成的有色化合物的组成恒定，化学性质稳定。

(4)显色剂和有色化合物之间的颜色差别大。一般要求有色化合物的最大吸收波长与显色剂最大吸收波长之差（对比度）大于 60 nm。

(5)显色反应的条件易于控制。如果条件要求过于严格，难以控制，测定结果的重现性就差。

二、显色条件的选择

确定了显色反应后，要适当地选择显色条件，以保证显色反应完全，满足光度分析的要求。影响显色反应的因素主要有以下几个方面。

1.显色剂用量

为了使显色反应完全,一般加入适当过量的显色剂。但对于某些不稳定或易形成逐级配合物的反应,显色剂过量太多反而会引起副反应的发生,对测定不利。显色剂的适宜用量可通过实验来确定。实验方法是:保持被测组分浓度不变,改变显色剂的用量,如果显色剂在某范围内所测的吸光度不变,即可在此范围内确定显色剂的加入量。如图 11-3 所示。开始时,吸光度随显色剂用量的增大而不断增大,当显色剂用量达到一定数值时,吸光度不再增大,出现平坦,说明显色剂的用量已足够,可在 ab 之间选择合适的显色剂用量。

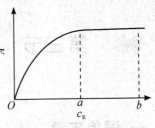

图 11-3 吸光度与显色剂浓度 c 的关系

2.溶液的酸度

由于大部分显色剂是有机弱酸,酸度改变,会影响显色剂的浓度及显色反应的完全程度,从而改变溶液的颜色。此外,酸度还影响待测离子的存在状态。显色反应的适宜酸度通常通过实验来确定:做 pH 与吸光度关系曲线,选择曲线平坦部分对应的 pH 作为测定时的最佳酸度。

3.显色温度

多数显色反应在室温下即可进行,只有少数反应需要加热,以加速显色反应的进行。最适宜的显色温度可以通过实验,做吸光度-温度曲线来确定。

4.显色时间

有些显色反应需经一段时间后才能完成;有些有色物质在放置时,受到空气的氧化或发生化学反应会使颜色减弱。最适宜的显色时间可通过实验做吸光度-时间关系曲线来确定。

5.干扰物质的影响及消除方法

如果待测液中有干扰物质,可以采取以下几种方法消除:

(1)控制酸度。根据配合物的稳定性不同,通过控制酸度的方法提高显色反应的选择性。

(2)选择适当的掩蔽剂。使用掩蔽剂是消除干扰的常用方法,广泛用于吸光光度法中。选取的条件是掩蔽剂不与待测离子作用,掩蔽剂以及它与干扰物质形成的配合物的颜色应不干扰待测离子的测定。

(3)选择适当的测量波长。

(4)选择适当的参比溶液。基于吸光度的加和性,可选择适当的参比溶液扣除干扰。

(5)分离干扰离子。可采用沉淀、离子交换或溶剂萃取等分离方法除去干扰离子。

?

想一想

吸光光度法对显色反应有什么要求?影响显色反应的因素有哪些?

◆◆◆ 第三节 测量误差和测量条件的选择 ◆◆◆

一、误差来源

1. 对朗伯-比尔定律的偏离

根据朗伯-比尔定律，溶液的浓度与吸光度成正比。吸光度-浓度曲线应该是通过原点的一条直线。但有时会出现标准曲线不呈直线的情况，特别是当溶液浓度较高时，使标准曲线呈向上或向下弯曲的现象（图 11-4）。这种情况称为偏离朗伯-比尔定律。

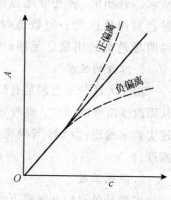

图 11-4 偏离朗伯-比尔定律的现象

偏离朗伯-比尔定律的主要原因是：

（1）非单色光　朗伯-比尔定律只适用于单色光，但在实际工作中，一般分光光度计的单色器所提供的入射光并非单色光，而是某一波段的复合光。由于物质对不同波长光的吸收程度不同，因而导致对朗伯-比尔定律的偏离。

（2）介质不均匀　待测溶液是胶体溶液、乳浊液或悬浮液时，吸光介质不均匀，入射光通过溶液后，会产生光的散射现象，使溶液对光的吸收程度降低，偏离朗伯-比尔定律。

（3）化学因素引起的偏离　溶液中的吸光物质常因离解、缔合、形成新化合物或互变异构等化学变化而改变其浓度，因而导致偏离朗伯-比尔定律。在分析测定中，要控制实验条件，减少或避免此类误差。

2. 仪器的测量误差

由于电子元件性能的不稳定性，杂散光的干扰等，造成了测量中的某种程度的不确定性，限制了仪器的测量精度，造成了仪器的测量误差。习惯上把造成仪器测量误差的偶然因素统称为噪声。仪器的测量误差属于偶然误差。

3. 显色反应条件引起的误差

显色反应的条件，如溶液的酸度、显色温度、显色剂的用量、显色时间和加入试剂的顺序等，对显色反应都有一定的影响。

二、测量条件的选择

在光度分析中，为保证测定的准确度和灵敏度，当显色反应和显色条件确定后，还应注意选择适当的测量条件。

1. 测量波长的选择

为了使测定结果有较高的灵敏度和准确度，选择溶液最大吸收波长（λ_{max}）做测定波长，称为"最大吸收原则"。如果在最大吸收波长处有干扰,可按"吸收最大,干扰最少"的原则选择合适的测量波长。

2.吸光度读数范围的选择

为了减少仪器测量误差,提高分析的准确度,一般控制吸光度在 0.2～0.8 范围内。可以通过改变吸收池厚度或待测液浓度等办法,使吸光度读数处于适宜范围内。

3.参比溶液的选择

在吸光光度分析中利用参比溶液(空白溶液)来调节仪器的零点,以消除比色皿、溶剂和试剂对入射光的反射和吸收带来的误差,同时,还可消除一些干扰物质的影响。选择参比溶液的原则是使试液的吸光度真正反映待测物的浓度。选择的方法是:

(1)溶剂参比　显色剂及其他试剂在测定波长处均无吸收时,可用纯溶剂如蒸馏水作参比溶液;

(2)试剂参比　显色剂或其他试剂在测定波长处有吸收时,可用不加待测组分的"试剂空白"作参比溶液。

(3)试样参比　待测液本身在测定波长处有吸收,而显色剂等无吸收时,应采用不加显色剂的"试样空白"作参比溶液。

(4)褪色参比　如果显色剂与试样在测量波长均有吸收时,可在试液中加入适当掩蔽剂,将被测组分掩蔽起来,然后按试液测定方法加入显色剂及其他试剂,以此作参比溶液。

在进行待测显色液吸光度测量前,先用参比溶液将透光率调至 $T=100\%$($A=0$),然后再进行待测显色液的吸光度测定。

想一想

如何根据实际情况选择适宜的参比溶液?

第四节　吸光光度法及分光光度计

一、定量分析方法

1.标准曲线法

标准曲线法又称工作曲线法,是实际工作中使用最多的一种定量方法。一般测量步骤为:配制一系列浓度不同的标准溶液,在同一条件下分别测得这些标准溶液的吸光度。以标准溶液浓度为横坐标,吸光度为纵坐标作图,得到一条通过原点的直线,称为标准曲线或工作曲线,如图 11-5 所示。然后在相同的条件下,测定待测溶液的吸光度,在标准曲线上即

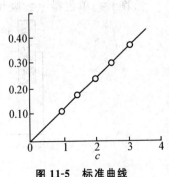

图 11-5　标准曲线

可查得相应的浓度 c_x。

2.比较法

待测溶液和标准溶液在相同条件下显色,然后分别测定其吸光度。根据朗伯-比尔定律:

$$A_标 = K_标 \, b_标 \, c_标 \qquad\qquad A_测 = K_测 \, b_测 \, c_测$$

因为入射光波长相同,待测液和标准溶液为同一物质的有色溶液,液层厚度相同,则:

$$c_测 = c_标 \frac{A_测}{A_标}$$

比较法适用于非经常性的、个别试样的测定,应用此法时标准溶液的浓度和待测溶液的浓度必须接近,否则误差较大。

练一练

1.现有标准 Fe^{3+} 溶液的浓度为 $6.00 \text{ mg} \cdot \text{kg}^{-1}$,其吸光度为 0.304,有一 Fe^{3+} 试液,在同一条件下测得的吸光度为 0.510,求 Fe^{3+} 试液中铁的含量($\text{mg} \cdot \text{kg}^{-1}$)。

2.某有色溶液的摩尔吸光系数为 1.1×10^4,当此溶液的浓度为 $3.00 \times 10^{-5} \text{ mol} \cdot \text{L}^{-1}$,液层厚度为 0.5 cm 时,求 A 和 T 各为多少?

二、分光光度计

1.分光光度计的分类和测定原理

分光光度计按使用波长范围分为可见分光光度计(400~780 nm)、紫外-可见分光光度计(200~1 000 nm)和红外分光光度计。

分光光度计的基本原理是用棱镜或光栅作为单色器,得到高纯度的单色光,通过狭缝分出波长范围很窄的一束光,使其通过有色溶液后,透过光投射到光电元件上,把光信号转变为电信号,产生光电流,其大小与透过光的强度成正比。光电流的大小可用灵敏检流计测定,在检流计上可显示出相应的吸光度或透光率,再求得待测组分的含量。

2.分光光度计的主要部件

分光光度计有各种型号,但仪器的原理和构造基本相同(图11-6):

光源 ⇒ 单色器 ⇒ 吸收池 ⇒ 检测系统

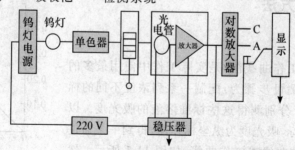

图 11-6 722 型分光光度计结构

（1）光源 一般采用钨灯（350～2 500 nm，可见光用）和氘灯（190～400 nm，紫外光用）。为了使光源发光强度稳定，需要使用稳压器保证光源输出的稳定性。

（2）单色器 将光源发出的连续光谱分解为单色光的装置称为单色器。单色器主要是由棱镜或光栅等色散元件及狭缝和透镜等组成。

①棱镜是利用光的折射原理将复合光按波长顺序分解为单色光，一般是由玻璃或石英材料制成。玻璃棱镜的波长范围为 350～3 200 nm，适用于可见光分光光度计；石英棱镜的波长范围为 185～4 000 nm，适用于紫外-可见分光光度计。

②光栅是利用光的衍射和干涉原理达到色散目的。其优点是适用波长范围宽、色散均匀、分辨本领高。

复合光经过色散元件色散后，要经过一狭缝，它是单色器的组成部分，用以截取分光后光谱中某一狭窄波段的光。

（3）吸收池 吸收池亦称比色皿，是由无色透明的光学玻璃或石英制成的，用来盛放被测溶液。可见光区分光光度法使用玻璃吸收池，紫外区分光光度法则需使用石英吸收池。吸收池的规格有 0.5 cm、1.0 cm、2.0 cm、3.0 cm 等。使用时应保持吸收池的光洁，特别要注意透光面不受磨损。

（4）检测系统 检测系统包括光电转换元件和指示器，其作用是对透过吸收池的光做出响应，并把它转变为电信号输出。其输出电信号与透过光强度成正比。常用的光电转换元件有硒光电池、光电管和光电倍增管等。

①硒光电池。硒光电池是在光的照射下直接产生电流的光电转换元件，对光的敏感范围为 300～800 nm，但以 500～600 nm 最灵敏。它是由三层物质组成的薄片，表层为导电性能良好的可透光金属（如金、铂）薄膜，中层为具有光电效应的半导体硒，底层为铁片。当光线通过金属薄膜照射到硒片上时，硒表面就有电子逸出，流向金属薄膜使其带负电，成为光电池的负极，硒片失去电子后带正电，使下层铁片也带正电而成为光电池的正极。在金属薄膜和铁片间产生电位差，将检流计与光电池两极相连，即可测出光电流大小。光电流的大小与照射在光电池上光的强度成正比。

光电池受强光照射或连续使用时间太长，会产生"疲劳"现象，而降低灵敏度。因而使用时应注意勿使强光直接照射，不要长时间连续使用。

②光电管。光电管是由一个阳极和一个光敏阴极组成的真空（或充少量惰性气体）二极管，阴极表面镀有碱金属或碱金属氧化物等光敏材料。由于所采用的阴极材料光敏性能不同，可分为红敏和紫敏两种。红敏的适用波长范围为 625～1 000 nm，紫敏的适用波长范围是 200～625 nm，与光电池比较，光电管具灵敏度高、光敏范围广、不易疲劳等优点。另外，光电倍增管也被广为采用，其灵敏度比光电管更高，本身还具有放大作用。

③指示器。是用于测量并记录光电流大小的。普通光度计的指示器是一个较灵敏的检流计，但其面板上标度的不是电流值，而是透光率 T 和吸光度 A。

第五节 吸光光度法的应用

一、铁的测定

邻二氮菲是目前测定微量铁的一种较好的显色剂。在 pH 为 2~9 的条件下，Fe^{2+} 与邻二氮菲反应生成稳定的橘红色配合物，反应式如下：

配合物的 $\lg K = 21.3$，摩尔吸光系数 $\varepsilon = 1.1 \times 10^4$，最大吸收波长 $\lambda_{max} = 510$ nm。

由于 Fe^{3+} 离子与邻二氮菲也生成淡蓝色配合物，因此，显色前应用盐酸羟胺将 Fe^{3+} 全部还原为 Fe^{2+}。反应式如下：

$$2Fe^{3+} + 2NH_2OH \cdot HCl = 2Fe^{2+} + N_2 \uparrow + 4H^+ + 2Cl^- + 2H_2O$$

测定时，控制溶液酸度在 pH 为 5 左右较为适宜。酸度高时，反应进行较慢；酸度太低，Fe^{2+} 离子水解影响显色。

本方法的选择性很高，生成的配合物十分稳定，相当于含铁量 40 倍的 Sn^{2+}、Al^{3+}、Ca^{2+}、Mg^{2+}、Zn^{2+}、SiO_3^{2-}，20 倍的 Cr^{3+}、Mn^{2+}，5 倍的 Co^{2+}、Cu^{2+} 等均不干扰测定，是测定铁的一种较好且灵敏的方法。

[例 11-1] 称取 0.432 0 g $NH_4Fe(SO_4)_2 \cdot 12H_2O$ 溶于水，定量转移到 500.0 mL 的容量瓶中，定容，摇匀。取下列不同量的标准溶液于 50.0 mL 的容量瓶中，用邻二氮菲显色后定容，测定其吸光度如下。某含铁试样 5.00 mL，稀释至 250.0 mL，再取此稀释溶液 2.00 mL，置于 50.0 mL 容量瓶中，与上述相同条件下显色定容，测得吸光度为 0.450，计算试样中 Fe（Ⅲ）含量。

V/mL	1.00	2.00	3.00	4.00	5.00	6.00
A	0.097	0.200	0.304	0.408	0.510	0.618

解：计算标准溶液的浓度，查得 $NH_4Fe(SO_4)_2 \cdot 12H_2O$ 的摩尔质量为 482.22 g·mol^{-1}，铁的摩尔质量为 55.85 g·mol^{-1}。

Fe（Ⅲ）标准溶液的浓度为：

$$c_{Fe} = \frac{0.432\ 0 \times 55.85}{500 \times 482.22} \times 1\ 000 = 0.100\ 0\ (g \cdot L^{-1})$$

根据朗伯-比尔定律，A-c 成正比，而 c 与加入的体积 V 成正比，故 A-V 也成正比。按上表，根据 A-V 绘制标准工作曲线如图 11-7 所示：

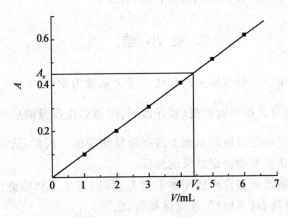

图 11-7 A-V 标准工作曲线

从标准工作曲线上查找出当 $A_x = 0.450$ 时对应的铁的体积为 4.40 mL。则试样中铁的浓度为：

$$c_x = \frac{0.100\ 0 \times 4.40 \times 250.0}{2.00 \times 5.00} = 1.100\ 0\ (\mathrm{g \cdot L^{-1}})$$

二、磷的测定

微量磷的测定，一般采用钼蓝法。此法是在含 PO_4^{3-} 的酸性溶液中加入 $(NH_4)_2MoO_4$ 试剂，可生成黄色的磷钼酸，其反应式如下：

$$PO_4^{3-} + 12MoO_4^{2-} + 27H^+ = H_7[P(Mo_2O_7)_6] + 10H_2O$$

若以此直接比色或分光光度法测定，灵敏度较低，适用于含磷量较高的试样。在该溶液中加入适量还原剂，磷钼酸中部分正六价钼被还原生成低价的蓝色的磷钼蓝，从而提高测定的灵敏度，还可消除 Fe^{3+} 等的干扰。经上述显色后可在 690 nm 波长下测定其吸光度。当磷的质量浓度在 1 mg·L^{-1} 以下，其吸光度与浓度关系符合朗伯-比尔定律。

最常用的还原剂有 $SnCl_2$ 和抗坏血酸。用 $SnCl_2$ 作为还原剂，反应的灵敏度高、显色快。但蓝色稳定性差，对酸度、$(NH_4)_2MoO_4$ 试剂的浓度控制要求比较严格。抗坏血酸的主要优点是显色较稳定，反应的灵敏度高、干扰小，反应要求的酸度范围宽，但反应速率慢。

SiO_3^{2-} 会干扰磷的测定，它也与 $(NH_4)_2MoO_4$ 生成黄色化合物，并被还原为硅钼蓝。但可用酒石酸来控制 SiO_3^{2-} 不产生干扰。该法适用于磷酸盐的测定，还适用于土壤、磷矿石、磷肥等全磷的分析。

三、谷物蛋白的测定

谷物的粉碎样品与碱性 $CuSO_4$ 溶液作用，恒温振荡后，分出上清液进行测定。在碱性条件下,蛋白质中的肽键能与 Cu^{2+} 发生双缩脲反应,生成可溶性的紫色化合物。在 550 nm 处,以酪蛋白标准样品进行吸光测定,求出谷物蛋白质的含量。

本 章 小 结

1.吸光光度法是最常用的一种仪器分析方法。理论基础为朗伯-比尔定律,其数学表达式为:$A=\lg\dfrac{I_0}{I_t}=Kbc$,即溶液对光的吸收程度(吸光度)与溶液的浓度及液层厚度的乘积成正比。

2.吸光光度法大多是在显色反应的基础上进行定量测定的。因此,选择合适的显色反应,严格控制显色反应条件是获得准确测定结果的保证。

3.分光光度法采用棱镜或光栅获得较纯的单色光,利用光电池和检流计测量溶液的吸光度,从而确定待测物质的含量,其灵敏度、准确度都较高。

4.分光光度法的误差主要有:偏离朗伯-比尔定律,显色反应的条件不同和仪器误差等三个方面。

思 考 与 练 习

一、判断题

1.物质的颜色是由于选择性地吸收了白光中的某些波长所致,维生素 B_{12} 溶液呈现红色是由于它吸收了红色光波。

2.因为透射光和吸收光按一定比例混合而成白光,故称这两种光为互补色光。

3.有色物质溶液只能对可见光范围内的某段波长的光有吸收。

4.符合朗伯-比尔定律的某有色溶液的浓度越低,其透光率越小。

5.符合比尔定律的有色溶液稀释时,其最大吸收峰的波长位置不移动,但吸收峰降低。

6.朗伯-比尔定律的物理意义是:当一束平行单色光通过均匀的有色溶液时,溶液的吸光度与吸光物质的浓度和液层厚度的乘积成正比。

7.在吸光光度测定时,根据"在测定条件下吸光度与浓度成正比"的比尔定律可知,被测溶液浓度越大,吸光度也越大,测定结果也就越准确。

8.进行吸光光度法测定时,必须选择最大吸收波长的光作为入射光。

9.朗伯-比尔定律只适用于单色光,入射光的波长范围越狭窄,吸光光度测定的准确度越高。

10.吸光光度法中所用的参比溶液总是采用不含被测物质和显色剂的空白溶液。

二、选择题

1.Zn^{2+} 的双硫腙-CCl_4 萃取吸光光度法中,已知萃取液为紫红色络合物,其最大吸收的光的颜色为(   )。

    A.红   B.橙   C.黄   D.绿

2.透光率与吸光度的关系是(   )。

    A.$\dfrac{1}{T}=A$ B.$\log\dfrac{1}{T}=A$ C.$\log T=A$ D.$T=\log\dfrac{1}{A}$

3.朗伯-比尔定律说明,当一束单色光通过均匀有色溶液中,有色溶液的吸光度正比于（　　　）。

    A.溶液的温度   B.溶液的酸度

    C.有色配合物稳定性   D.溶液的浓度和溶液厚度的乘积

4.符合比尔定律的有色溶液稀释时,其最大吸收峰的波长位置（　　　）。

    A.向长波方向移动   B.向短波方向移动

    C.不移动,但峰高降低   D.不移动,但峰高增大

5.在吸光光度法中,宜选用的吸光度读数范围为（　　　）。

    A.0～0.2   B.0.1～0.3   C.0.3～1.0   D.0.2～0.8

6.下列说法正确的是（　　　）。

    A.透光率与液层厚度成正比   B.透光率与溶液的浓度成正比

    C.透光率与吸光度成正比   D.上述说法均错误

7.分光光度计(可见)的光源是（　　　）。

    A.钨灯   B.低压氢灯   C.碘钨灯   D.氘灯

8.比色分析中,当试剂溶液有色而显色剂无色时,应选用的参比溶液为（　　　）。

    A.溶剂   B.试剂空白   C.试样空白   D.掩蔽褪色参比

三、填空题

1.吸光光度法包括_____、_____、_____等。它们是基于_____而建立起来的分析方法。

2.吸收曲线又称吸收光谱,是以_____为横坐标,以_____为纵坐标所描绘的曲线。

3.朗伯-比尔定律：$A=Kbc$,其中符号 c 代表_____,b 代表_____,K 称为_____。当 c 的单位为_____,b 的单位为_____,则 K 以符号_____表示,被称为_____。

4.按照比耳定律,浓度 c 与吸光度 A 之间的关系应是一条通过原点的直线,事实上容易发生线性偏离,导致偏离的原因有_____和_____两大因素。

5.影响有色配合物的摩尔吸光系数大小的因素是_____。

6.吸光光度法测量时,通常选择_____作测定波长,此时,试样溶液浓度的较小变化将使吸光度产生_____改变。

7.某一有色溶液在一定波长下用 2.0 cm 比色皿测得其透光率为 50%,若在相同条件下改用 1 cm 比色皿测定时,吸光度为_____;若用 3.0 cm 比色皿测定时,吸光度为_____。

8.同一有色物质、浓度不同的 A、B 两种溶液,在相同条件下测得 $T_A=0.54,T_B=0.32$,若溶液符合比耳定律,则 $c_A:c_B$ 为_____。

9.吸光光度法对显色反应的要求有_____,_____,_____,_____。

10.分光光度计主要由下列基本部件组成_____、_____、_____、_____。

四、简答题

1.什么是透光率？什么是吸光度？二者有何关系？

2.什么是光吸收曲线？什么是标准曲线？它们各有什么意义？

3.影响显色反应的因素主要有哪些？

4.说明吸光光度法的误差来源及消除方法。

5.说明分光光度计的主要部件及其作用。

6.如何选择合适的参比溶液？

五、计算题

1.有一高锰酸钾溶液,盛于 1 cm 的比色皿中,在绿色滤光片下测得透光度为 60%,如果将其浓度增大 1 倍,其他条件不变,问:

(1)透光度是多少？ (2)吸光度是多少？

2.已知含 Fe^{2+} 浓度为 750 $\mu g \cdot L^{-1}$ 的溶液,用邻菲罗啉测定 Fe^{2+},比色皿厚度为 2.0 cm,测得吸光度为 0.30,在同样条件下测得某含 Fe^{2+} 未知的吸光度为 0.264。试计算:(1)摩尔吸光系数;(2)未知液中 Fe^{2+} 的浓度($mol \cdot L^{-1}$)。

3.有一 Fe^{3+} 标准溶液的浓度为 6 $mg \cdot L^{-1}$,其吸光度为 0.304。某待测溶液在相同条件下测得其吸光度为 0.510,求试样溶液中铁的含量($mg \cdot L^{-1}$)。

4.用硅钼蓝吸光光度法测定钢中硅的含量。以下列数据绘制工作曲线(标准溶液用 SiO_2 配制):

标准溶液的浓度/($mol \cdot L^{-1}$)	0.05	0.10	0.15	0.20	0.25
吸光度(A)	0.210	0.421	0.630	0.839	1.01

试样分析时称取钢样 0.500 g,溶解后转入 50.0 mL 容量瓶中,在与工作曲线相同条件下测得吸光度为 0.522,求试样中硅的含量。

5.测定土壤中磷含量时,进行下列实验:

(1)称取 1.000 g 土壤,经消化后处理定容为 100.0 mL。然后吸取 10.00 mL 提取液,在 50.0 mL 容量瓶中显色定容。

(2)标准磷溶液的组成为 10.0 $mg \cdot L^{-1}$,吸取 4.00 mL 此标准溶液于 50.0 mL 容量瓶中定容。

(3)用分光光度计测得标准溶液的吸光度为 0.125,土壤溶液的吸光度为 0.250,求该土壤中磷的百分含量。

附　录

附表1　国际制单位的基本单位

量的名称	单位名称	单位符号	量的名称	单位名称	单位符号
长度	米	m	热力学温度	开[尔文]	K
质量	千克(公斤)	kg	物质的量	摩[尔]	mol
时间	秒	s	发光强度	坎[德拉]	cd
电流	安[培]	A			

附表2　一些重要的物理常数

量的名称	量的符号及数值	量的名称	量的符号及数值
真空中的光速	$c = 2.997\ 924\ 58 \times 10^{8}\ \mathrm{m \cdot s^{-1}}$	理想气体摩尔体积	
电子的电荷	$e = 1.602\ 189\ 2 \times 10^{-19}\ \mathrm{C}$	$(T^{0} = 273.15\ \mathrm{K},$	$V_{\mathrm{m}} = 22.413\ 83 \times 10^{-3}\ \mathrm{m^{3} \cdot mol^{-1}}$
原子质量单位	$u = 1.660\ 565\ 5 \times 10^{-27}\ \mathrm{kg}$	$p^{0} = 101.325\ \mathrm{kPa})$	
质子静质量	$m_{\mathrm{p}} = 1.672\ 648\ 5 \times 10^{-27}\ \mathrm{kg}$	里德堡常数	$R_{\infty} = 1.097\ 317\ 7 \times 10^{7}\ \mathrm{m^{-1}}$
中子静质量	$m_{\mathrm{n}} = 1.674\ 954\ 3 \times 10^{-27}\ \mathrm{kg}$	普朗克常数	$h = 6.626\ 176 \times 10^{-34}\ \mathrm{J \cdot s}$
电子静质量	$m_{\mathrm{e}} = 9.109\ 534 \times 10^{-31}\ \mathrm{kg}$	法拉第常数	$F = 9.648\ 456 \times 10^{4}\ \mathrm{C \cdot mol^{-1}}$
气体常数	$R = 8.314\ 41\ \mathrm{J \cdot mol^{-1} \cdot K^{-1}}$	玻尔兹曼常数	$k = 1.380\ 662 \times 10^{-23}\ \mathrm{J \cdot K^{-1}}$
阿伏伽德罗常数	$N_{\mathrm{A}} = 6.022\ 045 \times 10^{23}\ \mathrm{mol^{-1}}$		

附表3　弱酸、弱碱在水中的电离常数(25℃)

名称	分子式	分步	$K_{\mathrm{a}}(K_{\mathrm{b}})$	$pK_{\mathrm{a}}(pK_{\mathrm{b}})$
砷酸	H_3AsO_4	1	6.3×10^{-3}	2.20
		2	1.0×10^{-7}	7.00
		3	3.2×10^{-12}	11.50
亚砷酸	$HAsO_2$		6.0×10^{-10}	9.22
硼酸	H_3BO_3		5.8×10^{-10}	9.24

续附表3

名称	分子式	分步	$K_a(K_b)$	$pK_a(pK_b)$
碳酸	$H_2CO_3(CO_2+H_2O)$	1	4.2×10^{-7}	6.38
		2	5.6×10^{-11}	10.25
氢氰酸	HCN		7.2×10^{-10}	9.14
铬酸	H_2CrO_4	1	1.8×10^{-1}	0.74
		2	3.2×10^{-7}	6.50
氢氟酸	HF		3.53×10^{-4}	3.45
亚硝酸	HNO_2		5.1×10^{-4}	3.29
磷酸	H_3PO_4	1	7.52×10^{-3}	2.12
		2	6.23×10^{-8}	7.21
		3	4.4×10^{-13}	12.36
焦磷酸	$H_4P_2O_7$	1	3.0×10^{-2}	1.52
		2	4.4×10^{-3}	2.36
		3	2.5×10^{-7}	6.60
		4	5.6×10^{-10}	9.25
亚磷酸	H_3PO_3	1	5.0×10^{-2}	1.30
		2	2.5×10^{-7}	6.60
氢硫酸	H_2S	1	5.7×10^{-8}	7.24
		2	1.0×10^{-14}	14.00
硫酸	H_2SO_4	2	1.20×10^{-2}	1.92
亚硫酸	$H_2SO_3(SO_2+H_2O)$	1	1.3×10^{-2}	1.90
		2	5.6×10^{-8}	7.25
偏硅酸	H_2SiO_3	1	1.7×10^{-10}	9.77
		2	1.6×10^{-12}	11.8
甲酸	HCOOH		1.77×10^{-4}	3.76
乙酸	CH_3COOH		1.76×10^{-5}	4.75
丙酸	C_2H_5COOH		1.34×10^{-5}	4.87
一氯乙酸	$CH_2ClCOOH$		1.6×10^{-3}	2.86
二氯乙酸	$CHCl_2COOH$		5.0×10^{-2}	1.30
三氯乙酸	CCl_3COOH		2.3×10^{-1}	0.64
次溴酸	HBrO		2.06×10^{-9}	8.68
次氯酸	HClO		2.95×10^{-8}	7.53
次碘酸	HIO		2.3×10^{-11}	10.64
氨基乙酸盐	$^+NH_3CH_2COOH$	1	4.5×10^{-3}	2.35
	$^+NH_3CH_2COO^-$	2	2.5×10^{-10}	9.60
抗坏血酸	$C_6H_8O_6$	1	5.0×10^{-5}	4.30
		2	1.5×10^{-10}	9.82

续附表3

名称	分子式	分步	$K_a(K_b)$	$pK_a(pK_b)$
乳酸	$CH_3CHOHCOOH$		1.4×10^{-4}	3.86
苯甲酸	C_6H_5COOH		6.2×10^{-5}	4.21
草酸	$H_2C_2O_4$	1	5.9×10^{-2}	1.22
		2	6.4×10^{-5}	4.19
d-酒石酸	$CH(OH)COOH$ $\mid$ $CH(OH)COOH$	1	9.1×10^{-4}	3.04
		2	4.3×10^{-5}	4.37
邻苯二甲酸	—COOH —COOH	1	1.1×10^{-3}	2.95
		2	3.9×10^{-6}	5.41
柠檬酸	CH_2COOH $\mid$ $C(OH)COOH$ $\mid$ CH_2COOH	1	7.4×10^{-4}	3.13
		2	1.7×10^{-5}	4.76
		3	4.0×10^{-7}	6.40
苯酚	C_6H_5OH		1.1×10^{-10}	9.95
乙二胺四乙酸	H_6Y^{2+}		11.26×10^{-1}	0.89
(EDTA)	H_5Y^+	2	3.0×10^{-2}	1.6
	H_4Y	3	1.0×10^{-2}	2.0
	H_3Y^-	4	2.1×10^{-3}	2.67
	H_2Y^{2-}	5	6.9×10^{-7}	6.16
	HY^{3-}	6	5.5×10^{-11}	10.26
氨水	NH_3		1.76×10^{-5}	4.75
联氨	H_2NNH_2	1	3.0×10^{-6}	5.52
		2	7.6×10^{-15}	14.12
羟氨	NH_2OH		9.0×10^{-9}	8.04
甲胺	CH_3NH_2		4.2×10^{-4}	3.38
乙胺	$C_2H_5NH_2$		5.3×10^{-4}	3.25
二甲胺	$(CH_3)_2NH$		1.2×10^{-4}	3.93
二乙胺	$(C_2H_5)_2NH$		8.5×10^{-4}	3.07
乙醇胺	$HOCH_2CH_2NH_2$		3.2×10^{-5}	4.50
三乙醇胺	$(HOCH_2CH_2)_3N$		5.8×10^{-7}	6.24
六次甲基四胺	$(CH_2)_6N_4$		1.4×10^{-9}	8.85
乙二胺	$H_2NCH_2CH_2NH_2$	1	8.5×10^{-5}	4.07
		2	7.1×10^{-8}	7.15
吡啶	⬡N		1.7×10^{-9}	8.77

附表4 难溶化合物的溶度积(18～25℃)

难溶化合物	K_{sp}	pK_{sp}	难溶化合物	K_{sp}	pK_{sp}
$Al(OH)_3$(无定形)	1.3×10^{-33}	32.9	$CdCO_3$	5.2×10^{-12}	11.28
Al-8-羟基喹啉	1.0×10^{-29}	29.0	$Cd_2[Fe(CN)_6]$	3.2×10^{-17}	16.49
Ag_3AsO_4	1.0×10^{-22}	22.0	$Cd(OH)_2$(新析出)	2.5×10^{-14}	13.66
$AgBr$	5.0×10^{-13}	12.30	$CdC_2O_4 \cdot 3H_2O$	9.1×10^{-8}	7.04
Ag_2CO_3	8.1×10^{-12}	11.09	CdS	8×10^{-27}	26.1
$AgCl$	1.8×10^{-10}	9.75	$CoCO_3$	1.4×10^{-13}	12.84
Ag_2CrO_4	1.1×10^{-12}	11.96	$Co_2[Fe(CN)_6]$	1.8×10^{-15}	14.74
$AgCN$	1.2×10^{-16}	15.92	$Co(OH)_2$(新析出)	2×10^{-15}	14.7
$AgOH$	2.0×10^{-8}	7.71	$Co[Hg(SCN)_4]$	1.5×10^{-6}	5.82
AgI	9.3×10^{-17}	16.03	$Co(OH)_3$	2×10^{-44}	43.7
$Ag_2C_2O_4$	3.5×10^{-11}	10.46	α-CoS	4×10^{-21}	20.4
Ag_3PO_4	1.4×10^{-16}	15.84	β-CoS	2×10^{-25}	24.7
Ag_2SO_4	1.4×10^{-5}	4.84	$Co_3(PO_4)_2$	2×10^{-35}	34.7
Ag_2S	2.0×10^{-49}	48.7	$Cr(OH)_3$	6×10^{-31}	30.2
$AgSCN$	1.0×10^{-12}	12.00	$CuBr$	5.2×10^{-9}	8.28
Ag_2S_3	2.1×10^{-22}	21.68	$CuCl$	1.2×10^{-6}	5.92
$BaCO_3$	5.1×10^{-9}	8.29	$CuCN$	3.2×10^{-20}	19.49
$BaCrO_4$	1.2×10^{-10}	9.93	CuI	1.1×10^{-12}	11.90
BaF_2	1.0×10^{-6}	6.0	$CuOH$	1×10^{-14}	14.0
$BaC_2O_4 \cdot H_2O$	2.3×10^{-8}	7.64	Cu_2S	2×10^{-48}	47.7
$BaSO_4$	1.1×10^{-10}	9.96	$CuSCN$	4.8×10^{-15}	14.32
$Bi(OH)_3$	4×10^{-31}	30.4	$CuCO_3$	1.4×10^{-10}	9.86
$BiOOH^*$	4×10^{-10}	9.40	$Cu(OH)_2$	2.2×10^{-20}	19.66
BiI_3	8.1×10^{-19}	18.09	CuS	6×10^{-36}	35.2
$BiPO_4$	1.3×10^{-23}	22.89	$FeCO_3$	3.2×10^{-11}	10.50
Bi_2S_3	1.0×10^{-97}	97.0	$Fe(OH)_2$	8×10^{-16}	15.1
$CaCO_3$	2.9×10^{-9}	8.54	FeS	6×10^{-18}	17.2
CaF	22.7×10^{-11}	10.57	$Fe(OH)_3$	2.8×10^{-39}	38.6
$CaC_2O_4 \cdot H_2O$	2.0×10^{-29}	28.70	$FePO_4$	1.3×10^{-22}	21.89

续附表 4

难溶化合物	K_{sp}	pK_{sp}	难溶化合物	K_{sp}	pK_{sp}
$Ca_3(PO_4)_2$	2.0×10^{-29}	28.70	Hg_2Br_2 **	5.8×10^{-23}	22.24
$CaSO_4$	9.1×10^{-6}	5.04	Hg_2CO_3	8.9×10^{-17}	16.05
Hg_2Cl_2	1.3×10^{-18}	17.88	PbF_2	2.7×10^{-8}	7.57
$Hg_2(OH)_2$	2×10^{-24}	23.7	$Pb(OH)_2$	1.2×10^{-15}	14.93
Hg_2I_2	4.5×10^{-29}	28.35	PbI_2	7.1×10^{-9}	8.15
Hg_2SO_4	7.4×10^{-7}	6.13	$PbMoO_4$	1×10^{-13}	13.0
HgS	1×10^{-47}	47.0	$Pb_3(PO_4)_2$	8.0×10^{-43}	42.10
$Hg(OH)_2$	3.0×10^{-26}	25.52	$PbSO_4$	1.6×10^{-8}	7.79
$HgS(红色)$	4×10^{-53}	52.4	PbS	1×10^{-28}	27.9
$HgS(黑色)$	2×10^{-52}	51.7	$Pb(OH)_4$	3×10^{-66}	65.5
$MgNH_4PO_4$	2×10^{-13}	12.7	$Sb(OH)_3$	4×10^{-42}	41.4
$MgCO_3$	1.0×10^{-5}	5.00	Sb_2S_3	2×10^{-93}	92.8
MgF_2	6.4×10^{-9}	8.19	$Sn(OH)_2$	1.4×10^{-28}	27.85
$Mg(OH)_2$	5.61×10^{-12}	11.25	SnS	1×10^{-25}	25.0
$MnCO_3$	1.8×10^{-11}	10.74	$Sn(OH)_4$	1×10^{-56}	56.0
$Mn(OH)_2$	1.9×10^{-13}	12.72	SnS_2	2×10^{-27}	26.7
MnS	2×10^{-10}	9.7	$SrCO_3$	1.1×10^{-10}	9.96
$MnS(晶形)$	2×10^{-13}	12.7	$SrCrO_4$	2.2×10^{-5}	4.65
$NiCO_3$	6.6×10^{-9}	8.18	SrF_2	2.4×10^{-9}	8.61
$Ni(OH)_2(新析出)$	5.0×10^{-16}	15.3	$SrC_2O_4 \cdot 2H_2O$	1.6×10^{-7}	6.80
$Ni_3(PO_4)_2$	5×10^{-31}	30.3	$SrSO_4$	3.2×10^{-7}	6.49
$\alpha\text{-}NiS$	3×10^{-19}	18.5	$Ti(OH)_3$	1×10^{-40}	40.0
$\beta\text{-}NiS$	1×10^{-24}	24.0	$TiO(OH)_2$ ***	1×10^{-29}	29.0
$\gamma\text{-}NiS$	2×10^{-26}	25.7	$ZnCO_3$	1.4×10^{-11}	10.48
$PbCO_3$	7.4×10^{-14}	13.13	$Zn_2[Fe(CN)_6]$	4.1×10^{-16}	15.39
$PbCl_2$	1.6×10^{-5}	4.79	$Zn(OH)_2$	1.2×10^{-17}	16.92
$PbClF$	2.4×10^{-9}	8.62	$Zn_3(PO_4)_2$	9.1×10^{-33}	32.04
$PbCrO_4$	2.8×10^{-13}	12.55	$\alpha\text{-}ZnS$	2×10^{-24}	23.7
			$\beta\text{-}ZnS$	2×10^{-22}	21.7

注: * $BiOOH$ $K_{sp}=[BiO^+][OH^-]$; ** $(Hg_2)mX_n$ $K_{sp}=[Hg_2^{2+}]^m[X^{-2m/n}]^n$;
*** $TiO(OH)_2$ $K_{sp}=[TiO^{2+}][OH^-]^2$

附表5 标准电极电势表

(一)在酸性介质中

电对	电极反应	$E^{\ominus}/V$
Li^+/Li	$Li^+ + e^- = Li$	-3.045
Rb^+/Rb	$Rb^+ + e^- = Rb$	-2.925
K^+/K	$K^+ + e^- = K$	-2.924
Cs^+/Cs	$Cs^+ + e^- = Cs$	-2.923
Ba^{2+}/Ba	$Ba^{2+} + 2e^- = Ba$	-2.90
Ca^{2+}/Ca	$Ca^{2+} + 2e^- = Ca$	-2.87
Na^+/Na	$Na^+ + e^- = Na$	-2.714
Mg^{2+}/Mg	$Mg^{2+} + 2e^- = Mg$	-2.375
$[AlF_6]^{3-}/Al$	$[AlF_6]^{3-} + 3e^- = Al + 6F^-$	-2.07
Al^{3+}/Al	$Al^{3+} + 3e^- = Al$	-1.66
Mn^{2+}/Mn	$Mn^{2+} + 2e^- = Mn$	-1.182
Zn^{2+}/Zn	$Zn^{2+} + 2e^- = Zn$	-0.763
Cr^{3+}/Cr	$Cr^{3+} + 3e^- = Cr$	-0.74
Ag_2S/Ag	$Ag_2S + 2e^- = 2Ag + S^{2-}$	-0.69
$CO_2/H_2C_2O_4$	$2CO_2 + 2H^+ + 2e^- = H_2C_2O_4$	-0.49
S/S^{2-}	$S + 2e^- = S^{2-}$	-0.48
Fe^{2+}/Fe	$Fe^{2+} + 2e^- = Fe$	-0.44
Co^{2+}/Co	$Co^{2+} + 2e^- = Co$	-0.277
Ni^{2+}/Ni	$Ni^{2+} + 2e^- = Ni$	-0.25
AgI/Ag	$AgI + e^- = Ag + I^-$	-0.152
Sn^{2+}/Sn	$Sn^{2+} + 2e^- = Sn$	-0.136
Pb^{2+}/Pb	$Pb^{2+} + 2e^- = Pb$	-0.126
Fe^{3+}/Fe	$Fe^{3+} + 3e^- = Fe$	-0.036
$AgCN/Ag$	$AgCN + e^- = Ag + CN^-$	-0.02
H^+/H_2	$2H^+ + 2e^- = H_2$	0
$AgBr/Ag$	$AgBr + e^- = Ag + Br^-$	$+0.071$
$S_4O_6^{2-}/S_2O_3^{2-}$	$S_4O_6^{2-} + 2e^- = 2S_2O_3^{2-}$	$+0.08$
S/H_2S	$S + 2H^+ + 2e^- = H_2S(aq)$	$+0.141$
Sn^{4+}/Sn^{2+}	$Sn^{4+} + 2e^- = Sn^{2+}$	$+0.154$
Cu^{2+}/Cu^+	$Cu^{2+} + e^- = Cu^+$	$+0.159$
SO_4^{2-}/SO_2	$SO_4^{2-} + 4H^+ + 2e^- = SO_2(aq) + 2H_2O$	$+0.17$
$AgCl/Ag$	$AgCl + e^- = Ag + Cl^-$	$+0.2223$
Hg_2Cl_2/Hg	$Hg_2Cl_2 + 2e^- = 2Hg + 2Cl^-$	$+0.2676$
Cu^{2+}/Cu	$Cu^{2+} + 2e^- = Cu$	$+0.337$
$[Fe(CN)_6]^{3-}/[Fe(CN)_6]^{4-}$	$[Fe(CN)_6]^{3-} + e^- = [Fe(CN)_6]^{4-}$	$+0.36$
$(CN)_2/HCN$	$(CN)_2 + 2H^+ + 2e^- = 2HCN$	$+0.37$
$[Ag(NH_3)_2]^+/Ag$	$[Ag(NH_3)_2]^+ + e^- = Ag + 2NH_3$	$+0.373$
$H_2SO_3/S_2O_3^{2-}$	$2H_2SO_3 + 2H^+ + 4e^- = S_2O_3^{2-} + 3H_2O$	$+0.40$
O_2/OH^-	$O_2 + 2H_2O + 4e^- = 4OH^-$	$+0.41$
H_2SO_3/S	$H_2SO_3 + 4H^+ + 4e^- = S + 3H_2O$	$+0.45$

续附表5

电对	电极反应	$E^{\ominus}/V$
Cu^+/Cu	$Cu^+ + e^- = Cu$	$+0.52$
I_2/I^-	$I_2 + 2e^- = 2I^-$	$+0.5345$
$H_3AsO_4/HAsO_2$	$H_3AsO_4 + 2H^+ + 2e^- = HAsO_2 + 2H_2O$	$+0.559$
MnO_4^-/MnO_4^{2-}	$MnO_4^- + e^- = MnO_4^{2-}$	$+0.564$
O_2/H_2O_2	$O_2 + 2H^+ + 2e^- = H_2O_2$	$+0.682$
$[PtCl_4]^{2-}/Pt$	$[PtCl_4]^{2-} + 2e^- = Pt + 4Cl^-$	$+0.73$
$(CNS)_2/CNS^-$	$(CNS)_2 + 2e^- = 2CNS^-$	$+0.77$
Fe^{3+}/Fe^{2+}	$Fe^{3+} + e^- = Fe^{2+}$	$+0.771$
Hg_2^{2+}/Hg	$Hg_2^{2+} + 2e^- = 2Hg$	$+0.793$
Ag^+/Ag	$Ag^+ + e^- = Ag^+$	0.79
Hg^{2+}/Hg	$Hg^{2+} + 2e^- = Hg$	$+0.854$
Cu^{2+}/Cu_2I_2	$2Cu^{2+} + 2I^- + 2e^- = Cu_2I_2$	$+0.86$
Hg^{2+}/Hg_2^{2+}	$2Hg^{2+} + 2e^- = Hg_2^{2+}$	$+0.920$
NO_3^-/NO	$NO_3^- + 4H^+ + 3e^- = NO + 2H_2O$	$+0.960$
HNO_2/NO	$HNO_2 + H^+ + e^- = NO + H_2O$	$+0.99$
NO_2/NO	$NO_2 + 2H^+ + 2e^- = NO + H_2O$	$+1.03$
Br_2/Br^-	$Br_2(l) + 2e^- = 2Br^-$	$+1.065$
Br_2/Br^-	$Br_2(aq) + 2e^- = 2Br^-$	$+1.087$
$Cu^{2+}/[Cu(CN)_2]^-$	$Cu^{2+} + 2CN^- + e^- = [Cu(CN)_2]^-$	$+1.12$
ClO_3^-/ClO_2	$ClO_3^- + 2H^+ + e^- = ClO_2 + H_2O$	$+1.15$
IO_3^-/I_2	$2IO_3^- + 12H^+ + 10e^- = I_2 + 6H_2O$	$+1.20$
MnO_2/Mn^{2+}	$MnO_2 + 4H^+ + 2e^- = Mn^{2+} + 2H_2O$	$+1.208$
$ClO_3^-/HClO_2$	$ClO_3^- + 3H^+ + 2e^- = HClO_2 + H_2O$	$+1.21$
O_2/H_2O	$O_2 + 4H^+ + 4e^- = 2H_2O$	$+1.229$
$Cr_2O_7^{2-}/Cr^{3+}$	$Cr_2O_7^{2-} + 14H^+ + 6e^- = 2Cr^{3+} + 7H_2O$	$+1.33$
Cl_2/Cl^-	$Cl_2 + 2e^- = 2Cl^-$	$+1.36$
Au^{3+}/Au	$Au^{3+} + 3e^- = Au^+$	1.42
BrO_3^-/Br^-	$BrO_3^- + 6H^+ + 6e^- = Br^- + 3H_2O$	$+1.44$
ClO_3^-/Cl^-	$ClO_3^- + 6H^+ + 6e^- = Cl^- + 3H_2O$	$+1.45$
PbO_2/Pb^{2+}	$PbO_2 + 4H^+ + 2e^- = Pb^{2+} + 2H_2O$	$+1.455$
ClO_3^-/Cl_2	$2ClO_3^- + 12H^+ + 10e^- = Cl_2 + 6H_2O$	$+1.47$
MnO_4^-/Mn^{2+}	$MnO_4^- + 8H^+ + 5e^- = Mn^{2+} + 4H_2O$	$+1.51$
Ce^{4+}/Ce^{3+}	$Ce^{4+} + e^- = Ce^{3+}$	$+1.61$
$PbO_2/PbSO_4$	$PbO_2 + SO_4^{2-} + 4H^+ + 2e^- = PbSO_4 + 2H_2O$	$+1.685$
MnO_4^-/MnO_2	$MnO_4^- + 4H^+ + 3e^- = MnO_2 + 2H_2O$	$+1.695$
H_2O_2/H_2O	$H_2O_2 + 2H^+ + 2e^- = 2H_2O$	$+1.776$
$S_2O_8^{2-}/SO_4^{2-}$	$S_2O_8^{2-} + 2e^- = 2SO_4^{2-}$	$+2.01$
O_3/O_2	$O_3 + 2H^+ + 2e^- = O_2 + H_2O$	$+2.07$
F_2/F^-	$F_2 + 2e^- = 2F^-$	$+2.87$
F_2/HF	$F_2 + 2H^+ + 2e^- = 2HF$	$+3.06$

（二）在碱性介质中

电对	电极反应	$E^\ominus/V$
$Mg(OH)_2/Mg$	$Mg(OH)_2+2e^-=Mg+2OH^-$	-2.69
$H_2AlO_3^-/Al$	$H_2AlO_3^-+H_2O+3e^-=Al+4OH^-$	-2.35
$Mn(OH)_2/Mn$	$Mn(OH)_2+2e^-=Mn+2OH^-$	-1.47
$[Zn(CN)_4]^{2-}/Zn$	$[Zn(CN)_4]^{2-}+2e^-=Zn+4CN^-$	-1.26
ZnO_2^{2-}/Zn	$ZnO_2^{2-}+2H_2O+2e^-=Zn+4OH^-$	-1.216
As/AsH_3	$As+3H_2O+3e^-=AsH_3+3OH^-$	-1.21
$[Zn(NH_3)_4]^{2+}/Zn$	$[Zn(NH_3)_4]^{2+}+2e^-=Zn+4NH_3$	-1.04
H_2O/H_2	$2H_2O+2e^-=H_2+2OH^-$	-0.8277
Ag_2S/Ag	$Ag_2S+2e^-=2Ag+S^{2-}$	-0.69
AsO_4^{3-}/AsO_2^-	$AsO_4^{3-}+2H_2O+2e^-=AsO_2^-+4OH^-$	-0.67
SO_3^{2-}/S	$SO_3^{2-}+3H_2O+4e^-=S+6OH^-$	-0.66
$Fe(OH)_3/Fe(OH)_2$	$Fe(OH)_3+e^-=Fe(OH)_2+OH^-$	-0.56
S/S^{2-}	$S+2e^-=S^{2-}$	-0.48
$Cu(OH)_2/Cu$	$Cu(OH)_2+2e^-=Cu+2OH^-$	-0.224
$Cu(OH)_2/Cu_2O$	$2Cu(OH)_2+2e^-=Cu_2O+2OH^-+H_2O$	-0.09
O_2/HO_2^-	$O_2+H_2O+2e^-=HO_2^-+OH^-$	-0.076
$MnO_2/Mn(OH)_2$	$MnO_2+2H_2O+2e^-=Mn(OH)_2+2OH^-$	-0.05
NO_3^-/NO_2^-	$NO_3^-+H_2O+2e^-=NO_2^-+2OH^-$	$+0.01$
$S_4O_6^{2-}/S_2O_3^{2-}$	$S_4O_6^{2-}+2e^-=2S_2O_3^{2-}$	$+0.08$
$[Co(NH_3)_6]^{3+}/[Co(NH_3)_6]^{2+}$	$[Co(NH_3)_6]^{3+}+e^-=[Co(NH_3)_6]^{2+}$	$+0.1$
IO_3^-/I^-	$IO_3^-+3H_2O+6e^-=I^-+6OH^-$	$+0.26$
O_2/OH^-	$O_2+2H_2O+4e^-=4OH^-$	$+0.401$
IO^-/I^-	$IO^-+H_2O+2e^-=I^-+2OH^-$	$+0.49$
BrO_3^-/BrO^-	$BrO_3^-+2H_2O+4e^-=BrO^-+4OH^-$	$+0.54$
IO_3^-/IO^-	$IO_3^-+2H_2O+4e^-=IO^-+4OH^-$	$+0.56$
MnO_4^-/MnO_4^{2-}	$MnO_4^-+e^-=MnO_4^{2-}$	$+0.564$
MnO_4^-/MnO_2	$MnO_4^-+2H_2O+3e^-=MnO_2+4OH^-$	$+0.588$
BrO_3^-/Br^-	$BrO_3^-+3H_2O+6e^-=Br^-+6OH^-$	$+0.61$
ClO_3^-/Cl^-	$ClO_3^-+3H_2O+6e^-=Cl^-+6OH^-$	$+0.62$
BrO^-/Br^-	$BrO^-+H_2O+2e^-=Br^-+2OH^-$	$+0.76$
HO_2^-/OH^-	$HO_2^-+H_2O+2e^-=3OH^-$	$+0.88$
ClO^-/Cl^-	$ClO^-+H_2O+2e^-=Cl^-+2OH^-$	$+0.90$
O_3/OH^-	$O_3+H_2O+2e^-=O_2+2OH^-$	$+1.24$

附表 6　一些常见配离子的稳定常数(298.15 K)

配离子	K 稳	$\lg K$ 稳	配离子	K 稳	$\lg K$ 稳
$Ag(NO_2)_2^-$	6.7×10^5	5.24	$[Fe(SCN)_6]^{3-}$	1.3×10^9	9.11
$[AgCl_2]^-$	1.74×10^5	5.24	$[FeF_6]^{3-}$	2.0×10^{15}	15.3
$[Ag(NH_3)_2]^-$	1.6×10^7	7.20	FeY^-	1.26×10^{25}	25.1
$[Ag(NH_3)_2]^+$	1.62×10^7	7.21	$[Fe(CN)_6]^{4-}$	1.0×10^{35}	35.0
AgY^{3-}	2.1×10^7	7.32	$[Fe(CN)_6]^{3-}$	1.0×10^{42}	42.0
$[Ag(en)_2]^+$	7.0×10^7	7.8	$[Fe(CN)_6]^{3-}$	1.0×10^{42}	42.0
$[Ag(SCN)_2]^-$	4.0×10^8	8.6	$[HgCl_4]^{2-}$	1.2×10^{15}	15.1
$[Ag(S_2O_3)_2]^{3-}$	2.9×10^{13}	13.5	HgY^{2-}	6.3×10^{21}	21.8
$[Ag(CN)_2]^-$	1.26×10^{21}	21.10	$[Hg(SCN)_4]^{2-}$	7.75×10^{21}	21.89
AlY^-	1.3×10^{16}	16.13	$[HgI_4]^{2-}$	6.8×10^{29}	29.83
$[AlF_6]^{3-}$	6.9×10^{19}	19.84	$[Hg(CN)_4]^{2-}$	1.0×10^{41}	41.0
BaY^{2-}	5.75×10^7	7.76	MgY^{2-}	4.9×10^8	8.69
BiY^-	8.7×10^{27}	27.94	MnY^{2-}	1.1×10^{14}	14.04
CaY^{2-}	4.9×10^{10}	10.69	NaY^{3-}	4.57×10	1.66
$[CdCl_4]^{2-}$	3.1×10^2	2.49	$[Ni(NH_3)_4]^{2+}$	9.1×10^7	7.96
$[Cd(SCN)_4]^{2-}$	3.8×10^2	2.58	$[Ni(NH_3)_6]^{2+}$	5.5×10^8	8.71
$[Cd(NH_3)_6]^{2+}$	1.4×10^5	5.15	NiY^{2-}	4.17×10^{18}	18.62
$[CdI_4]^{2-}$	3.0×10^6	6.48	$[Ni(CN)_4]^{2-}$	2.0×10^{31}	31.3
$[Cd(NH_3)_4]^{2+}$	1.0×10^7	7.0	$[Pb(Ac)_4]^{2-}$	3.0×10^8	8.48
$[Cd(CN)_4]^{2-}$	1.1×10^{16}	16.04	$[Pb(CN)_4]^{2-}$	1.0×10^{11}	11.0
CdY^{2-}	2.88×10^{16}	16.46	PbY^{2-}	1.1×10^{18}	18.04
$[Co(SCN)_4]^{2-}$	1.0×10^2	2.0	$[SnCl_4]^{2-}$	3.02×10	1.48
$[Co(NH_3)_6]^{2+}$	1.3×10^5	5.11	SnY^{2-}	1.26×10^{22}	22.1
CoY^{2-}	2.0×10^{16}	16.31	ThY	1.6×10^{23}	23.2
$[Co(NH_3)_6]^{3+}$	1.4×10^{35}	35.15	$[Zn(SCN)_4]^{2-}$	2.0×10	1.3
CrY^-	1.0×10^{23}	23.0	$[Zn(NH_3)_4]^{2+}$	2.9×10^9	9.46
$[Cu(NH_3)_2]^{2+}$	9.4×10^8	8.97	$[Zn(OH)_4]^{2-}$	1.4×10^{15}	15.15
$[Cu(NH_3)_4]^{2+}$	2.1×10^{13}	13.32	ZnY^{2-}	3.16×10^{16}	16.5
CuY^{2-}	6.33×10^{18}	18.8	$[Zn(CN)_4]^{2-}$	5.75×10^{16}	16.76
$[Cu(CN)_4]^{2-}$	2.0×10^{27}	27.83			

附表 7　化合物的摩尔质量　　　　　　　　　　　　　　　　　g · mol⁻¹

化合物	摩尔质量	化合物	摩尔质量	化合物	摩尔质量
Ag_3AsO_4	462.52	CoS	90.99	HI	127.91
AgBr	187.77	$CoSO_4$	154.99	HIO_3	175.91
AgCl	143.32	$CoSO_4 \cdot 7H_2O$	281.10	HNO_2	47.01
AgCN	133.89	$Co(NH_2)_2$	60.06	HNO_3	63.01
AgSCN	165.95	$CrCl_3$	153.36	H_2O	18.015
$AgCrO_4$	331.73	$CrCl_3 \cdot 6H_2O$	266.45	H_2O_2	34.015
AgI	234.77	$Cr(NO_3)_3$	238.01	H_3PO_4	98.00
$AgNO_3$	169.87	Cr_2O_3	151.99	H_2S	34.08
$AlCl_3$	133.34	CuCl	99.00	H_2SO_3	82.07
$AlCl_3 \cdot 6H_2O$	241.43	$CuCl_2$	134.45	H_2SO_4	98.07
$Al(NO_3)_3$	213.00	$CuCl_2 \cdot 2H_2O$	170.48	$Hg(CN)_2$	252.63
$Al(NO_3)_3 \cdot 9H_2O$	375.13	CuSCN	121.62	$HgCl_2$	271.50
Al_2O_3	101.96	CuI	190.45	Hg_2Cl_2	472.09
$Al(OH)_3$	78.00	$Cu(NO_3)_2$	187.56	HgI_2	454.40
$Al_2(SO_4)_3$	342.14	$Cu(NO_3)_2 \cdot 3H_2O$	241.60	$Hg_2(NO_3)_2$	525.19
$Al_2(SO_4)_3 \cdot 18H_2O$	666.41	CuO	79.55	$Hg_2(NO_3)_2 \cdot 2H_2O$	561.22
As_2O_3	197.84	Cu_2O	143.09	HgO	216.59
As_2O_5	229.84	CuS	95.61	HgS	232.65
As_2S_3	246.02	$CuSO_4$	159.60	$HgSO_4$	296.65
$BaCO_3$	197.34	$CuSO_4 \cdot 5H_2O$	249.68	Hg_2SO_4	497.27
BaC_2O_4	225.35	$FeCl_2$	126.75	$Hg(NO_3)_2$	324.60
$BaCl_2$	208.24	$FeCl_2 \cdot 4H_2O$	198.81	$KAl(SO_4)_2 \cdot 12H_2O$	474.38
$BaCl_2 \cdot 2H_3O$	244.27	$FeCl_3$	162.21	KBr	119.00
$BaCrO_4$	253.32	$FeCl_3 \cdot 6H_2O$	270.31	$KBrO_3$	167.00
BaO	153.33	$Fe(NO_3)_3$	241.86	KCl	74.55
$Ba(OH)_2$	171.34	$Fe(NO_3)_3 \cdot 9H_2O$	404.33	$KClO_3$	122.55
$BaSO_4$	233.39	FeO	71.85	$KClO_4$	138.55
$BiCl_3$	315.34	Fe_2O_3	159.69	KCN	65.12
BiOCl	260.43	Fe_3O_4	231.54	KSCN	97.18
CO_2	44.10	$Fe(OH)_3$	106.87	K_2CO_3	138.21
CaO	56.08	FeS	87.91	K_2CrO_4	194.19
$CaCO_3$	100.09	Fe_2S_3	207.87	$K_2Cr_2O_7$	294.18
CaC_2O_4	128.10	$FeSO_4$	151.91	$K_3Fe(CN)_6$	329.25
$CaCl_2$	110.99	$FeSO_4 \cdot 7H_2O$	278.01	$K_4Fe(CN)_6$	368.35
$CaCl_2 \cdot 6H_2O$	219.08	$FeSO_4(NH_4)_2SO_4 \cdot 6H_2O$	392.13	$KFe(SO_4)_2 \cdot 12H_2O$	503.24
$Ca(NO_3)_2 \cdot 4H_2O$	236.15	$FeNH_4(SO_4) \cdot 12H_2O$	482.18	$KHC_2O_4 \cdot H_2O$	146.14

续附表7

化合物	摩尔质量	化合物	摩尔质量	化合物	摩尔质量
$Ca(OH)_2$	74.10	H_3AsO_3	125.94	$KHC_4O_4 \cdot H_2C_2O_4 \cdot 2H_2O$	254.19
$Ca(PO_4)_2$	310.18	H_3AsO_4	141.94	$KHC_4H_4O_6$	188.18
$CaSO_4$	136.14	H_3BO_3	61.83	$KHC_8H_4O_4$	204.23
$CdCO_3$	172.42	HBr	80.91	KH_2PO_4	136.08
$CdCl_2$	183.32	HCN	27.03	$KHSO_4$	136.16
CdS	144.47	$HCOOH$	46.06	KI	166.00
$Ce(SO_4)_2$	332.24	CH_3COOH	60.05	KIO_3	214.00
$Ce(SO_4)_2 \cdot 4H_2O$	404.30	H_2CO_3	62.03	$KIO_3 \cdot HIO_3$	389.91
$CoCl_2$	129.84	$H_2C_2O_4$	90.04	$KMnO_4$	158.03
$CoCl_2 \cdot 6H_2O$	237.93	$H_2C_2O_4 \cdot 2H_2O$	126.07	$KNaC_4H_4O_6 \cdot 4H_2O$	282.22
$Co(NO_3)_2$	182.94	HCl	36.46	KNO_2	85.10
$Co(NO_3)_2 \cdot 6H_2O$	291.03	HF	20.06	KNO_3	101.10
K_2O	94.20	$Na_2B_4O_7 \cdot 10H_2O$	381.37	$Pb(NO_3)_2$	331.21
KOH	56.11	$NaBiO_3$	279.97	PbO	223.20
K_2SO_4	174.25	$NaCN$	49.01	PbO_2	239.20
$MgCO_3$	84.31	$NaSCN$	81.07	$Pb_3(PO_4)_2$	811.54
$MgCl_2$	95.21	Na_2CO_3	105.99	PbS	239.26
$MgCl_2 \cdot 6H_2O$	203.30	$Na_2CO_3 \cdot 10H_2O$	286.14	$PbSO_4$	303.26
MgC_2O_4	112.33	$Na_2C_2O_4$	134.00	SO_2	64.06
$Mg(NO_3)_2 \cdot 6H_2O$	256.43	CH_3COONa	82.03	SO_3	80.06
$MgNH_4PO_4$	137.32	$CH_3COONa \cdot 3H_2O$	136.08	$SbCl_3$	228.11
MgO	40.30	$NaCl$	58.44	$SbCl_5$	299.02
$Mg(OH)_2$	58.32	$NaClO$	74.44	Sb_2O_3	291.50
$Mg_2P_2O_7$	222.55	$NaHCO_3$	84.01	Sb_2S_3	339.68
$MgSO_4 \cdot 7H_2O$	246.43	$Na_2HPO_4 \cdot 12H_2O$	358.14	SiF_4	104.08
$MnCO_3$	114.95	$NaH_2Y \cdot 2H_2O$	372.24	SiO_2	60.08
$MnCl_2 \cdot 4H_2O$	197.92	$NaNO_2$	69.00	$SnCl_2$	189.60
$Mn(NO_3)_3 \cdot 6H_2O$	287.04	$NaNO_3$	85.00	$SnCl_2 \cdot 2H_2O$	225.63
MnO	70.94	Na_2O	61.98	$SnCl_4$	260.50
MnO_2	86.94	Na_2O_2	77.98	$SnCl_4 \cdot 5H_2O$	350.58
MnS	87.00	$NaOH$	40.00	SnO_2	150.69
$MnSO_4$	151.00	Na_3PO_4	163.94	SnS	150.77
$MnSO_4 \cdot 4H_2O$	223.06	Na_2S	78.04	SrC_2O_4	147.63
NO	30.01	$Na_2S \cdot 9H_2O$	240.18	$SrCO_3$	175.64
NO_2	46.01	Na_2SO_3	126.04	$SrCrO_4$	203.61

续附表 7

化合物	摩尔质量	化合物	摩尔质量	化合物	摩尔质量
NH_3	17.03	$NaSO_4$	142.04	$Sr(NO_3)_2$	211.63
CH_3COONH_4	77.08	$Na_2S_2O_3$	158.10	$Sr(NO_3)_2 \cdot 4H_2O$	283.69
NH_4Cl	53.49	$Na_2S_2O_3 \cdot 5H_2O$	248.17	$SrSO_4$	183.68
$(NH_4)_2CO_3$	96.09	$NiCl_2 \cdot 6H_2O$	237.70	$UO_2(CH_3COO)_2 \cdot 2H_2O$	424.15
$(NH_4)_2C_2O_4$	124.10	NiO	74.70	$ZnCO_3$	125.39
$(NH_4)_2C_2O_4 \cdot H_2O$	142.11	$Ni(NO_3)_2 \cdot 6H_2O$	290.80	ZnC_2O_4	153.40
NH_4SCN	76.12	NiS	90.76	$ZnCl_2$	136.29
NH_4HCO_3	79.06	$NiSO_4 \cdot 7H_2O$	280.86	$Zn(CH_3COO)_2$	183.74
$(NH_4)_2MoO_4$	196.01	P_2O_5	141.95	$Zn(CH_3COO)_3 \cdot 2H_2O$	219.50
NH_4NO_3	80.04	$PbCO_3$	267.21	$Zn(NO_3)_2$	189.39
$(NH_4)_2HPO_4$	132.06	PbC_2O_4	295.22	$Zn(NO_3)_2 \cdot 6H_2O$	297.48
$(NH_4)_2S$	68.14	$PbCl_2$	278.11	ZnO	81.38
$(NH_4)_2SO_4$	132.13	$PbCrO_4$	323.19	ZnS	97.44
NH_4VO_3	116.98	$Pb(CH_3COO)_2$	325.30	$ZnSO_4$	161.44
Na_2AsO_2	191.89	$Pb(CH_3COO)_2 \cdot 3H_2O$	379.34	$ZnSO_4 \cdot 7H_2O$	287.54
$Na_2B_4O_7$	201.22	PbI_2	461.01		

参 考 文 献

1. 叶芬霞. 无机及分析化学. 4 版. 北京:高等教育出版社,2009.
2. 陈虹锦. 无机与分析化学. 北京:科学出版社,2002.
3. 徐英岚. 无机及分析化学. 北京:中国农业出版社,2001.
4. 北京师范大学,华中师范学院,南京师范学院,无机化学教研室编. 无机化学. 北京:高等教育
   出版社,1984.
5. 邵学俊,董平安,魏益海. 无机化学. 武汉:武汉大学出版社,2002.
5. 黄秀锦. 无机及分析化学. 北京:科学出版社,2004.
6. 姜有昌,于文惠,徐丽芳. 农业基础应用化学. 北京:中国农业大学出版社,2007.
7. 高琳. 基础化学. 北京:高等教育出版社,2006.
8. 颜秀茹. 无机及分析化学. 天津:天津大学出版社,2004.
9. 呼世斌,黄蔷蕾. 无机及分析化学. 北京:高等教育出版社,2005.
10. 钟国清,赵明宪. 大学基础化学. 北京:科学出版社,2004.
11. 吕全建,王学增. 有机化学. 北京:中国农业大学出版社,2006.
12. 童岩,李京杰. 无机及分析化学. 北京:中国农业大学出版社,2008.